高等职业教育“十四五”规划教材

辽宁省高水平特色专业群建设项目成果教材

农产品理化检测

付育全　程庆龙　主　编

中国农业大学出版社

·北京·

内容简介

本教材包括化学分析和仪器分析两部分。化学分析部分有溶液、分析化学概论、滴定分析法、酸碱平衡和酸碱滴定法、氧化还原反应和氧化还原滴定法、沉淀溶解平衡和沉淀滴定法、配位平衡和配位滴定法、样品的前处理八个项目;仪器分析部分有紫外-可见分光光度法、原子吸收光谱法、气相色谱法、高效液相色谱法四个项目。依据学生接受知识的思维特点,每个项目按着技能目标、知识目标、知识学习、知识巩固、技能训练的顺序安排。

本教材可供高等职业院校检测类、种植类、养殖类、畜牧兽医类、生物类及食品类等专业使用,也可供相近专业的师生参考。

图书在版编目(CIP)数据

农产品理化检测/付育全,程庆龙主编. --北京:中国农业大学出版社,2022.10
ISBN 978-7-5655-2636-7

Ⅰ.①农… Ⅱ.①付…②程… Ⅲ.①农产品-质量检测 Ⅳ.①S37

中国版本图书馆 CIP 数据核字(2021)第 206900 号

书　　名 农产品理化检测
作　　者 付育全　程庆龙　主编

策划编辑 张　玉　　张　蕊　　　**责任编辑** 许晓婧
封面设计 郑　川
出版发行 中国农业大学出版社
社　　址 北京市海淀区圆明园西路 2 号　　　**邮政编码** 100193
电　　话 发行部 010-62733489,1190　　　读者服务部 010-62732336
编辑部 010-62732617,2618　　　出　版　部 010-62733440
网　　址 http://www.caupress.cn　　　**E-mail** cbsszs@cau.edu.cn
经　　销 新华书店
印　　刷 北京溢漾印刷有限公司
版　　次 2022 年 10 月第 1 版　　2022 年 10 月第 1 次印刷
规　　格 185 mm×260 mm　16 开本　17.75 印张　445 千字　插页 1
定　　价 54.00 元

丛书编审委员会

编审人员

主　编　付育全　程庆龙

副主编　靖凤梅　张　喆

编　者　付育全（辽宁职业学院）
白　鸥（辽宁职业学院）
吴　娜（铁岭市畜产品安全检测站）
张　喆（辽宁职业学院）
曹忠君（铁岭市畜产品安全检测站）
隋　新（铁岭润达水质检测有限公司）
程庆龙（辽宁职业学院）
焦　颖（辽宁职业学院）
靖凤梅（辽宁职业学院）

主　审　刘丽云（辽宁职业学院）

总　　序

《国家职业教育改革实施方案》指出，坚持以习近平新时代中国特色社会主义思想为指导，把职业教育摆在教育改革创新和经济社会发展中更加突出的位置。把发展高等职业教育作为优化高等教育结构和培养大国工匠、能工巧匠的重要方式。以学习者的职业道德、技术技能水平和就业质量，以及产教融合、校企合作水平为核心，建立职业教育质量评价体系。促进产教融合校企"双元"育人，坚持知行合一、工学结合。《职业教育提质培优行动计划(2020—2023年)》进一步指出，努力构建职业教育"三全育人"新格局，将思政教育全面融入人才培养方案和专业课程。大力加强职业教育教材建设，对接主流生产技术，注重吸收行业发展的新知识、新技术、新工艺、新方法，校企合作开发专业课教材。根据职业院校学生特点创新教材形态，推行科学严谨、深入浅出、图文并茂、形式多样的活页式、工作手册式、融媒体教材。引导地方建设国家规划教材领域以外的区域特色教材，在国家和省级规划教材不能满足的情况下，鼓励职业学校编写反映自身特色的校本专业教材。

辽宁职业学院园艺学院在共享国家骨干校建设成果的基础上，突出园艺技术辽宁省职业教育高水平特色专业群项目建设优势，以协同创新、协同育人为引领，深化产教融合，创新实施"双创引领，双线并行，双元共育，德技双馨"人才培养模式，构建了"人文素养与职业素质课程、专业核心课程、专业拓展课程"一体化课程体系；以岗位素质要求为引领，与行业、企业共建共享在线开放课程，培育"名师引领、素质优良、结构合理、专兼结合"特色鲜明的教学团队，从专业、课程、教师、学生不同层面建立完整且相对独立的质量保证机制。通过传统文化树人工程、专业文化育人工程、工匠精神培育工程、创客精英孵化工程，实现立德树人、全员育人、全过程育人、全方位育人。辽宁职业学院园艺学院经过数十年的持续探索和努力，在国家和辽宁省的大力支持下，在高等职业教育发展方面积累了一些经验、培养了一批人才、取得了一批成果。为在新的起点上，进一步深化教育教学改革，为提高人才培养质量奠定更好基础，发挥教材在人才培养和推广教改成果上的基础作用，我们组织开展了辽宁职业学院园艺技术高水平特色专业群建设成果系列教材建设工作。

本套教材以习近平新时代中国特色社会主义思想为指导，以全面推动习近平新时代中国特色社会主义思想进教材、进课堂、进头脑为宗旨，全面贯彻党的教育方针，落实立德树人根本任务，积极培育和践行社会主义核心价值观，体现中华优秀传统文化和社会主义先进文化，弘扬劳动光荣、技能宝贵、创造伟大的时代风尚。突出职业教育类型特点，全面体现统筹推进"三教"改革和产教融合教育成果。在此基础上，本系列教材还具有以下 4 个方面的特点：

1. 强化价值引领。将工匠精神、创新精神、质量意识、环境意识等有机融入具体教学项目，努力体现"课程思政"与专业教学的有机融合，突出人才培养的思想性和价值引领，为乡村振兴、区域经济社会发展蓄积高素质人才资源。

2. 校企双元合作。教材建设实行校企双元合作的方式，企业参与人员根据生产实际需求提出人才培养有关具体要求，学校编写人员根据企业提出的具体要求，按照教学规律对技术内容进行转化和合理编排，努力实现人才供需双方在人才培养目标和培养方式上的高度契合。

3. 体现学生本位。系统梳理岗位任务，通过任务单元的设计和工作任务的布置强化学生的问题意识、责任意识和质量意识；通过方案的设计与实施强化学生对技术知识的理解和工作过程的体验；通过对工作结果的检查和评价强化学生运用知识分析问题和解决问题的能力，促进学生实现知识和技能的有效迁移，体现以学生为中心的培养理念。

4. 创新教材形态。教学资源实现线上线下有机衔接，通过二维码将纸质教材、精品在线课程在网站上进行衔接，有效弥补了纸质教材难以承载的内容，实现了教学内容的及时更新，助力教学教改，方便了学生学习和个性化教学的推进。

系列教材凝聚了校企双方参与编写工作人员的智慧与心血，也体现了出版人的辛勤付出，希望系列教材的出版能够进一步推进辽宁职业学院教育教学改革和发展，促进辽宁职业学院国家骨干校示范引领和辐射作用的发挥，为推动高等职业教育高质量发展做出贡献。

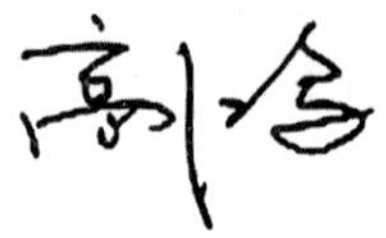

2020 年 5 月

前 言

本教材根据《国家职业教育改革实施方案》提出的“三教”改革任务，以培养适应行业企业需求的复合型、创新型高素质技术技能人才，提升学生的综合职业能力为目的，从产教融合的角度找准突破口规划编写。

农产品理化检测是环境科学、食品、农业、生命科学等学科的专业课程，也是医药学、石油、化学、化工必修基础课程之一。在培养学生基本技能、实践能力、科学素养以及增强学生的科技创新意识等方面都起着重要作用。通过本课程的学习，要求学生能够掌握常用化学分析方法的原理和分析仪器的简单结构；根据分析的对象和目的，结合学到的各种仪器分析方法的特点、应用范围，能够选择适宜的分析方法，以达到培养学生所必须具备的基本分析素质的目的。教材主要体现以下特色：

1. 立足学生职业方向和用人单位需要的同时，兼顾了教师教学和学生自学。

2. 实现教学资源与教学内容的有效对接，融“教、学、做”为一体；考虑到高等职业院校学生的知识基础，教材内容既能保证知识深浅适当、深入浅出，又要结合实际、面向未来，突出农产品理化检测分析方法的“实用、适用、简便和先进性”。

3. 编写采用情景启发教学模式，表现形式上融情景、体验、拓展、互动为一体，打造生动、立体课堂，提高学生学习兴趣及主动性，体现“以人为本、终身教育”理念。

4. 教材将理化检测与适应相关行业、职业、岗位的标准与要求融入教材，保持教学内容与行业企业的紧密性与同步性。

本教材分为化学分析和仪器分析两部分：化学分析部分有八个项目；仪器分析部分有四个项目。涵盖技能目标、知识目标、知识学习、知识巩固、技能训练等内容。

本教材的前言、化学分析部分的项目一、项目二、项目三、项目四由付育全编写；化学分析部分的项目五、项目六、项目七由张喆编写；化学分析部分的项目八由焦颖、吴娜、曹忠君共同编写；仪器分析部分由程庆龙编写；附录由白鸥、靖凤梅、隋新共同编写；并由辽宁职业学院刘丽云教授审稿。教材在编写过程中还得到沈阳广电计量检测有限公司等单位的大力支持，在此一并表示感谢。

由于作者水平有限，加之时间仓促，教材中如有疏漏，敬请各位同行和广大读者批评指正，并诚恳欢迎提出宝贵意见。

编 者

2021 年 3 月

目 录

第一部分

化学分析

项目一

溶　液

【技能目标】

学会配制一定物质的量浓度溶液。

【知识目标】

1. 掌握稀溶液的依数性及其应用；
2. 了解胶体溶液的吸附作用、胶体的结构和性质、胶体的稳定性及聚沉；
3. 学会几种溶液浓度的表示方法。

二维码 1-1
农产品化学分析
课程介绍

【知识学习】

任务一　稀溶液的依数性

溶液是由两种或多种成分组成的均匀的稳定的体系，溶液是分散系的一种（表 1-1-1），从广义上讲，溶液可以分为气态（如空气）、液态（如生理盐水、氨水）和固态（如合金、有色玻璃）。通常所讲的溶液是液态的水溶液。

表 1-1-1　各种分散系的比较

分散系		分散质	分散质直径	主要特征	实例
溶液		分子，离子	<1 nm（能透过半透膜）	澄清，透明，均一稳定，无丁达尔现象	NaCl 溶液，溴水
胶体		胶粒（分子集体或单个高分子）	1～100 nm（不能透过半透膜，但能通过滤纸）	均一，较稳定，有丁达尔现象，常透明	肥皂水，淀粉溶液，$Fe(OH)_3$ 胶体
浊液	悬浊液	固体颗粒	>100 nm（不能透过滤纸）	不均一，不稳定，不透明，能透光	水泥，乳剂水溶液
	乳浊液	小液滴			

溶液在日常生活中具有重要意义，生物的生命活动与水溶液息息相关。动物体内血液、组织液、淋巴液以及胆汁等体液都是以溶液的形式存在的，生物营养物质的运输、消化、吸收等生理活动都离不开溶液。生物体内新陈代谢的各种物质所组成的溶液都在起着维持生命活动的作用，并参与各种生理生化反应。在科学研究中大部分化学反应都是在溶液中进行，在医学方面，固体药物必须转化为溶液才能发挥药效；在农业方面，样品检测、农药的使用、组织培养液的配制和无土栽培技术的应用都离不开溶液，大多数分析检验都在溶液中实施。

根据导电性的不同，溶液可分为电解质溶液和非电解质溶液；根据溶液中所含溶质的多少，溶液可分为浓溶液和稀溶液。溶液的性质不同于纯溶质又不同于纯溶剂的性质。根据与溶质的本性的关系可将溶液的性质分为两类：一类性质与溶质的本性有关，如溶液的颜色、气味、导电性、酸碱性、氧化性、还原性等；另一类性质只与溶液中溶质的微粒数目即浓度有关，而与溶质的本性无关，如溶液的蒸气压、沸点、凝固点以及渗透压等。这些只与溶液的浓度有关的性质，称为稀溶液的依数性。该性质只适用于难挥发、非电解质的稀溶液，也叫作稀溶液的通性。

非电解质溶液中的溶质是以分子形式进入溶剂的，故其依数性很有规律，与溶液中所含溶质的粒子数（即分子数）密切相关。

一、溶液的蒸气压下降

在一定温度下，将一杯纯液体放在一个密闭容器内，液体表面的分子就会克服分子间的力从表面逸出，扩散到空间，形成蒸气分子，这个过程叫作蒸发或汽化。同时蒸气分子在液面上方空间不停运动，一些蒸气分子碰到液面被吸引又会回到液体中，这一过程叫凝聚。当蒸发和凝聚速率相等时，即达到平衡状态，此时液体上方的蒸气压称为饱和蒸气压。因为蒸发是一个吸热过程，所以蒸气压随温度的升高而增加。水的蒸气压与温度的关系见表 1-1-2。

表 1-1-2 水的蒸气压与温度的关系

温度/K	压力/kPa	温度/K	压力/kPa
273	0.610 6	313	7.375
278	0.813 2	323	12.33
283	1.228 0	333	19.92
288	1.705 0	343	31.16
293	2.338 0	353	47.34
298	3.167 0	363	70.09
303	4.238 0	373	101.325

不同的液体在相同条件下蒸气压也不同，越是容易挥发的液体，蒸气压也越大，如 20℃ 时水的蒸气压为 2.338kPa，酒精的蒸气压为 5.85kPa。各种液体和固体蒸气压均随温度的升高而增大，当温度一定时，它们的蒸气压也是一定的。

从分子运动论的角度分析可知，液体的蒸气压就是液体和蒸气建立平衡时的蒸气压力，它与单位时间里由液面蒸发的分子数有关。在图 1-1-1 中，a 图是纯溶剂逸出液面的溶剂分子数和气态溶剂分子回到液体的分子数相同，处于平衡状态，即是此时的蒸气压；而图 1-1-1 中的 b，由于加入少量难挥发的非电解质溶质，必然降低了单位体积溶液内所含可挥发溶剂分子的数目，溶液表面也会被部分难挥发的溶质所占据。因此单位时间内逸出液面的溶剂分子数相应减少，这样蒸气中含有较少的溶剂分子(气相)即可与溶液(液相)处于平衡状态，即形成了溶液蒸气压低于纯溶剂蒸气压的状态。同一温度下，纯溶剂蒸气压与溶液蒸气压之差称作溶液的蒸气压下降。

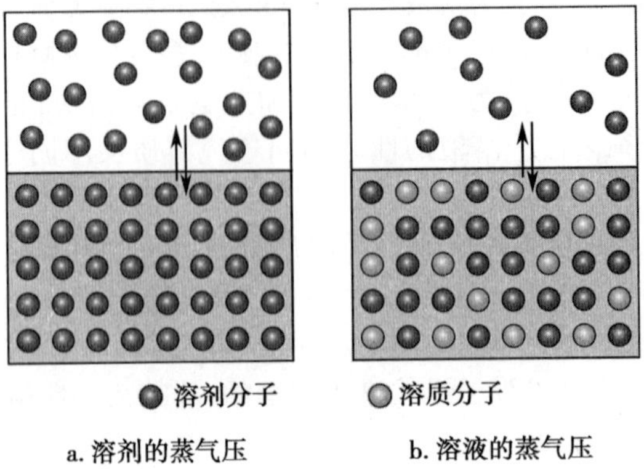

图 1-1-1　溶剂和溶液的蒸气压比较

实验结果表明，在一定温度时，对于难挥发非电解质的稀溶液，其蒸气压下降值(ΔP)与溶质的摩尔分数成正比。

现代科学研究证明，植物的抗旱性与溶液的蒸气压下降有关。当外界气温升高时，植物体内细胞中的可溶性物质(如氨基酸、碳水化合物)大量溶解，增大了细胞汁液的浓度，使植物体内的蒸气压下降，水分损失减少，从而使植物表现出一定的抗旱性。还有某些固体物质如 P_2O_3、$CaCl_2$ 等在空气中易吸收水蒸气而潮解，也都与溶液的蒸气压下降有关。原因是这些固体表面吸水后形成溶液，其蒸气压低于空气中的蒸气压，则蒸气压大的一方水蒸气便向蒸气压小的一方水溶液中转化，结果空气中的水蒸气不断凝聚进入溶液，直到蒸气压达到平衡。正是由于这种性质，这些易潮解的物质常用作干燥剂。

二、溶液的沸点升高

沸点是指液体(纯溶剂或溶液)的蒸气压与外界压力相等时的温度。如果未指明外界压力，可认为外界压力为 101.325 kP。对于难挥发溶质的溶液，由于蒸气压下降，要使溶液蒸气压达到外界压力，就得使其温度超过纯溶剂的沸点，所以这类溶液的沸点总是比纯溶剂的沸点高，如图 1-1-2 所示，T_b^0 到 T_b 的升高，这种现象称为溶液的沸点升高，溶液浓度越大，沸点升高越多。

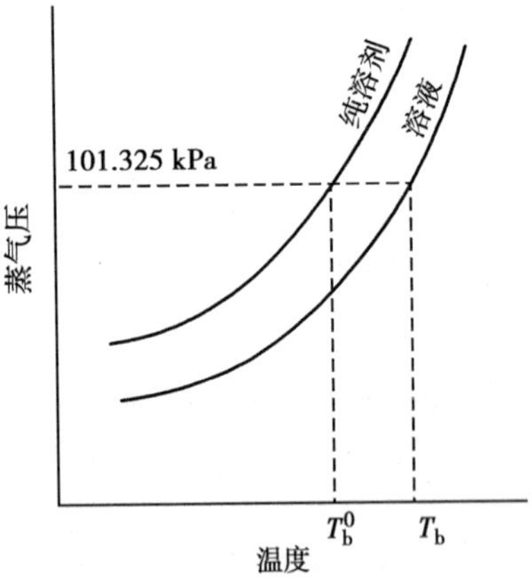

图 1-1-2　溶液的沸点升高

三、溶液的凝固点降低

物质的凝固点是液体的蒸气压与其固体的蒸气压相等时的温度。纯水在 0℃时结冰，冰的蒸气压等于水的蒸气压。当难挥发性溶质溶于水形成溶液时，溶液的凝固点就是溶液中溶剂与纯固态溶剂具有相同蒸气压时的温度。因为溶液蒸气压下降，使得冰的蒸气压大于溶液蒸气压，冰、液不能共存。冰溶解，故溶液在0℃时不能结冰。当温度继续降低时，由于冰随温度降低蒸气压下降的程度大，溶液蒸气压下降的程度小，在0℃以下的某温度时，它们二者可达到相等。此时即为冰、液共存点，也就是此溶液的凝固点。它要比纯溶剂（如水）的凝固点低。溶液的凝固点下降（ΔT_f）与溶液的质量摩尔浓度同样是成正比的。图1-1-3中：(1)线是纯水的理想冷却曲线，(2)线是纯水的试验条件下冷却曲线，在降温过程中，T_f^0 是纯水的凝固点；而(3)线是某难挥发性溶质的溶液理想冷却曲线；(4)线是和(3)同种溶质的溶液实验条件下的冷却曲线，T_f 是纯水的凝固点；显然，溶液的凝固点下降了。

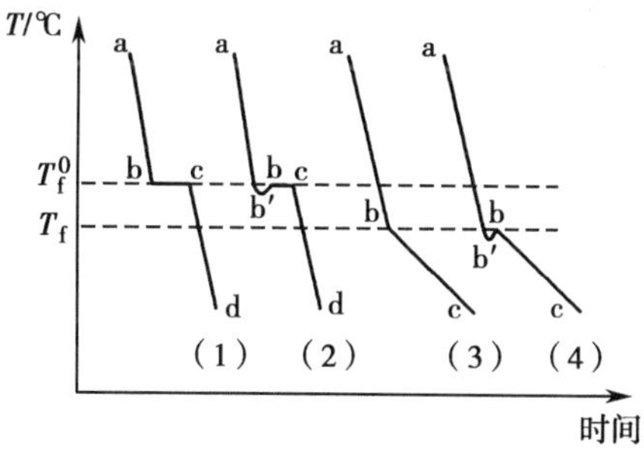

图 1-1-3　溶液的凝固点降低

知识拓展

融　雪　剂

融雪剂，顾名思义：就是指可以降低冰雪融化温度的药剂，是一种化学品。普通融雪剂原料易得，价格低廉，其成分主要是醋酸钾和氯盐，并以这两种进行分类。融雪剂通过降低冰雪融化温度融化道路上的积雪，便于道路疏通，播撒处效果明显，但其具有危害性。研究发现，融雪剂残留物可腐蚀路面和汽车橡胶轮胎。目前北方在常冬下仍采用沙土和铲雪车为主，融雪剂为辅的方式清除路面冰雪，保证交通通畅。

新的要求：随着科技的不断进步，研究的不断深入，新产品应该绿色环保，对路面、绿化植物及公共设施基本无伤害，并且融雪速度快，投加剂量小，使用成本低。从源头上解决传统的产品对道路桥梁的腐蚀问题，最大限度地降低融雪剂对道路及环境的影响和破坏。融雪残留的产物可促进植物生产，实现二次利用，这样才能从根本上杜绝融雪剂的危害。

同时各级政府应加大宣传力度，鼓励推广环保融雪剂的使用，并考虑给予适当经济补贴，弥补环保融雪剂的价格劣势，最终实现无机融雪剂被价格适宜、环保高效的新型融雪剂所替代。

四、溶液的渗透压

半透膜具有选择性的，允许水或某些小分子透过，而不允许其他分子透过的性质。稀溶液在半透膜表面扩散速率大，浓溶液因为单位体积内溶剂分子数相应减少，溶剂分子在其表面扩散速率小，结果是稀溶液中的水向浓溶液中渗透，使得浓溶液体积增大。当渗透作用达到平衡时，即半透膜两边溶液浓度相等时，半透膜两边的静压力差称为渗透压（图1-1-4）。一定温度时，溶液越浓，产生的渗透压越大。

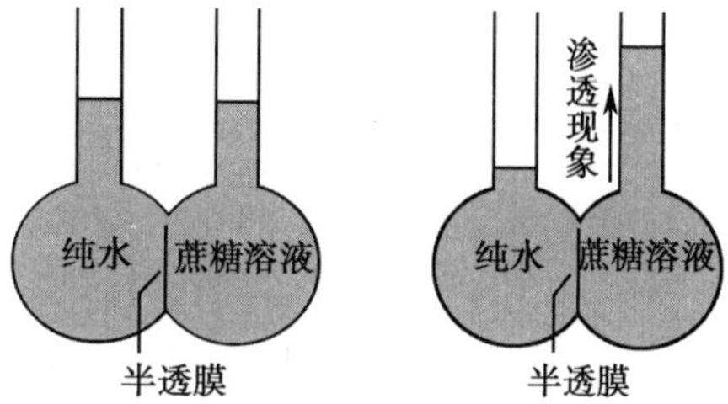

图 1-1-4　溶液的渗透压

电解质溶液与非电解质溶液有所不同，它要复杂得多。因为当电解质物质溶于水时，由于电解质的种类不同，有可以全部电离成离子的强电解质，也有只能部分电离成离子的弱电解质，它们在溶液中的粒子数、质量摩尔浓度等就不可能有一个统一的规律。电解质溶液的依数性，与非电解质溶液依数性的数学表达式大体相同，但考虑到上述原因，通常要加上一个系数（范特荷夫系数）。

任务二 胶 体

胶体是一种分散系。胶体溶液中分散质微粒直径在 1～100 nm，是一种多相共存体系，是介于溶液和浊液之间的一种分散系。胶体分散系通常称为溶胶。胶体的种类很多，包括溶胶、凝胶、乳胶、气溶胶。溶胶是固体颗粒分散到液体中，如 $Fe(OH)_3$ 胶体、硅酸胶体等；凝胶，又称固溶胶，是液体颗粒分散在固体中，如有色玻璃、烟水晶等；乳胶是液体颗粒分散于另一种液体中，如原油、农药乳液等；气溶胶是固体或液体悬浮于气体中如烟尘、云雾等。

一、胶体的结构

溶胶中有许多中性分子相互聚集成直径为 1～10 nm 的粒子，它位于溶胶粒子的核心，称为胶核，呈电中性。

根据双电层理论，就可以设想溶胶的胶团结构。我们把构成胶粒的分子和原子的聚集体称为胶核。一般情况下，胶核具有晶体结构。胶核不带电。由于胶核有很大的比表面，故易于在界面上有选择性地吸附某种与胶核有相同的组分而容易建成胶核晶格的那些离子。由胶核和紧密层所组成的部分称为胶粒。胶粒带电。胶粒和扩散层一起称为胶团。胶团不带电。

以 AgI 溶胶为例，当 $AgNO_3$ 的稀溶液与 KI 的稀溶液作用时，就能制得稳定的 AgI 溶胶。实验表明，胶核由 m 个 AgI 分子构成，当 $AgNO_3$ 过量时，它的表面就吸附 Ag^+，因而可制得带正电的 AgI 胶粒，像这种使胶核带有电荷的离子称为电位离子，我们也称 Ag^+ 为定位离子。溶液中与电位离子电荷相反的离子称为反离子，I^- 为反离子。胶核吸附 Ag^+ 使其带有正电荷，它必然吸引部分反离子。这样一部分反离子也被吸附在胶核表面而形成吸附层。胶核和吸附层构成胶粒，在溶胶中胶粒是独立运动的单位。在吸附层外面，还有部分反离子松散地分布在胶粒周围形成过量的 $AgNO_3$ 溶液。而当 KI 过量时，它的表面就吸附 I^-，因而制得带负电的 AgI 胶粒。这两种情形的胶团结构可表示为：

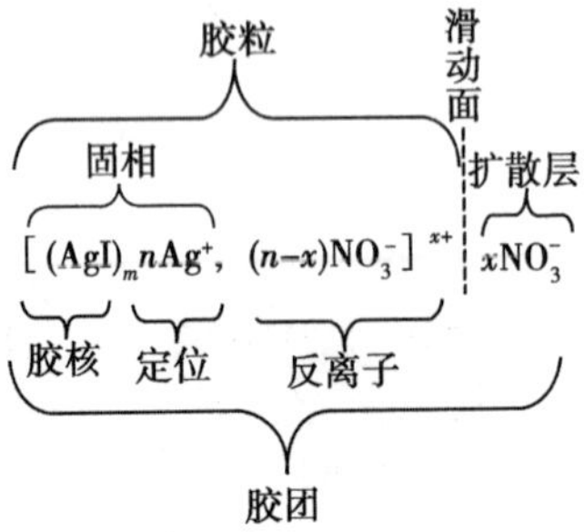

如果$AgNO_3$溶液过量

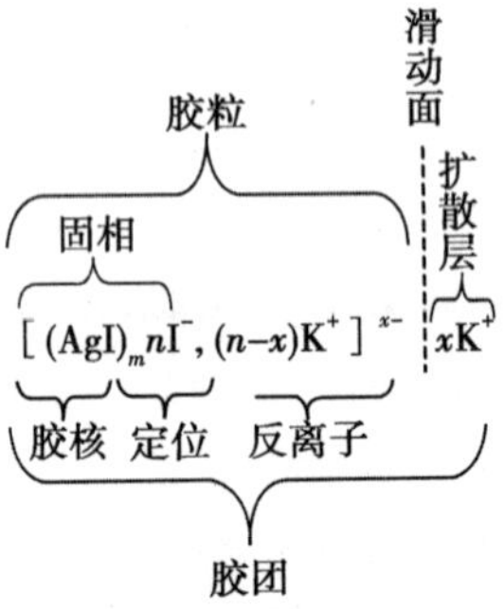

如果是KI溶液过量

二、胶体的吸附作用

由于胶粒直径（1～100 mm）具有很大的比表面，这种很大的表面积会产生表面能，这种表面能只有通过吸附其他物质才能降低以达到平衡，因而胶体表现出很强的吸附性。如活性炭、硅胶等之所以有显著的吸附能力，就是因为其疏松多孔，具有很大的表面积。吸附情况比较复杂，根据吸附对象不同可分为分子吸附和离子吸附。分子吸附是指吸附剂（胶粒）对非电解质或弱电解质分子的吸附。其吸附规律是：极性吸附剂易于吸附极性溶质或溶剂；非极性吸附剂易于吸附非极性溶质或溶剂。如硅胶是极性吸附剂，主要吸附极性分子，如酒精；活性炭是非极性吸附剂，主要吸附非极性分子，如苯。离子吸附是吸附剂（胶粒）对强电解质的吸附，胶粒表面吸附的是离子。离子吸附规律是：吸附剂优先吸附与自己组成、性质相关的离子。如 AgBr 胶体中若存在 K^+ 和 Br^-，则 Br^- 优先被吸附，若溶液中存在 $AgNO_3$，则 Ag^+ 被优先吸附。

吸附作用在实际当中得到广泛的应用。在处理环境污染中一些难降解的有机物时，就曾利用活性炭来吸附工业废水中的二硝基氯苯而使工业废水得到净化，同时回收了二硝基氯苯。多氯代二噁英（PCDD）是毒性非常强的化合物，有强烈的致癌、致畸性，而农业上用的除草剂、杀菌剂、杀虫剂内均含有 PCDDs（多氯二苯并二噁英），其化学性质稳定，在水中溶解度低，容易被土壤表面吸附，正常环境下生物代谢缓慢，在环境污染的治理中，可用活性炭吸附来除去 PCDD 污染。许多有催化剂参与的工业反应，都是利用催化剂的吸附作用进行的；农产品的深加工过程中也常利用吸附作用脱色、除臭。

三、胶体的性质

1. 动力学性质——布朗运动

英国植物学家罗伯特・布朗（Robert Brown）用显微镜观察到悬浮在液面上的花粉颗粒不断地做无规则运动，后来用显微镜观察到溶胶中胶粒的运动与此相似，故称布朗运动。布朗运动是由于不断热运动的液体介质分子对胶粒撞击的结果。对许多胶粒来说，由于不断地受到不同方向、不同速度的溶剂分子的撞击，受到的力是不平衡的，所以它们时刻以不同的方向、不同的速度做无规则运动。布朗运动是胶体分散系的特征之一，布朗运动使胶粒不致因重力作用而迅速下沉，有利于保持溶胶的稳定。

2. 光学性质——丁达尔现象

英国物理学家丁达尔（John Tyndall）发现，若使一束光通过溶胶，从入射光垂直的方向可以看到一条明亮的“光路”，这种现象称为丁达尔现象。丁达尔现象是溶胶特有的现象。根据光学原理，光线照射到分散质粒子时，如果粒子直径远远大于入射光的波长，则主要产生光的反射；如果粒子直径小于入射光的波长，则发生光的散射。胶体溶液中，胶粒直径介于 10^{-9}～10^{-7} m，小于可见光的波长，当入射光通过时，光波绕过粒子向各个方向散射出去，这时胶粒好似一个发光体，无数发光体散射结果，就形成了光的通路。胶体的丁达尔现象是胶体粒子对光散射的结果。

3. 电学性质——电泳现象

电泳在外加电场中，胶体粒子在分散介质中的定向移动称为电泳。例如，在 U 形管中，装入红褐色氢氧化铁溶胶，U 形管的两端各插入一根惰性电极，通电观察到阳极附近溶胶颜色逐渐变浅，阴极附近的溶胶颜色逐渐变深。实验表明，$Fe(OH)_3$ 胶体粒子带正电荷在电场作用下向阴极移动。如果用过量 KI 与 $AgNO_3$ 制得的 AgI 溶胶做相同的实验，会得到相反的结果。电泳实验说明溶胶粒子带电荷。如果在胶体中通以直流电，它们或者向阳极迁移，或者向阴极迁移。这就是所谓的电泳现象。

根据电泳中胶粒移动的方向可以判断溶胶粒子所带的电荷。胶体粒子带正电荷的溶胶称为正溶胶，带负电荷的溶胶称负溶胶。

四、溶胶的稳定性和凝聚作用

胶体溶液相当稳定，如果条件不变，可以放置长时间也不沉淀。胶体具有相对的稳定性，主要原因有两个：一是胶粒带有电荷，相同电荷的胶粒相斥，使胶粒不能凝聚成较大的颗粒而沉淀；二是水化作用，胶粒的电位离子反离子都能与水结合成水合离子，使胶粒周围形成一层水化膜，水化膜能阻止胶粒结合成较大的颗粒而保持其稳定性。

胶体溶液的稳定性是相对的，如果破坏使胶体溶液稳定的因素，胶体互聚成较大的颗粒而沉淀，这一过程称为胶体的凝聚。

1. 加入电解质

在溶胶中加入少量电解质后，增加了离子的总浓度，胶粒、离子相互碰撞，与反离子电荷相同的电解质离子中和了电位离子电荷，破坏了双电层保护层结构，胶粒之间的排斥力被削弱，使胶粒相互结合成较大的颗粒而凝聚。电解质离子价态越高，凝聚能力越强。例如，$MgSO_4$ 对 $Fe(OH)_3$ 溶胶的凝聚能力要比 KCl 对 $Fe(OH)_3$ 溶胶的凝聚能力强。江河入海口三角洲的形成就是这个道理。

2. 带相反电荷的胶体相互混合

将两种带相反电荷的溶胶按一定比例混合，由于电性中和使胶粒凝聚而沉降。例如明矾净水，就是利用 Al^{3+} 水解后形成 $Al(OH)_3$ 溶胶，$Al(OH)_3$ 溶胶带正电荷，天然水中的悬浮物(胶粒)一般带负电荷，两种胶粒相互吸引而聚沉，从而使水得到净化。

3. 加热

加热能够增加胶粒的能量，加剧胶粒的热运动，增加胶粒之间的碰撞机会，同时也会增加离子的能量，削弱胶粒对离子的吸附作用，保护层被破坏，从而使胶体凝聚。

● 知识拓展

腌蛋原理

1. 腌咸鸡蛋主要用食盐腌制而成的。鲜蛋腌制时，蛋外的食盐料泥或食盐水溶液中的盐分，通过蛋壳、壳膜、蛋黄膜渗入蛋内，蛋内水分也不断渗出。蛋腌制成熟时，蛋液内所含食盐成分浓度，与料泥或食盐水溶液中的盐分浓度基本相近。高渗的盐分使细胞体的水分脱出，从而抑制了细菌的生命活动。同时，食盐可降低蛋内蛋白酶的活性和细菌产生蛋白酶的能力，从而减缓了蛋的腐败变质速度。食盐的渗入和水分的渗出，改变了蛋原来的性状和风味。

腌咸鸡蛋的用盐量，因地区、习惯不同而异。使用高浓度的盐溶液时，渗透压大，水分流失快，味过咸而口感不鲜；用盐量低于 7% 则防腐能力较差，同时，浸渍时间延长，成熟期推迟，营养价值降低。总之，用盐量过多，有碍成品风味，过少则达不到防腐目的。若以蛋的重量计，用盐量一般在 10% 左右，可根据当地习惯适当调整。

2. 腌制过程中的变化随腌制时间延长，蛋白中含盐量明显增加，而蛋黄中含盐量增加不多；蛋黄含水量下降非常明显，而蛋白含水量下降不明显；蛋白黏度逐渐变稀，呈水样物质，而蛋黄浓度增加，变稠，呈凝固状态；蛋白 pH 变化不明显；蛋黄内含油量上升较快，腌制 10 天时更明显，以后则上升缓慢；蛋黄的含油量对腌咸鸡蛋的风味形成有重要意义。由于水分的损失，鸡蛋在腌制过程中重量略有下降。

腌制时所用的食盐的纯度影响蛋的风味，如钙镁离子含量在食盐中达到 0.6%时，即可吃出苦味，所以腌制咸鸡蛋一般需要用纯洁的再制盐或海盐。

食盐浓度大，向蛋内渗入的速度快，成熟快，腌制时间短；腌制温度高，食盐向蛋内渗入的速度快，成熟快，腌制时间短。所以，腌制时用盐量多少，要根据腌制时气温高低和消费者喜好来决定，既要防止蛋的腐败，又要使消费者不感到过咸。

用盐泥或灰料混合腌制时，盐分向蛋内渗入速度慢，时间长；用盐水浸泡时，盐分渗入蛋内速度较快，可缩短腌制时间。

新鲜蛋的蛋白浓稠，食盐的渗透和扩散作用慢，腌咸鸡蛋的成熟也较慢；反之，腌咸鸡蛋的成熟就会快。

要获得高质量的腌咸鸡蛋，必须选用新鲜的蛋，根据不同的腌制方法，灵活控制食盐用量和浓度、环境温度及腌制时间。

任务三　溶液的浓度及其计算

一、质量分数

质量分数是用 100 g 溶液中所含溶质 B 的质量来表示溶液浓度的方法。

表示为：

$$w(\mathrm{B})=\frac{m(\mathrm{B})}{m}\times 100\%$$

式中：$w(\mathrm{B})$为溶质 B 的质量分数；

$m(\mathrm{B})$为溶质 B 的质量，单位是 g；

m 为溶液的质量，单位是 g。

用质量分数表示溶液的组成比较简单，在工农业生产和日常生活中应用广泛。

二维码 1-2
溶液浓度的表示方法

二维码 1-3
配制给定溶质质量分数的氯化钠溶液

二、质量体积浓度

用单位体积溶液中所含溶质 B 的质量表示溶液的浓度称为质量体积浓度。

表示为：

$$\rho(\mathrm{B})=\frac{m(\mathrm{B})}{V}$$

式中：ρ 为溶质 B 的质量体积浓度，单位是 g/L 或 kg/m^3 或 g/mL；

$m(B)$为溶质的质量，单位是 g；

V 为溶液的体积，单位是 L 或 m^3 或 mL。

三、体积比浓度

用两种液体配制溶液时，为了操作方便，有时用两种液体的体积比表示浓度，叫作体积比浓度。例如配制 1∶4 的硫酸溶液，就是指 1 体积硫酸（一般指 98%，密度是 1.84 g/cm^3 的 H_2SO_4）与 4 体积水配制成的溶液。体积比浓度只在对浓度要求不太精确时使用。

四、体积百分浓度

体积百分浓度是指 100 mL 溶液中所含溶质的体积(mL)数，如 95%乙醇，就是 100 mL 溶液中含有 95 mL 乙醇和 5 mL 水。

五、质量摩尔浓度

1 kg 溶剂中所含溶质 B 的物质的量来表示的浓度称为质量摩尔浓度。

表示为：

$$b(B)=\frac{溶质的物质的量}{溶剂的质量}=\frac{n(B)}{m}$$

式中：$b(B)$为溶液的组成，单位是 mol/kg；

$n(B)$为溶液中溶质 B 的物质的量，单位是 mol；

m 为溶液中溶剂的质量，单位是 kg。

用质量摩尔浓度优点是其量值不受温度的影响，缺点是使用不方便。

六、物质的量浓度

在单位体积的溶液内，含有溶质 B 的物质的量的多少，叫物质的量浓度。

表示为：

$$c(B)=\frac{溶质的物质的量}{溶液的体积}=\frac{n(B)}{V}$$

式中：$c(B)$为物质的量浓度，单位是 mol/L；

$n(B)$为溶液中溶质 B 的物质的量，单位是 mol；

V 为溶液的体积，单位是 L。

七、滴定度(T)

滴定度(T)是溶液浓度的另一种表示方法。它有两种含义，其一表示每毫升溶液中含溶质的克数或毫克数。如氢氧化钠溶液的滴定度为 $T(NaOH)=0.0028$ g/mL=2.8 mg/mL；其二滴定度 $T_{B/A}$，表示每毫升标准溶液相当于被测物质的质量，单位是 g/mL 或 mg/mL。

表示为：

$$T(B/A)=\frac{m(A)}{V(B)}$$

式中：B/A 中 B 指标液，A 指被测物；

$m(A)$为被测物质 A 的质量，单位是 g 或者 mg；

$V(B)$为滴定相应 m_A 质量的 A 所用的标准溶液 B 的体积，单位是 mL。

例如，用 T(CaO/EDTA)＝0.5 mg/mL 的 EDTA 标准溶液滴定含钙离子的待测溶液，消耗了 5 mL。则待测溶液中共有 CaO 2.5 mg。物质的量浓度与滴定度之间的换算：B 的浓度＝(b/a)×T×1 000/M(A)[a，b 是反应方程式中 A 和 B 的计量系数，M(A)是 A 的摩尔质量，1 000 是为了由 L 换算成 mL]。

八、波美度

波美度是表示溶液浓度的一种方法。把波美比重计浸入所测溶液中，得到的度数叫波美度。波美度以法国化学家波美（Antoine Baume）命名。波美是药房学徒出身，曾任巴黎药学院教授。他创制了液体比重计——波美比重计。波美比重计有两种：一种叫重表，用于测量比水重的液体；另一种叫轻表，用于测量比水轻的液体。当测得波美度后，从相应化学手册的对照表中可以方便地查出溶液的质量百分比浓度。例如，在 15℃测得浓硫酸的波美度是 66，查表可知硫酸的质量百分比浓度是 98%。一般比重计测得的比重可以跟波美度通过下列公式换算。

$$比重－\frac{144.3}{144.3－波美度}$$

波美度数值较大，读数方便，所以在生产上常用波美度表示溶液的浓度（一定浓度的溶液都有一定的密度或比重）。

九、ppm、ppb、ppt 浓度

用溶质质量占全部溶液质量的百万分比来表示的浓度，即 10^{-6} 浓度，叫作 ppm 浓度。ppm 浓度即百万分比浓度。ppm 是由英文名称（part per million）中各第一个字母组成的。有些溶液极稀，用百分比浓度表示既不方便，又容易发生错误。例如，某溶液的浓度是 0.000 5%，改用 ppm 表示就是 5ppm。ppm 浓度常用于微量分析、环境化学中。

ppb 浓度是 10^{-9} 浓度，英文名称是 part per billion。

ppt 浓度是 10^{-12} 浓度，英文名称是 part per trillion。

上述两种浓度常用来表示超纯物质中杂质含量，或有机体及环境分析中衡量物质的浓度。

任务四　配制一定物质的量浓度的溶液

一、仪器及使用

配制一定物质的量浓度溶液需要的仪器有：容量瓶、烧杯、玻璃棒、胶头滴管、量筒（或滴定管、吸量管、移液管）、天平等。

二维码 1-4
容量瓶的使用

容量瓶是细颈梨形的平底玻璃瓶，由无色或棕色玻璃制成，带有磨口玻璃塞或塑料塞，瓶颈上有一体积环形标线，瓶上一般标有它的容积和标定时的温度。当加入容量瓶的液体体积充满至标线时，瓶内液体的体积和瓶上标示的体积相同。常用的容量瓶有多种规格，如 50 mL、100 mL、250 mL、500 mL、1 000 mL 等。容量瓶是一种量入式容量仪器，它主要用于将精密称量的物质准确地配成一定体积的溶液，或将准确体积的浓溶液稀释成一定体积的稀溶液，这种过程通常称为定容。在稀释溶液时，容量瓶常和移液管、吸量管配合使用。

容量瓶使用前，必须检查是否漏水。检漏时，在瓶中加自来水至标线附近，盖好瓶塞，用一手食指按住塞子，另一手用指尖顶住瓶底边缘，倒立 2 min，观察瓶塞周围是否渗水，如不渗水，将瓶直立，转动瓶塞 180°后，再倒转试漏。检查不漏水后，可进行洗涤。容量瓶洗涤时，如有油污，可用合成洗涤剂液浸泡或用洗液浸洗。用洗液洗时，先控去瓶内水分，倒入 10～20 mL 洗液，转动瓶子使洗液布满全部内壁，然后放置数分钟，将洗液倒回原瓶。再依次用自来水蒸馏水洗净，要求内壁不挂水珠。洗涤时应遵循“少量多次”的原则。

用容量瓶配制溶液时，一般是称量或量取样品置于小烧杯中，加入少量水使之溶解，必要时可加热。待全部溶解并冷却后，一手拿玻璃棒，一手拿烧杯，在瓶口上慢慢将玻璃棒从烧杯中取出，并将它插入容量瓶瓶口（但不要与瓶口接触），再让烧杯嘴紧贴玻璃棒，慢慢倾斜烧杯，使溶液沿着玻璃棒流下，倒完溶液后，将烧杯沿玻璃棒轻轻向上提，同时慢慢将烧杯直立，使烧杯和玻璃棒之间附着的液滴流回烧杯中，再将玻璃棒末端残留的液滴靠入瓶口内。在瓶口上方将玻璃棒放回烧杯内，但不得将玻璃棒靠在烧杯嘴一边。用少量蒸馏水淋洗玻璃棒及烧杯 3～4 次，洗出液按上法全部转移入容量瓶中，这一操作称为定量转移。然后用蒸馏水稀释。稀释到容量瓶容积的 2/3 时，将容量瓶直立旋摇（不要盖上塞子），使溶液初步混合，最后继续稀释至近标线约 1 cm 时，等候 1～2 min，改用胶头滴管逐滴加水至弯月面最低点恰好与标线相切，这一操作称为定容。定容以后，盖上容量瓶塞，像试漏时一样，将瓶倒立，待气泡上升到顶部后，在倒置状态时水平摇动几周，再倒转过来，如此反复多次（至少 10 多次），直到溶液充分混合（图 1-1-5）。注意，定容时溶液的温度与室温要相同。

容量瓶中不宜长期存放溶液，如保存溶液则应转移到试剂瓶中，试剂瓶应预先干燥或用少量该溶液润洗 3 次。

二、配制过程

二维码 1-5
一定物质的量浓度的溶液配制

（1）计算　计算配制所需固体溶质的质量或液体浓溶液的体积。

若用固体试剂配制溶液时，通过公式求得：

$$\frac{m}{M}=c \cdot V$$

式中：m 为所称固体试剂的质量，单位是 g；

M 为固体试剂的摩尔质量，单位是 g/mol；

c 为要配制的溶液浓度，单位是 mol/L；

V 为要配制的溶液体积，单位是 L。

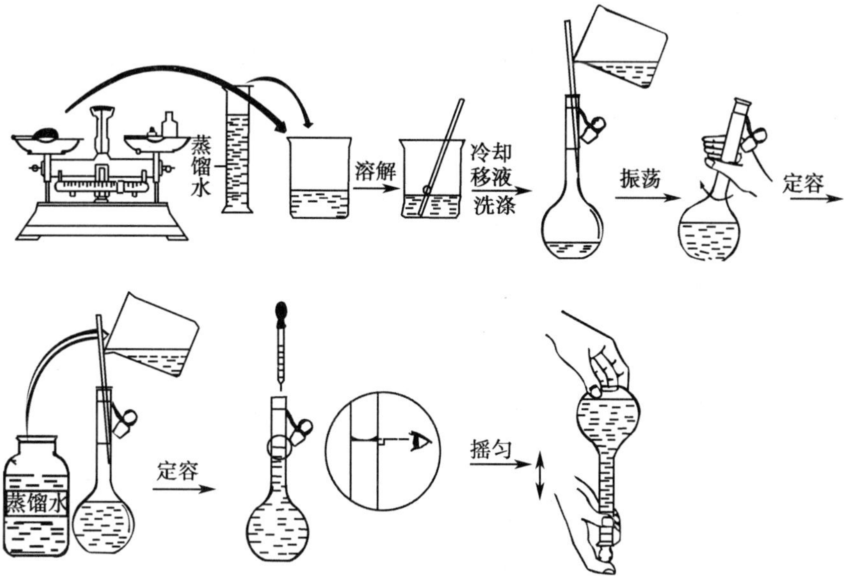

图 1-1-5　溶液的配制过程

若将浓溶液稀释成一定浓度的稀溶液，配制溶液时，通过公式：

$$c(\text{浓})\cdot V(\text{浓})=c(\text{稀})\cdot V(\text{稀})$$

式中：c(浓)为浓溶液的浓度，单位是 mol/L；

V(浓)为浓溶液的体积，单位是 L；

c(稀)为稀溶液的浓度，单位是 mol/L；

V(稀)为稀溶液的体积，单位是 L。

若用市售浓酸配制溶液，浓酸的浓度可以通过下式转化：

$$c(\text{浓})=\frac{1\,000\rho w}{M}$$

式中：ρ 为浓酸的密度，单位是 g/mL；

c(浓)为市售浓酸的浓度，单位是 mol/L；

w 为浓酸的溶质的质量分数；

M 为溶质的摩尔质量，单位是 g/mol。

(2)称量或者量取　用天平称量固体质量或用量筒(应用吸量管、移液管，但中学阶段一般用量筒)量取液体体积。

(3)溶解或者稀释　在烧杯中溶解或稀释溶质，冷却至室温(如不能完全溶解可适当加热)。

(4)转移　将烧杯内冷却后的溶液沿玻璃棒小心转入一定体积的容量瓶中。

(5)洗涤　用蒸馏水洗涤烧杯和玻璃棒 2～3 次，并将洗涤液转入容量瓶中，振荡，使溶液混合均匀。

(6)定容　向容量瓶中加蒸馏水至刻度线以下 1～2 cm 处时，改用胶头滴管加蒸馏水，使溶液凹面最低点恰好与刻度线相切。

(7)摇匀　盖好瓶塞，用食指顶住瓶塞，另一只手的手指托住瓶底，反复上下颠倒，使溶液混合均匀。

(8)装瓶贴签　最后将配制好的溶液倒入试剂瓶中，贴好标签。

【知识巩固】

一、选择题

1. 处于恒温条件下的一封闭容器中有两个杯子，A 杯为纯水，B 杯为蔗糖溶液。放置足够长时间后则发现(　　)。

A. A 杯水减少，B 杯水满后不再变化

B. B 杯水减少，A 杯水满后不再变化

C. A 杯变成空杯，B 杯水满后溢出

D. B 杯水干并有蔗糖晶体，A 杯水满后溢出

2. 不挥发的溶质溶于水形成溶液之后，将使其(　　)。

A. 熔点高于 0℃　　B. 熔点低于 0℃

C. 熔点仍为 0℃　　D. 熔点升降与加入物质分子量有关

3. 不挥发的溶质溶于水后会引起(　　)。

A. 沸点升降　　B. 熔点升降　　C. 蒸气压升高　　D. 蒸气压下降

4. 质量摩尔浓度的定义是在何物质中所含溶质的量(mol)(　　)。

A. 1 L 溶液中　　B. 1 000 g 溶液中

C. 1 000 g 溶剂中　　D. 1 L 溶剂中所含溶质的量(mol)

5. 在质量分数为 0.80 的甲醇水溶液中，甲醇的摩尔分数接近于(　　)。

A. 0.3　　B. 0.5　　C. 0.9　　D. 0.7

6. 今有果糖($C_6H_{12}O_6$)(Ⅰ)葡萄糖($C_6H_{12}O_6$)(Ⅱ)蔗糖($C_{12}H_{22}O_{11}$)(Ⅲ)三溶液，质量分数为 0.01，则三者渗透压(Π)大小的关系是(　　)。

A. $\Pi_{\mathrm{I}}=\Pi_{\mathrm{II}}=\Pi_{\mathrm{III}}$　　B. $\Pi_{\mathrm{I}}=\Pi_{\mathrm{II}}>\Pi_{\mathrm{III}}$

C. $\Pi_{\mathrm{I}}>\Pi_{\mathrm{II}}>\Pi_{\mathrm{III}}$　　D. $\Pi_{\mathrm{I}}=\Pi_{\mathrm{II}}<\Pi_{\mathrm{III}}$

7. 1 000 g 水中溶解 0.1 mol 食盐的水溶液与 1 000 g 水中溶解 0.1 mol 葡萄糖($C_6H_{12}O_6$)的水溶液，在 100 kPa 下，下列有关沸点的陈述中正确的是(　　)。

A. 都高于 100℃，但食盐水比葡萄糖水要低

B. 都高于 100℃，但葡萄糖水比食盐水要低

C. 食盐水低于 100℃，葡萄糖水高于 100℃

D. 葡萄糖水低于 100℃，食盐水高于 100℃

8. 下列溶液中凝固点最低的是(　　)。

A. 0.1 mol 的糖水　　B. 0.01 mol 的糖水

C. 0.001 mol 的甲醇水溶液　　D. 0.000 1 mol 的甲醇水溶液

9. 1 mol 蔗糖($C_{12}H_{22}O_{11}$)溶于 3 mol 水中，蔗糖溶液的蒸气压是水的蒸气压的(　　)。

A. 1/3　　B. 1/4　　C. 3/4　　D. 不知道

10. 0.1 mol/kg 的下列物质的水溶液沸点大小顺序正确的是(　　)。

A. $NaCl>ZnCl_2>Al(NO_3)_3$　　B. $Al(NO_3)_3>NaCl>ZnCl_2$

C. $ZnCl_2>Al(NO_3)_3>NaCl$　　D. $Al(NO_3)_3>ZnCl_2>NaCl$

二、下面是在配制一定物质的量浓度的溶液过程中操作，可能会引起误差。完成下列表格：

可能引起误差的操作	$m(n)$	V	c
1. 药品和砝码位置左右颠倒(使用了游码)			
2. 称量容易潮解的物质(如 NaOH)时间过长			
3. 溶质中含有杂质			
4. 用量筒量取液体(此处液体指溶质为液体,下同)时仰视读数			
5. 用量筒量取液体时俯视读数			
6. 溶解前烧杯内有水			
7. 搅拌时部分液体溅出或向容量瓶转移液体时有少量液体流出			
8. 未洗涤烧杯和玻璃棒			
9. 未冷却至室温就注入容量瓶			
10. 定容时,水加多了,用滴管吸出			
11. 定容、摇匀后,发现液面下降,再加水			
12. 定容时,仰视刻度线			
13. 定容时,俯视刻度线			

【技能训练】

训练 1-1 化学实验基本操作

一、训练目的

1. 掌握常用玻璃仪器的洗涤及干燥方法;
2. 了解纯水的制备和检验;
3. 学会化学试剂的配制及使用方法;
4. 了解滤纸的种类,并掌握使用方法。

二、训练用品

仪器:试管及试管架,烧杯,毛刷,洗衣粉,试管夹,药匙,胶头滴管,细口试剂瓶等。

药品:锌粒,Na_2CO_3(粉末),石蕊试纸,pH 试纸,比色卡,铬黑 T-氨缓冲液,0.01 mol/L EDTA 二钠盐,浓 HNO_3,0.1 mol/ L $AgNO_3$ 等。

三、训练内容

(一)常用玻璃仪器的洗涤和干燥

1. 仪器的洗涤

分析化学实验中常使用各种玻璃仪器,仪器不干净,往往影响实验的准确性,所以,要学会玻璃仪器的洗涤方法。仪器上附着的污物有可溶性物质,也有一些不溶性物质。实验室常采用下列方法洗涤：

(1)自来水刷洗　用自来水刷洗可以除去可溶性物质，又可以使附着在仪器上的尘土和其他不溶性物质脱落下来。

(2)洗衣粉、洗涤剂等刷洗　用洗衣粉或其他合成洗涤剂洗刷仪器，可以去除一般的油污，然后再用自来水冲洗。

(3)碱液洗涤　对于附着于器壁的酸性物质，可用碳酸钠等溶液洗涤。

(4)浓盐酸洗涤　对于附着的碱性物质或氧化剂如二氧化锰，可以用浓盐酸洗涤与之反应，然后用水冲洗。

(5)铬酸洗液洗涤　铬酸洗液是由重铬酸钾、水、浓硫酸按 1∶2∶20 的比例配制的，它具有很强的氧化性，对有机物和油污的去除能力特别强。在进行精确的定量实验时，对仪器的洁净程度要求更高。由于仪器容积精确、形状特殊，不能用刷子机械地刷洗，要用洗液清洗。

使用洗液时须注意：使用洗液前，应先用水刷洗仪器，尽量除去其中的污物；尽量把仪器内残留的水倒掉，以免水把洗液冲稀，降低洗液洗涤能力；洗液用后应倒回原来瓶内，可以重复使用；洗液具有很强的腐蚀性，会灼伤皮肤、破坏衣服，如果不慎把洗液洒在皮肤、衣服和实验台上，应立即用水冲洗、擦净。当洗液变成绿色时，说明已失去氧化作用。对比色分析所用的比色皿，通常用盐酸-乙醇洗涤浸泡内外壁后，再用水洗净，以去除有机物质。最后必须用蒸馏水或去离子水进行淋洗。采取“少量多次”的原则，一般淋洗 2～3 次即可。

洗净的仪器的器壁上，不应附着有不溶物或油污，仪器倒置过来，水会顺着器壁流下，器壁上只留下一层既薄又均匀的水膜，并无水珠附着在上面，这样的仪器才算洗得干净。玻璃棒洗净后，应插在贮有清洁蒸馏水的烧杯或试管中，绝不允许放在实验台上。

2. 仪器的干燥

分析实验常需用干燥的玻璃仪器。洗净的玻璃仪器可采用以下方法进行干燥：

(1)烘干　洗净的仪器可以放在电热干燥箱(也称烘箱)内烘干，但放进去之前应尽量把水倒净。放置仪器时，应注意使仪器的口向下(倒置后不稳的仪器则应平放)。可以在电热干燥箱的最下层放一个搪瓷盘，以接收从仪器上滴下的水珠。水不要滴到电炉丝上，以免损坏电炉丝。

(2)晾干　洗净的仪器可倒置在干净的实验柜内，倒置后不稳定的仪器如量筒等，则应平放或置于仪器架上晾干。

(3)吹干　用电吹风机把仪器吹干。

(4)烤干　烧杯和蒸发皿可以放在石棉网上用小火烤干，试管可以直接用小火烤干。操作时，试管要略为倾斜，管口向下，并不时地移动试管，把水珠赶掉。最后，烤到不见水珠时，管口朝上，以便把水汽赶尽。

注意，不要用布或纸擦干仪器，这样做会污染仪器。不要用加热的方法干燥带有刻度的容量器皿，因为加热会影响这些仪器的精密度。

(二)纯水的制备和检验

分析实验对水的质量要求较高，因为纯水是实验中配制试剂、洗涤仪器不可缺少的物质。纯水的制备主要有蒸馏法和离子交换法。

1. 蒸馏法

将自来水盛放于蒸馏装置中加热至沸腾，水蒸气汽化后经冷凝即可得到蒸馏水。蒸馏法制得的蒸馏水，由于经过高温处理，不易长霉，但由于蒸馏器多为铜制或锡制，难免有残留的痕量离子。

2. 离子交换法

将自来水或天然水依次通过阳离子交换树脂、阴离子交换树脂后，可去除水中的杂质离子，得到“去离子水”。但去离子水未经高温灭菌，往往容易长霉。

3. 纯水的检验

电导率是纯水质量的综合指标。用电导率仪测定纯水的电导率，25℃时，电导率小于 0.1 S/cm（S/cm 为西门子每厘米。μS/cm 为微西门子每厘米，相当于 0.1 mS/m 毫西门子每米，和电阻率 MΩ·cm 成反比）为一级水；电导率小于 1.0 S/cm 为二级水；电导率小于 5.0 S/cm 为三级水。

水质的化学检验法有以下几种：

（1）重金属离子　水样 10 mL，加铬黑 T-氨缓冲溶液（0.5 g 铬黑 T 溶于 10 mL 氨缓冲溶液，加酒精 100 mL）2 滴，应呈蓝色。如为紫红色，表明含有 Ca^{2+}、Mg^{2+}、Fe^{2+}、Al^{3+}、Cu^{2+} 等金属离子；此时可加入 1 滴 0.01 mol/L 的 EDTA 二钠盐溶液，如能变为蓝色，表示纯度尚可，否则为不合格。

（2）氯离子　水样 10 mL，加浓 HNO_3 1 滴和 0.1 mol/L 的 $AgNO_3$ 溶液 5 滴，几分钟后在黑色背景上观察应完全澄清，无乳白色浑浊生成，否则表明 Cl^- 较多。

（3）pH　纯水的 pH 应在 5.5～7.5。可用广泛 pH 试纸检验水的 pH。纯水中由于溶有微量 CO_2，pH 常稍小于 7。单项分析用的纯水有时须做单项检查，如测定氮或磷时须检查是否含有氮或磷。

（三）试剂的配制和取用

1. 试剂的配制

配制试剂溶液时，首先根据所配制试剂纯度的要求，选用不同等级试剂。用固体药品配制溶液时一般有如下步骤：①根据配制溶液的浓度和数量，计算出试剂的用量；②称量试剂；③置于烧杯中加少量水，搅拌溶解，必要时可加热促使其溶解；④再加水至所需的体积，摇匀，即得所配制的溶液。用液体试剂或浓溶液稀释成稀溶液时，将上述步骤中的②称量改为量取，③溶解改为稀释，其余步骤相同。将配制好的溶液盛装在试剂瓶或滴瓶中，摇匀后贴上标签，注意标明溶液名称浓度和配制日期。

在配制易水解的盐溶液时，应先用相应的酸溶液（如用盐酸溶液溶解 $FeCl_2$）或碱溶液（如氢氧化钠溶液溶解 Na_2S 等）溶解，以抑制水解。

一些经常大量使用的试剂，可预先配制出比预定浓度约大 10 倍的贮备液，用时再加以稀释。

2. 试剂的取用

（1）固体试剂的取用方法　固体试剂一般都用药匙取用。药匙用牛角、塑料或不锈钢制成，两端分别为大小两个匙，取大量固体用大匙，取少量固体时用小匙。药匙必须保持干燥而洁净，且专匙专用。若试管潮湿，可将试剂放在对折的纸槽上，然后送入试管底部，直立试管。试剂取用后应立即将瓶塞盖严，并放回原处。

要求称取一定质量的固体试剂时，可把固体放在干净的称量纸上或表面皿上，再根据要求在台秤或电子天平上进行称量，具有腐蚀性或易潮解的固体不能放在纸上，而应放在玻璃容器

(小烧杯或表面皿)内进行称量。

(2)液体试剂的取用方法　从滴瓶中取用少量试剂加入试管中时,注意不要把滴管伸入试管中,应距离试管口上方 0.5 cm 左右,以免试剂被污染。滴管直立,不能横放或倒放,以防试剂腐蚀橡皮头并玷污滴瓶内的溶液;从细口试剂瓶取用试剂,应将瓶塞仰放在台上,用左手的拇指、食指和中指拿住试管、量筒等,用右手拿起试剂瓶,注意使试剂瓶上的标签对着手心,慢慢倒出所需要量的试剂,将最后一滴刮在试管等容器内。取完试剂后,立刻将瓶塞盖好,把试剂瓶放回原处,并使瓶上的标签朝外。在取用试剂时,要根据用量,不要多取,这样既能获得较好的实验效果,又可节约药品。取多的药品不能放回原试剂瓶中,应放在指定的容器里。

3. 滤纸的选用

分析实验中常用的滤纸,可分为定量滤纸和定性滤纸两种,按过滤速度和分离性能的不同又可分为快速、中速和慢速三类。

定量滤纸的特点是灰分很低,以 125 mm 定量滤纸为例,每张纸的质量约 1 g,灼烧后其灰分的质量不超过 0.1 mg(小于分析天平的感量),在重量分析实验中,可以忽略不计,所以通常又称为无灰滤纸。定量滤纸中其他杂质的含量也比定性滤纸低,其价格比定性滤纸高。在实验工作中应根据实际需要,合理地选用滤纸。

四、拓展训练与思考

(1)练习玻璃仪器的洗涤,学会用烘箱和吹风机干燥试管和烧杯等玻璃仪器。

(2)练习固体及液体试剂的取用方法。

(3)练习 pH 试纸、石蕊试纸的使用。

(4)练习蒸馏水的制备及检验方法。

二维码 1-6 铁架台的使用

二维码 1-7 酒精灯的使用

二维码 1-8 试管的使用

二维码 1-9 托盘天平的使用

二维码 1-10 物质的溶解

二维码 1-11 过滤操作

训练 1-2　配制一定物质的量浓度的溶液

一、训练目的

(1)练习配制一定物质的量浓度的溶液;

(2)加深对物质的量浓度概念的理解;

(3)练习天平、容量瓶、胶头滴管的使用方法。

二、知识原理

配制一定物质的量浓度的溶液过程中，溶质的物质的量不变，即 $n=cV$。

三、训练用品

仪器：烧杯，容量瓶（100 mL），胶头滴管，量筒，玻璃棒，天平。

试剂：氢氧化钠，浓度为 37%密度为 1.19 g/mL 浓盐酸，蒸馏水。

四、训练内容

1. 0.1 mol/L 盐酸溶液的配制

(1)计算所需浓盐酸的体积。

(2)量取　用量筒（或滴定管/吸量管）移取。

(3)稀释　将浓盐酸缓缓加入装有蒸馏水的烧杯中，并不断用玻璃棒搅拌，冷却至室温。

(4)移液　把烧杯液体引流入容量瓶（用玻璃棒引流）。

(5)洗涤　洗涤烧杯和玻璃棒 2～3 次，洗涤液一并移入容量瓶，振荡摇匀。

(6)定容　向容量瓶中注入蒸馏水至距离刻度线 1～2 cm 处，改用胶头滴管滴蒸馏水至溶液凹液面与刻度线正好相切（要求平视）。

(7)盖好瓶塞，反复上下颠倒，摇匀。

2. 0.1 mol/L 氢氧化钠溶液的配制

步骤同上。

【注意事项】

(1)容量瓶使用之前，一定要检查瓶塞是否漏水。

(2)配制一定体积的溶液时，容量瓶的规格必须与要配制的溶液的体积相同。

(3)不能把溶质直接放入容量瓶中溶解或稀释。

(4)溶解时放热的必须冷却至室温后才能移液。

(5)定容后，经反复摇匀，摇匀后容量瓶中的液面会出现低于容量瓶刻度线的情况，这时不能再向容量瓶中加入蒸馏水。因为定容后液体的体积刚好为容量瓶标定容积。上述情况的出现主要是部分溶液在润湿容量瓶磨口时有所损失。

(6)如果加水定容时超过了刻度线，操作失败。

五、拓展训练与思考

通过查阅资料，如何配制一定质量分数、质量体积浓度、体积比浓度、体积百分浓度、质量摩尔浓度溶液。

● 励志故事

逻辑思维能力“万能溶液”

一位年轻人想到大发明家爱迪生的实验室里去工作。一天，他去求见爱迪生，爱迪生接见了他，并问他对科学发明有什么见解。这位年轻人满怀信心地说：“我想发明一种万能溶液，它可以溶解一切物品。”爱迪生听罢，惊奇地问：“那么你想用什么器皿放置这种溶液呢？它不是可以溶解一切物品吗?”年轻人哑口无言。

为什么这位年轻人听了爱迪生的话就哑口无言呢？因为爱迪生指出了他的说法自身包含着不可克服的逻辑错误。盛放“万能溶液”的器皿，至少是这种溶液所不能溶解的，这样“万能溶液”并非溶解一切物品，并非“万能”。

逻辑思维是一种渐变的思维过程，按部就班，全方位搜索，一判断一分析，最终接近结果。

资料缺少是由于日方漏装

有一次，日本一家公司给我国一家公司寄来一箱技术文章资料。清单上写明资料有6份，但是开箱清点后发现只有5份，于是我方人员就向日方交涉。日方说：“我方提供给贵方的资料，装箱都要经过几次检查，不可能漏装。我方说：“我们开箱时有多人在场，开箱后又经过几次清点，是在确实判断资料缺少后才向你们交涉的。”双方各执一词，谁也没有说服谁，交涉毫无结果。我方认真分析这次交涉，认为我方在交涉中虽然提出了一些理由，但是理由很不充分。于是，我方重新理顺思路，再去交涉。

这次我方充分发挥逻辑思维的作用，首先列举资料缺少的三种可能：“或是日方漏装，或是运输途中散失，或是我方开箱后丢失。日方同意这种说法。接着我方又提出：“如果资料是运输途中散失的，那么木箱肯定有破损；现在木箱完好无损，所以，资料不可能是运输途中散失的。”接着我方又指出：“如果资料是我方开箱后丢失的，那木箱上的净重应该大于现有5份资料的净重；现木箱上所印的净重正好和现有5份资料的重量相等；所以，资料不可能是我方开箱后丢失的。”最后，我方提出：“既然一共只有三种可能，而后两种可能已被否定，那就只有一种可能，即资料是日方漏装。”从而可以得出结论：资料缺少是由于日方漏装。

我方的推理完全合乎逻辑，理由非常充分，日方无法辩驳，只得回去查询漏装一事。结果明确系日方漏装，最终问题得到圆满的解决。

思维的逻辑性也可以称之为思维的深刻性。它集中地表现在善于深刻地思考问题，抓住事物的本质和规律，预见事物的发展进程。逻辑思维是创新思维形成和发展的基础。

项目二

分析化学概论

【技能目标】

1. 学会电子天平和称量瓶的使用；
2. 掌握试样的称量操作。

【知识目标】

1. 了解分析化学的任务、作用、发展趋势及分析方法的分类和测定的一般程序；
2. 掌握定量分析中误差的分类、来源、表示方法及减免方法；
3. 掌握有效数字的修约规则、运算规则及异常值的取舍规则。

【知识学习】

任务一　分析化学概述

二维码 2-1
分析化学概论

一、化学的任务和作用

分析化学是化学学科的一个重要分支，是研究物质的化学组成、结构信息、分析方法及相关理论的科学。它的任务是鉴定物质的组成和测定有关组分的含量及结构。根据分析目的和任务的不同，将分析化学分为定性分析、定量分析和结构分析三部分。在对物质进行分析时，通常先进行定性分析确定其组成，然后再进行定量分析。本书主要讨论定量分析。

分析化学是人们认识自然、改造自然的工具，在国民经济建设和人类生活中有着重要的意义，分析化学是工、农业生产的“眼睛”。例如，在工业生产方面，对于矿山的开发资源的勘探、工业原料的选择、工艺流程的控制、产品的检验、新产品的试制以及三废（废水、废气、废渣）的利用等都要靠分析化学提供数据进行研究。在农业、林业、牧业生产方面，土壤肥力的测定，水质的化验，农药残留的分析，污染状况的检测，肥料、农药、饲料和农产品品质的评定，畜禽的科学饲养和临床诊断也都离不开分析化学。在食品科学中,了解食品的营养价值和食品的腐败特征,食品中有害物质及添加剂的检测,对食品有关化学成分进行分析比较,以及加快营养食品的开发都需要以定量分析为依据。

在高等职业技术学院的许多专业,特别是高等农、林、牧、水产院校中,分析化学是一门实践性很强的重要基础课,它为后续的有关课程打基础。例如,生物学、生物化学、土壤学、肥料学、栽培学、遗传学、兽医临床诊断学、食品理化检验、植物生理学、植物保护学等课程,都要用到分析化学的理论知识和操作技能。因此,必须重视分析化学的学习,不仅要了解分析化学的有关基础理论,学会分析方法,掌握分析技术,树立准确的量的概念,还要在理论联系实际的基础上加强基本实验技术的培养训练,自觉养成严谨的工作作风和实事求是的科学态度,提高分析问题和解决问题的能力,为学习后续专业课程打下良好的基础。

二、分析化学方法的分类

分析化学可以按分析任务、分析对象、分析方法的测定原理及分析试样的用量等进行分类。

(一)按分析任务分类

按分析任务的不同,分析化学可分为定性分析、定量分析和结构分析。定性分析是鉴定试样由哪些组分(元素、原子、原子团、官能团或化合物)组成;定量分析是测定试样中有关组分的含量;结构分析是研究物质的分子结构和晶体结构(或空间构型、构象)。

(二)按分析对象分类

按分析对象的不同,分析化学可以分为无机分析和有机分析。无机分析的对象是无机化合物,通常要进行定性和定量分析,有时还要确定其存在的状态。有机分析的对象是有机化合物,虽然有机物的组成元素不多,但由于存在异构现象,结构复杂,种类繁多,故有机分析不仅要做元素分析、含量分析,而且还要做官能团分析和结构分析。

(三)按分析方法的测定原理分类

按分析方法所依据的测定原理和操作方法的不同,可分为化学分析法和仪器分析法。

1.化学分析法

化学分析法是以物质的化学反应为基础的分析方法。化学分析法是最早采用的分析方法,是分析化学的基础,故又称为经典分析法。化学分析法使用天平和滴定管等玻璃仪器,设备相对简单,一般用于相对含量在1%以上的常量组分的测定,准确度较高。按照测定方法的不同,化学分析法可以分为重量分析法和滴定分析法。

(1)重量分析法　又称称量分析法,是通过化学反应及一系列操作(如沉淀、挥发、电解等),使待测组分转化为一种纯净的、化学组成固定的难溶化合物,而与样品中其他组分得以分离,然后再通过称量该化合物的质量,计算出待测组分的含量。重量分析法操作费时,手续麻烦,但准确度较高,目前常用于仲裁分析和标准物测定。

(2)滴定分析法　又称容量分析法,是将一种已知准确浓度的试剂溶液(标准溶液),通过滴定管加到待测物质溶液中,直到所加试剂与待测组分按化学计量关系恰好完全反应,根据所加入的已知准确浓度的溶液的浓度和体积计算出待测组分的含量。滴定分析方法包括酸碱滴定法、氧化还原滴定法、沉淀滴定法、配位滴定法。该方法同样适用于常量分析,具有准确度高、操作简便、快速的特点，因此应用广泛。

2.仪器分析法

仪器分析法是以被测定物质的物理性质或物理化学性质为基础，在分析过程中需要借助于一些比较特殊的仪器设备而进行的定量分析方法。仪器分析法的主要特点是灵敏度高，适用于微量、痕量组分的定性、定量和结构分析。仪器分析操作简单、快速，易于实现自动化、高速化分析，是现代分析化学发展的方向。常用的仪器分析法有光学分析法、电化学分析法、色谱分析法、质谱分析法、放射分析法、电子显微镜分析法、毛细管电泳法等。

(1)光学分析法　根据物质的光学性质所建立的分析方法。它是基于能量作用于待测物质后，物质的热力学能变化以辐射的形式表现出来，用合适的仪器将辐射(电磁波)记录下来。光学分析的实质是物质的能量变化，分为光谱法和非光谱法。光谱法主要包括分子光谱法，如紫外-可见光度法、红外光谱法、分子荧光法等、原子光谱法，如原子发射光谱法、原子吸收光谱法。

(2)电化学分析法　根据物质的电化学性质所建立的分析方法。它将含有待测物质的试液组成化学电池，通过测量电池的电化学参数，如电导、电位、电流、电量等信号，从而获得待测物质的组成或含量。主要包括电位分析法、极谱和伏安分析法、电重量和库仑分析法、电导分析法。

(3)色谱分析法　根据物质在两相(固定相和流动相)中的吸附能力、分配系数或其他亲和作用的差异而建立的一种分离、测定的方法。这种分析法的最大优点是集分离和测定于一体，是多组分物质高效、快速、灵敏的分析方法。主要包括气相色谱法、高效液相色谱法和离子色谱法。近年来，发展了许多新的色谱技术，如临界流体色谱和多维色谱等。

(四)按分析试样的用量分类

根据操作方法及用量的不同可分为常量、半微量、微量、超微量分析。各种分析方法的试样用量见表1-2-1。

表1-2-1　各种分析方法的试样用量

方法	试样质量/mg	试样体积/mL	方　法	试样质量/mg	试样体积/mL
常量分析	＞100	＞10	微量分析	10～0.1	0.01
半微量分析	10～100	1～10	超微量分析	＜0.1	＜0.01

(五)按分析组分在试样中的相对含量分类

根据待测组分在试样中的相对含量不同可分为常量组分分析、微量组分分析、痕量组分分析。各种分析方法试样相对含量见表1-2-2。

表1-2-2　各种分析方法试样相对含量

分类名称	常量组分	微量组分	痕量组分
相对含量	＞1%	0.01%～1%	＜0.01%

以上两种概念不能混淆，如痕量组分分析不一定是微量分析：自来水中痕量污染物分析是常量分析。

(六)常规分析和仲裁分析

根据分析目的不同可分为常规分析和仲裁分析。常规分析是指一般化验室在日常生产或工作中的分析,又称例行分析。仲裁分析是指不同的单位对同一试样的分析结果有争议时,要求某一单位用法定方法,进行准确分析,以仲裁原分析的结果是否正确,又称裁判分析。

三、分析化学的发展趋势

分析化学是一门古老的学科,它的起源可以追溯到古代炼金术。当时的分析手段主要依靠感官和双手。16 世纪出现了第一个使用天平的试金实验室,有了分析化学的内涵。到 19 世纪末,分析化学基本上由定性手段和定量技术组成,进入 20 世纪,由于现代科学的发展,相邻学科间的渗透,使分析化学经历了三次巨大的变革。

(1)分析化学创立阶段　1640—1840 年之间。

(2)第一次变革　20 世纪 30 年代,物理化学溶液理论的发展,为分析化学提供了理论基础,建立了溶液中的"四大平衡"理论,使分析化学从一门技术成为一门科学。

(3)第二次变革　第二次世界大战前后,20 世纪 40—60 年代,物理学与电子学的发展,促进了分析化学中物理和物理化学分析方法的发展,使分析化学从以经典分析为主发展到以仪器分析为主的现代分析化学。

(4)第三次变革　20 世纪 70 年代末到现在,以计算机应用为主要标志的信息时代的来临,给科学的发展带来巨大冲击,提出了许多要求,分析化学目前正处在第三次大变革时期。

目前,分析化学的使命已由单纯的提供分析数据上升到从原始分析数据中最大限度地获得有用的信息和知识,以解决生产与科研中的实际课题,也就是说:不再局限于"是什么""有多少",而是要求提供物质更多的、更全面的信息。

任务二　定量分析的一般程序

定量分析的任务是确定样品中有关组分的含量。完成一项定量分析的任务,一般经过以下几个步骤。

1. 试样的采取

试样或样品是指在分析工作中被用来分析的物质体系,从整体中取出可代表全体组成的一小部分的过程就是取样。样品可以是固体、液体或气体。分析化学对试样的基本要求是其在组成和含量上具有客观性和代表性。否则,即使测定的结果再准确也毫无意义,甚至可能导致错误的结论。合理的取样是分析结果准确可靠的基础。采取有代表性的试样必须采取特定的方法和程序。一般来说要多点取样(指不同的部位、深度),然后将各点的样品粉碎之后混合均匀,再从混合均匀的样品中取少量物质作为样品进行分析。

2. 试样分解

一般采用湿法分析。湿法分析是将试样分解后制成溶液,然后进行测定。正确的分解方法应使试样分解完全,不得有残留物存在;分解过程中待测组分不得有任何损失和增加;应尽量避免引入干扰组分。分解试样的方法很多,主要有酸溶法、碱溶法和熔融法。具体操作时可根据试样的性质和分析的要求选用适当的分解方法。

3.试样中干扰物质的分离

在实际分析中，由于样品成分较复杂，测定时各组分之间往往发生相互干扰，这不仅影响分析结果的准确性，有时甚至无法进行测定，因此在测定前必须选择适当的方法来消除干扰。消除干扰的方法主要有两种，一种是分离，一种是掩蔽。常用的分离方法有沉淀分离法、萃取分离法和色谱分离法等。常用的掩蔽法有沉淀掩蔽法、配位掩蔽法和氧化还原掩蔽法等。

4.测定方法的选择

分析要求选择合适的方法进行测定。一般来说，对于标准物和成品的分析，准确度要求较高，应选用标准分析方法如国家标准；对于生产过程中的中间控制分析则要求快速简便，宜选用在线分析。在线分析分为4种：①间歇式在线分析。在工艺主流程中引出一个支线，通过自动取样系统，定时将部分样品送入测量系统，直接进行检测。②连续式在线分析。让样品经过取样专用支线连续通过测量系统连续进行检测。③直接在线分析。将化学传感器直接安装在主流程中实时进行检测。④非接触在线分析。探测器不与样品接触，而是靠敏感元件把被测介质的物理性质与化学性质转换为电信号进行检测。对常量组分的测定，常采用化学分析法，如滴定分析、重量分析；对微量组分的测定应采用高灵敏度的仪器分析法。

5.分析结果的计算及评价

测定中会得到相关的数据，对于这些数据需要进行分析及处理，计算出被测组分的含量，并对分析结果的可靠性、准确性进行分析，最后得出结论并按要求给出分析报告。

任务三　定量分析的误差及数据处理

定量分析的目的是准确测定试样中各组分的含量，因此，分析结果必须具有一定的准确度。不准确的分析结果会导致经济损失，资源浪费，甚至得出错误的结论。在定量分析中，由于受分析方法、测量仪器、所用试剂和分析工作者主观条件等诸多因素的影响，分析结果和真实值不可能完全一致，两者之间的差值称为误差。即使采用最可靠的分析方法，使用最精密的仪器，由技术很熟练的分析人员对同一试样进行多次测定，也不可能得到完全一样的结果。这说明在分析工作中，误差是客观存在的、不可避免的。因此，需要对分析结果进行评价，判断分析结果的准确性和可靠程度，查出误差产生的原因，采取有效的措施减少误差，从而使分析结果达到较高的准确度，为指导生产和科学研究提供可靠的依据。

二维码 2-2
误差的分类及减免误差的方法

一、定量分析的误差

（一）误差的分类、来源和减免方法

1.误差的分类及来源

测定值（分析结果）与真实值之间的差值称为误差。在分析过程中，误差是客观存在的，不可避免的。误差按其性质和来源可以分为系统误差和偶然误差两大类。

(1)系统误差　系统误差又称可测误差，是指分析过程中由于某些固定因素所造成的误差。系统误差具有单向性、重复性和可测性等特点。单向性是指在测定过程中，测定结果系统地偏高或偏低；重复性指在一定的条件下重复测定时，又会重复出现；可测性是指这类误差的大小和正负是可以测定的，至少在理论上说是可以测定的，所以又称可测误差。从理论上讲，只要找到原因，就可以消除系统误差对测定结果的影响。产生系统误差的主要来源有以下几种：

①方法误差　方法误差是由于分析方法本身所造成的误差。例如，在滴定分析中，反应进行得不完全、化学计量点和滴定终点不完全一致、发生副反应、干扰离子的影响等。重量分析中，沉淀的溶解损失、吸附杂质、共沉淀现象、灼烧过程中沉淀的分解或挥发等，都将导致测定结果系统地偏高或偏低。

②仪器误差　仪器误差是由于仪器本身不够精确而造成的误差。例如，天平两臂不等长，砝码长期使用后质量有改变，滴定分析仪器刻度不够准确等对测定结果产生的误差。

③试剂误差　由于实验时所使用的试剂或蒸馏水不纯，含有微量杂质和被测组分而造成的误差称为试剂误差。它将导致测定结果系统偏高或偏低。

④操作误差　操作误差是指在正常操作情况下，由于分析人员在掌握操作规程与正确控制条件之间稍有出入或分析人员主观原因而造成的误差。例如，不同人的视力对颜色的敏感程度不同，在辨别滴定终点的颜色时，有人偏深、有人偏浅；读滴定管读数时习惯性偏高或偏低。

(2)偶然误差　偶然误差又称不可测误差，它是指分析过程中由某些不固定而难以控制的偶然因素造成的误差。例如，测定时环境温度的变化、湿度和气压的波动、仪器性能的微小变化而引起的测量数据的变动等。偶然误差对测定结果的影响是有时大、有时小，有时正、有时负，具有可变性。

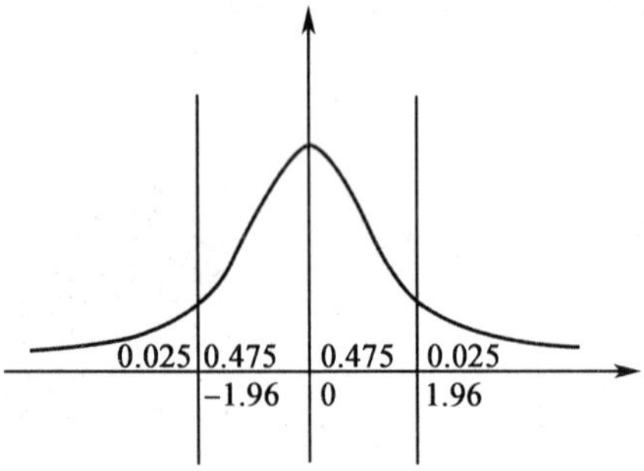

图 1-2-1　偶然误差的正态分布曲线

表面上看，偶然误差难以控制，似乎没有什么规律，但用统计的方法研究发现，偶然误差的分布服从正态分布规律，即绝对值相等的正误差和负误差出现的概率相等，小误差出现的机会多，大误差出现的机会少，特别大的误差出现的机会非常小。偶然误差的这种规律性可用误差正态分布曲线表示，图 1-2-1 横轴代表误差大小，纵轴代表误差出现的频率。

在实际工作中，如果消除了系统误差，在同样条件下进行平行测定的次数越多，则测定结果的算术平均值越接近真值。因此，适当增加测定次数，可以减少偶然误差对分析结果的影响。因此，在一般定量分析工作中，一个试样平行测定应在 5～7 次，最少要进行 3 次。

系统误差和偶然误差都是指在正常操作的情况下所产生的误差。至于因分析人员粗心大意或违反操作规程而引起的测定结果与真实值间的差异称作“过失”。过失不属于误差范围，而属于工作中的错误，在实验过程中应该加以避免。例如，加错试剂、读错刻度、看错砝码、记错数据、试液溅失和计算错误等。在实际工作中，当出现误差时，应认真寻找原因，如果是因为过失引起的，则结果必须舍去，并重新测定。只要我们加强责任心，严格按照规程操作，过失是完全可以避免的。

2.误差的减小方法

在定量分析中误差是不可避免的，为了获得准确的分析结果，必须尽可能地减小分析过程中的误差。特别要避免操作者粗心大意、违反操作规程或不正确使用分析仪器的情况。要根据分析测试的具体要求，采取多种措施，尽可能地减小分析过程中的系统误差和偶然误差，才能提高分析结果的准确度。

(1)选择合适的分析方法　各种分析方法的灵敏度和准确度是不相同的。在实际工作中，应根据被测物质的含量和对分析结果的要求及实验室所具备的条件选择合适的分析方法。一般来说，对于常量组分的测定，常选用重量分析法和滴定分析法，灵敏度虽不高，但能获得比较准确的结果，其方法的相对误差≤0.2%；对于微量和痕量组分，常选用仪器分析法进行测定。因为仪器分析法一般灵敏度较高，其相对误差比较大，可达2%～10%，但对于低含量组分的测定，引入的绝对误差并不大，因此，这样大的误差是允许的；对于组分较为复杂的试样，应尽量选用共存组分不会干扰即选择性较好的分析方法。例如铁的质量分数60.00%的试样，用重铬酸钾法测定，方法的相对误差为2%，则测定结果的含量范围为58.8%～60.12%；如果直接用分光光度法进行测定，由于方法的相对误差为3%，测得铁的质量分数范围将在58.2%～61.8%，误差显然大得多。若试样中铁的质量分数为0.1%，则用重铬酸钾法无法测定，这是由于方法的灵敏度达不到；若以分光光度法进行测定，可测得铁的含量范围为0.097%～0.103%，结果完全符合要求。

(2)减小测量误差　为了保证分析结果的准确度，必须尽量减小测量误差。例如，在滴定分析中，经常需要称量，这时就要减小称量误差。一般分析天平(电子天平)称量两次的误差为±0.000 2 g，为了使测量时的相对误差在±0.1%以下，称取试样的质量就必须≥0.2 g。在滴定分析中，滴定管两次的读数误差为±0.02 mL，为了使测量时的相对误差在±0.1%以下，消耗滴定剂的体积必须在20 mL以上。

(3)减小偶然误差　偶然误差是由于偶然的不固定的原因造成的，在分析过程中始终存在，是不可消除的。在消除系统误差的前提下，平行测定的次数越多，平均值越接近真值。因此，采用增加平行测定的次数和取平均值的方法来减小偶然误差，便可以得到较准确的分析结果。在一般化学分析中，对于同一试样，通常要求平行测定3～4次。如对测定结果的准确度要求较高时，可增加测定次数在10次左右。测定次数超过10次时，意义不大，而且还会造成试剂和时间的浪费。

(4)检查和消除系统误差　在分析工作中，必须十分重视系统误差的消除，以提高分析结果的准确度。系统误差的原因是多方面的，根据具体情况可采用不同的方法加以消除。通常采用以下方法。

①对照试验　用含量已知的标准试样或纯物质，以与被测样品相同的方法进行分析测定，由分析结果与已知含量的差值，求出分析结果的系统误差。用此值对样品的测定结果进行校正，可以减免系统误差。常用的对照试验有3种：

首先是用组成与待测试样相近的已知准确含量的标准样品，按所选方法测定，将对照试验的测定结果与标准试样的已知含量相比较，其比值称为校正系数。

$$\text{校正系数}=\frac{\text{标准试样组分的标准含量}}{\text{标准试样测得的含量}}$$

则试样中被测定组分的含量为：

$$被测试样组分的含量=测得的含量\times 校正系数$$

其次是用标准方法与所选用的方法测定同一试样，若测定结果符合公差要求，说明所选方案可靠。

最后是用加标回收率的方法检验。有空白加标回收和样品加标回收两种，其一是空白加标回收：在没有被测物质的空白样品基质中加入定量的标准物质，按样品的处理步骤分析，得到的结果与理论值的比值即为空白加标回收率；其二是样品加标回收：相同的样品取两份，其中一份加入定量的待测成分标准物质，两份同时按相同的分析步骤分析，加标的一份所得的结果减去未加标一份所得的结果，其差值同加入标准物质的理论值之比即为样品加标回收率。加标回收率的测定，是实验室内经常用以自控的一种质量控制技术，对于它的计算方法，给定了一个理论公式：

$$加标回收率=\frac{加标试样测定值-试样测定值}{加标量}\times 100\%$$

在许多生产单位，为了检查分析人员的分析结果之间是否存在系统误差和其他问题，常在安排试样分析任务时，将一部分试样重复安排在不同分析人员之间，互相进行对照试验，这种方法称为“内检”。有时又将部分试样送交其他单位进行对照分析，这种方法称为“外检”。

②空白试验　由试剂、蒸馏水和器皿带进杂质所造成的系统误差，通常可做空白试验来消除。所谓空白试验，就是在不加试样的情况下，按照与试样分析相同的步骤和条件进行试验，测定结果称为空白值。若空白值较低，则从测定结果中减去空白值，就可得到较可靠的测定结果；若空白值较高，应找出原因，加以消除，如选用纯度更高的试剂和改用其他适当的器皿等。在进行微量分析时，空白试验是必不可少的。

③校准仪器和量器　仪器不准确引起的系统误差，可以通过校准仪器来减小其影响，如砝码、容量瓶、移液管和滴定管等，在精确的分析中，必须进行校准，在测定时采用校正值。

④采用辅助方法校正分析结果　分析过程的系统误差，有时可采用适当的方法进行校正。如重量分析中沉淀的部分溶解等，可用其他方法直接校正，即选用公认的标准方法与所采用的方法进行比较，从而找出校正数据，消除方法误差。

(二)误差的表示方法(二维码 2-3)

1. 准确度和误差

二维码 2-3
误差的表示方法

分析结果的准确度是指测定值与真实值的接近程度，准确度的高低常用误差表示。误差是指测定值与真实值之间的差值。误差越小，测定值与真实值越接近，表示分析结果的准确度越高；反之，误差越大，分析结果的准确度越低。误差有正、负之分，正误差表示分析结果偏高，负误差表示分析结果偏低。误差又可分为绝对误差(E)和相对误差(RE)。

实际工作中常以最佳值代替真值，测量值与最佳值之差称残余误差，习惯上也称为绝对误差。

$$绝对误差(E)=测定值(x_i)-真实值(x_T)$$

为了比较不同测量值的准确度，以绝对误差与真值之比作为相对误差。

$$相对误差(RE)=\frac{测得值-真实值}{真实值}=\frac{x_i-x_T}{x_T}\times100\%$$

由于测定值可能大于真实值，也可能小于真实值，所以绝对误差和相对误差都有正负之分。

绝对误差相同，相对误差可能相差很大。相对误差是指误差在真实值中所占的百分比率。相对误差不同说明它们的误差在真实值中所占的百分比率不同，用相对误差来衡量测定的准确度更具有实际意义。

但应注意，有时为了说明一些仪器测量的准确度，用绝对误差更清楚。例如分析天平的称量误差是±0.000 2 g，常量滴定的读数误差是±0.01 mL 等。这些都是用绝对误差来说明的。

【例 1】用分析天平称量两试样的质量分别为 1.638 0 g 和 0.163 7 g，假设两试样的真实值分别为 1.638 1 g 和 0.163 8 g，求两次测量的绝对误差和相对误差。

解：两者的绝对误差分别为：

$$E_1=1.638\,0\ \text{g}-1.638\,1\ \text{g}=-0.000\,1\ \text{g}$$
$$E_2=0.163\,7\ \text{g}-0.163\,8\ \text{g}=-0.000\,1\ \text{g}$$

两者的相对误差分别为：

$$RE_1=\frac{-0.000\,1\ \text{g}}{1.638\,1\ \text{g}}\times100\%=-0.006\%$$

$$RE_2=\frac{-0.000\,1\ \text{g}}{0.163\,8\ \text{g}}\times100\%=-0.06\%$$

由此可见，绝对误差相等，相对误差并不一定相等。在上例中，同样的绝对误差，称量物体越重，其相对误差越小。因此，用相对误差来表示测定结果的准确度更为确切。

2. 精密度和偏差

在许多实际分析测定中，被测组分的真实值往往是不知道的，人们总是在相同条件下对同一试样进行多次平行测定，得出多个测定数据，取其算术平均值，以此作为最后的分析结果。所谓精密度是指在相同条件下各次平行测定结果相互接近的程度。精密度的高低用偏差来衡量。所谓偏差是指个别测定值与平均值之间的差值。几个平行测定结果的偏差越小，则说明分析结果的精密度就越高。精密度能表示测定结果的重现性。

(1)绝对偏差和相对偏差

绝对偏差(d)是指个别测定值与平均值的差：

$$绝对偏差(d)=个别测定值-平均值=x-\overline{x}$$

相对偏差(d_r)是指绝对偏差在平均值中所占的百分率：

$$相对偏差(d_r)=\frac{x-\overline{x}}{\overline{x}}\times100\%$$

绝对偏差和相对偏差都有正负之分，单次测定的偏差之和等于零。

而对多次测定结果的精密度常用平均偏差表示。平均偏差也分为绝对平均偏差和相对平均偏差。

(2)绝对平均偏差和相对平均偏差

绝对平均偏差是指单次测定值与平均值的差的绝对值之和除以测定次数。即

绝对平均偏差

$$\bar{d}=\frac{\sum|x_i-\bar{x}|}{n} \qquad (i=1,2,\cdots,n)$$

相对平均偏差

$$\bar{d}_r=\frac{\bar{d}}{\bar{x}}\times 100\%$$

绝对平均偏差和相对平均偏差不计正负。

【例 2】 计算 55.51,55.50,55.46,55.49,55.51 这一组测量值的平均值,绝对平均偏差和相对平均偏差。

解:

$$\bar{x}=\frac{\sum x_i}{n}=\frac{55.51+55.50+55.46+55.49+55.51}{5}=55.49$$

$$\text{绝对平均偏差 } \bar{d}=\frac{\sum|x_i-\bar{x}|}{n}=\frac{0.02+0.01+0.03+0.00+0.02}{5}=0.016$$

$$\text{相对平均偏差 } \bar{d}_r=\frac{\bar{d}}{\bar{x}}\times 100\%=\frac{0.016}{55.49}\times 100\%=0.028\%$$

(3)标准偏差和相对标准偏差

在数理统计中常用标准偏差来衡量精密度。总体标准偏差是用来表达测定数据的分散程度,其数学表达式为:

总体标准偏差

$$\sigma=\sqrt{\frac{\sum(x_i-\mu)^2}{n}}$$

样本标准偏差一般测定次数有限,μ 值不知道,只能用样本标准偏差来表示精密度,其数学表达式为:

样本标准偏差

$$S=\sqrt{\frac{\sum(x_i-\bar{x})^2}{n-1}}$$

上式中 $n-1$ 在统计学中称为自由度,意思是在 n 次测定中,只有$(n-1)$个独立可变的偏差,因为 n 个绝对偏差之和等于零,所以只要知道$(n-1)$个绝对偏差,就可以确定第 n 个的偏差。

按上述公式计算,得先求出平均值,再求出个别绝对偏差,然后计算出 S 值,比较麻烦。可以通过数学推导,简化为下列等效公式:

$$S=\sqrt{\frac{\sum x_i^2-(\sum x_i)^2/n}{n-1}}$$

利用这个公式,可直接从测定值来计算 S 值,而且很多计算器上都有$\sum x$ 以及$\sum x^2$ 功能,甚至

有的计算器上还有 S 及 σ 功能，所以计算 S 值还是十分方便的。

标准偏差在平均值中所占的百分率叫作相对标准偏差，也叫变异系数（RSD）或变动系数（CV），其计算式为：

$$\mathrm{RSD}=\frac{S}{\bar{x}}\times 100\%$$

用标准偏差表示精密度比用绝对平均偏差表示要好。因为单次测定值的偏差经平方后，较大的偏差就能显著反映出来。所以生产和科研的分析报告中常用 RSD 表示精密度。

【例 3】 现有两组测量结果，各次测量的偏差分别为：

第一组	0.3	0.2	0.4	−0.2	−0.4
	0.0	0.1	−0.3	0.2	−0.3
第二组	0.0	0.1	−0.7	0.2	0.1
	−0.2	0.6	0.1	−0.3	0.1

两组的算术平均偏差 分别为：

第一组
$$\overline{d_1}=\frac{\sum|d_i|}{n}=0.24$$

第二组
$$\overline{d_2}=\frac{\sum|d_i|}{n}=0.24$$

从两组的绝对平均偏差的数据看，都等于 0.24，说明两组的算术平均偏差相同。但很明显的可以看出第二组的数据较分散，其中有 2 个数据即−0.7 和 0.6 偏差较大。用绝对平均值表示显示不出这两个差异，但用标准偏差表示时，就明显地显示出第二组数据偏差较大。

各次的标准偏差分别为：

第一组

$$S_1=\sqrt{\frac{\sum(x_i-\bar{x})^2}{n-1}}=0.28$$

第二组

$$S_2=\sqrt{\frac{\sum(x_i-\bar{x})^2}{n-1}}=0.34$$

由此说明第一组的精密度较好。

(4)极差

一般分析中，平行测定次数不多，常用极差（R）来说明偏差的范围，极差也称为“全距”。来评价一组数据的离散度：

$$R=\text{测定最大值}-\text{测定最小值}$$

$$\text{相对极差}=\frac{R}{\bar{x}}\times 100\%$$

3.准确度与精密度的关系

关于准确度与精密度的关系的定义及确定方法，在前面已有叙述。准确度和精密度是两个不同的概念，它们相互之间有一定的关系。现举例说明。

例如，现有 3 组各分析结果的数据如表 1-2-3 所示(标准值为 0.31)。

表 1-2-3

次 组	1	2	3	4	平均值
第一组	0.20	0.20	0.18	0.17	0.19
第二组	0.40	0.30	0.25	0.23	0.30
第三组	0.36	0.35	0.34	0.33	0.35

第一组测定结果：精密度很高，但是平均值与标准值相差很大，说明准确度很低。

第二组测定的结果：精密度不高，测定数据分散，虽然平均值接近标准值，但这是凑巧得来的，如只取 2 次或 3 次来平均，结果与标准值相差较大。

第三组数据的结果：测定的数据较集中并接近标准数据，说明其精密度和准确度都较高。

由此可见，精密度高，不一定准确度好；而准确度高必须以精密度好为前提，精密度差，所得结果不可靠，也就谈不上准确度高；精密度高，不一定准确度高，是因为可能存在系统误差。可以说精密度是保证准确度的先决条件。

二、分析结果的数据处理

二维码 2-4
有效数字

(一)有效数字

有效数字是指在分析工作中实际能测量到的数字。实验得到的数字每一个都是有效数字，它包括所有的准确数字和最后一位不确定(估计)的数字。有效数字不仅表示测量对象的数量大小，同时也反映测量的准确程度和数据的可靠程度。记录和处理实验数据时必须使用有效数字。例如，读取滴定管上的刻度时，甲是 24.55 mL，乙是 24.54 mL，丙是 24.53 mL，这三个数据中，有四位有效数字，其中 24.5 是准确数字，而第 4 位数字是估计数，是不确定的数字。又如，用电子分析天平称量某试样，质量应记录为 5.123 4 g，有五位有效数字，其中 5.123 是准确的数字，4 是不确定的数字。而用台秤进行称量，应记录为 5.1 g，有效数字为二位。前者的相对误差为(±0.000 2÷5.123 4)×100%=±0.004%；后者的相对误差为(±0.2÷5.1)×100%=±4%。前者的准确度要比后者高 100 倍。如果将台秤的结果写成 5.100 0 就夸大了测量的准确性；同理，如将电子分析天平的测量结果写成 5.1 g，就缩小了测量的准确性，这都是不正确的。

在确定有效数字的位数时，数据中的“0”是否为有效数字，应依具体分析而定。“0”在数字中间和数字的最后作为普通数字用，就是有效数字；如果“0”在非零数字的前面，则不是有效数字。例如，0.040 0 g 就是三位有效数字；10.21 mL 就是四位有效数字；0.258 4 g 也是四位有效数字。

在分析化学中，有一些惯例，如浓度和质量一般保留小数点后 4 位，即有效数字一般为四位或五位；滴定溶液的体积必须是小数点后 2 位；百分含量(如质量分数)一般是小数点后 2 位，即三位或四位有效数字；pH 一般为二位有效数字，小数点前面的数字是用于定位的，只表示数量级的大小，不能算作有效数字，如 pH=2.85 是两位有效数字。

关于有效数字及位数应说明下面几个问题：有效数字首位数≥8 时，可多计算 1 位有效数字，例如 0.098 mol/L 的浓度可看成三位有效数字；单位换算，要注意有效数字的位数，不能混淆。例如 1.37 kg≠1 370 g，应视为 1.37×10^{3} g；非测量数据应视为准确数，例如色谱峰面积衰减 2 倍或溶液稀释 10 倍等，此处的 2 或 10 应视为准确数；圆周率虽然为固定数，计算时，它所取得有效数字的位数应和其他的测定值的有效数位数一致。

（二）有效数字的修约规则

在运算数据的过程中，遇到各测量值的有效数字位数不相同时，必须舍弃一些多余的数字，以便于运算。这种舍去多余数字的过程称为“数字修约过程”，它所遵循的规则称为“有效数字修约规则”。目前大多采用“四舍六入五留双”的规则进行修约，即所要舍去的尾数第一位数字小于等于 4 时舍去；尾数第一位数字大于等于 6 时进位；当尾数第一位数字为 5 时，若 5 前面为偶数则舍弃，若 5 前面为奇数则进位，当 5 后面还有不为 0 的任何数时，无论 5 前面是奇数还是偶数都应进位。如按照这一规则，将下列测量值修约为 4 位有效数字，其结果为

15.244 2→15.24，

26.486 3→26.49，

15.025 0→15.02，

15.015 0→15.02，

15.025 1→15.03。

另外要注意，对某个数字进行修约时，不能连续多次修约，如 2.345 7 修约到两位应为 2.3，如连续修约则可能成为 2.4，这个结果是错误的。

（三）有效数字的运算法则

（1）在加减法运算中，几个数据相加或相减时，它们的和或差的有效数字的保留应以各数据中绝对误差最大的那个数为依据，即以各数据中小数点后位数最少的一个数字为依据，其余各数都要取舍后再加减。

【例 4】 计算 0.254＋22.2＋2.234 5＝？

解：修约：0.3＋22.2＋2.2

计算：0.3＋22.2＋2.2＝24.7

上例中 22.2 的绝对误差最大，为±0.1，它决定了总和的绝对误差，所以，在计算过程中，各数以二位为准，先进行修约，再进行相加，保留三位有效数字，此后的各位数字都不是有效数字。

（2）在乘除法运算中，几个数据相乘或相除时，它们的积或商的有效数字的保留应以各数据中相对误差最大的那个数为依据，即以有效数字位数最少的为依据来进行修约，其余各数都要取舍后相乘除。

【例 5】 计算 0.254×22.2÷2.234 5＝？

解：修约：0.254×22.2÷2.23

计算：0.254×22.2÷2.23＝2.53

（四）异常值的取舍

在多次测量所得到的数据中，有时会出现个别特别大或特别小的数

二维码 2-5
可疑数据的取舍

据，这些数据称为异常值（或可疑值）。异常值的产生既可能是由于分析测试中的过失造成的，也可能是由于偶然误差造成的。因此，判断异常值的取舍，实质上就是区分它是由过失造成的，还是由偶然误差引起的。若能确定异常值是由过失引起的，则必须舍去；若是由偶然误差引起的就应保留；如果不知道可疑值是否含有过失，则不能随意取舍，必须借助统计学的方法来决定取舍。判断异常值取舍的方法很多，下面仅介绍两种异常值的取舍方法。

（1）Q 检验法

当测定次数在 3～10 次时，常采用 Q 检验法。其基本步骤如下：

①将测定数据从小到大排列：$X_1, X_2, X_3, \cdots, X_{n-1}, X_n$。其中 X_1 和 X_n 为异常值；

②求出异常值与邻近值之差 X_2-X_1 或 X_n-X_{n-1}（可称为邻差），最大值和最小值之差 X_n-X_1（常称为极差）；

③将邻差除以极差，所得的商即为 Q 值，即

$$Q=\frac{X_2-X_1}{X_n-X_1} \quad 或 \quad Q=\frac{X_n-X_{n-1}}{X_n-X_1};$$

④根据所要求的置信度查 Q 值表，若计算出的 Q 值大于表中的 Q 值，将异常值舍去，否则保留。Q 值如表 2-4 所示。

表 2-4　置信度 Q 值表

测定次数 n	3	4	5	6	7	8	9	10
$Q_{0.90}$	0.94	0.76	0.64	0.56	0.51	0.47	0.44	0.41
$Q_{0.95}$	0.97	0.84	0.73	0.64	0.59	0.54	0.51	0.49

【例 6】测定某药物中钴的含量（μg/g），4 次平行测定结果数据：1.25，1.27，1.31，1.40，用 Q 检验法（置信度为 95%），判断 1.40 这个数据是否应该保留。

解：

$$Q=\frac{1.40-1.31}{1.40-1.25}=0.600$$

已知 $n=4$，$Q_{0.95}$ 为 0.84，Q 值小于表中的 $Q_{0.95}$ 值，故 1.40 这个数据应予保留。

（2）Grubbs 法（格拉布斯）

其基本步骤如下：

①将测定值由小到大排列，$X_1<X_2<\cdots<X_n$，其中 X_1 或 X_n 可疑。

②当 X_1 可疑

$$T_{计算}=\frac{\overline{X}-X_1}{S}$$

当 X_n 可疑

$$T_{计算}=\frac{X_n-\overline{X}}{S}$$

③查表：$T_{计算} \geqslant G_P(n)$，舍弃。

表 2-5 格拉布斯表——临界值 $G_P(n)$

n	0.95	0.99	n	0.95	0.99
3	1.135	1.155	17	2.475	2.785
4	1.463	1.492	18	2.504	2.821
5	1.672	1.749	19	2.532	2.854
6	1.822	1.944	20	2.557	2.884
7	1.938	2.097	21	2.580	2.912
8	2.032	2.231	22	2.603	2.939
9	2.110	2.323	23	2.624	2.963
10	2.176	2.410	24	2.644	2.987
11	2.234	2.485	25	2.663	3.009
12	2.285	2.550	30	2.745	3.103
13	2.331	2.607	35	2.811	3.178
14	2.371	2.659	40	2.866	3.240
15	2.409	2.705	45	2.914	3.292
16	2.443	2.747	50	2.956	3.336

【知识巩固】

一、选择题

1. 按被测组分含量来分，分析方法中常量组分分析指含量(　　)。
   A. <0.1%　　B. >0.1%　　C. <1%　　D. >1%
2. 若被测组分含量在 1%～0.01%，则对其进行分析属(　　)。
   A. 微量分析　　B. 微量组分分析
   C. 痕量组分分析　　D. 半微量分析
3. 分析工作中实际能够测量到的数字称为(　　)。
   A. 精密数字　　B. 准确数字
   C. 可靠数字　　D. 有效数字
4. 定量分析中，精密度与准确度之间的关系是(　　)。
   A. 精密度高，准确度必然高　　B. 准确度高，精密度也就高
   C. 精密度是保证准确度的前提　　D. 准确度是保证精密度的前提
5. 下列各项定义中不正确的是(　　)。
   A. 绝对误差是测定值和真值之差
   B. 相对误差是绝对误差在真值中所占的百分率
   C. 偏差是指测定值与平均值之差
   D. 总体平均值就是真值
6. 可用下列何种方法减免分析测试中的系统误差(　　)。
   A. 进行仪器校正　　B. 增加测定次数

C. 认真细心操作

D. 测定时保证环境的湿度一致

7. 偶然误差具有(　　)。

A. 可测性　　B. 重复性　　C. 非单向性　　D. 可校正性

8. 下列(　　)方法可以减小分析测试定中的偶然误差。

A. 对照试验

B. 空白试验

C. 仪器校正

D. 增加平行试验的次数

9. 在进行样品称量时,由于汽车经过天平室附近引起的天平震动属于(　　)。

A. 系统误差　　B. 偶然误差　　C. 过失误差　　D. 操作误差

10. 下列(　　)情况不属于系统误差。

A. 滴定管未经校正

B. 所用试剂中含有干扰离子

C. 天平两臂不等长

D. 砝码读错

11. 下列叙述中错误的是(　　)。

A. 方法误差属于系统误差

B. 终点误差属于系统误差

C. 系统误差呈正态分布

D. 系统误差可以测定

12. 下面数值中,有效数字为四位的是(　　)。

A. w_{cao}=25.30%

B. pH=11.50

C. π=3.141

D. 1 000

13. 测定试样中CaO的质量分数,称取试样0.908 0 g,滴定耗去EDTA标准溶液20.50 mL,以下结果表示正确的是(　　)。

A. 10%　　B. 10.1%　　C. 10.08%　　D. 10.077%

14. 按有效数字运算规则,$0.854\times2.187+9.6\times10^{-5}-0.032\,6\times0.008\,14=$(　　)。

A. 1.9　　B. 1.87　　C. 1.868　　D. 1.8680

15. 比较两组测定结果的精密度(　　)。

甲组:0.19%,0.19%,0.20%,0.21%,0.21%

乙组:0.18%,0.20%,0.20%,0.21%,0.22%

A. 甲、乙两组相同

B. 甲组比乙组高

C. 乙组比甲组高

D. 无法判别

16. 在不加样品的情况下,用测定样品同样的方法、步骤,对空白样品进行定量分析,称之为(　　)。

A. 对照试验

B. 空白试验

C. 平行试验

D. 预试验

二、填空题

1. 分析化学按任务可分为(　　　)分析和(　　　)分析;按测定原理可分为(　　　)分析和(　　　)分析。

2. 准确度的高低用(　　　)来衡量,它是测定结果与(　　　)之间的差异;精密度的高低用(　　　)来衡量,它是测定结果与(　　　)之间的差异。

3. 误差按性质可分为(　　　)误差和(　　　)误差。

4. 减免系统误差的方法主要有(　　　)、(　　　)、(　　　)、(　　　)等。减小随机误差的有效方法是(　　　)。

5. 在分析工作中，(　　　　　)得到的数字称有效数字。指出下列测量结果的有效数字位数：0.100 0(　　)，1.00×10^{-5}(　　)，pH4.30(　　)。

6. 9.3×2.456×0.354 3 计算结果的有效数字应保留(　　)位。

7. 数据集中趋势的表示方法有(　　　　)和(　　　　)。数据分散程度的表示方法有(　　　　　)和(　　　　　)。

8. 平行 4 次测定某溶液的浓度，结果分别为 0.204 1 mol/L，0.204 9 mol/L，0.203 9 mol/L，0.204 3 mol/L，则其测定的平均值等于(　　　　)，标准偏差等于(　　　　)，相对标准偏差等于(　　　　)。

三、计算题

1. 将下列数据修约为两位有效数字：4.149，1.352，6.361 2，22.510 1，25.5，14.5。

2. 计算　(1)0.213+31.24+3.061 62=？

　　　　(2)0.022 3×21.78×2.056 31=？

3. 分析天平的分度值为 0.1 mg/格，如果要求分析结果达到 0.1%的准确度，问称取试样的质量至少是多少？如果称取 50 mg 和 100 mg，相对误差各是多少？

4. 分析天平的称量误差为±0.1 mg，称样量分别为 0.05 g，0.02 g，1.0 g 时可能引起相对误差是多少？这些结果说明什么问题？

5. 对某一样品进行分析，A 测定结果的平均值为 6.96%，标准偏差为 0.03；B 测定结果的平均值为 7.10%，标准偏差为 0.05。其真值为 7.02%。试比较 A 的测定结果与 B 的测定结果的好坏。

6. 用沉淀滴定法测定 NaCl 中氯的质量分数(w)，得到以下结果：0.605 6，0.604 6，0.607 0，0.606 5，0.606 9。试计算：(1)平均结果；(2)平均结果的绝对误差；(3)相对误差；(4)平均偏差；(5)相对平均偏差。

7. 分析铁矿石中铁的质量分数，得如下数据：37.45%，37.20%，37.50%，37.30%，37.25%，求计算结果的平均值、平均偏差、相对平均偏差、标准偏差、相对标准偏差。

8. 某人测定一溶液的摩尔浓度(mol/L)，获得以下结果：0.203 8，0.204 2，0.205 2，0.203 9。第三个结果应否弃去？结果应该如何表示？测了第五次，结果为 0.204 1，这时第三个结果可以弃去吗？

四、问答题

1. 说明误差与偏差、准确度与精密度的区别。

2. 下列情况各引起什么误差，如果是系统误差，如何消除？

(1)称量试样时吸收了水分；

(2)试剂中含有微量被测组分；

(3)重量法测量 SiO_2 时，试样中硅酸沉淀不完全；

(4)称量开始时天平零点未调；

(5)滴定管读数时，最后一位估计不准；

(6)用 NaOH 滴定 HAc，选酚酞为指示剂确定终点颜色时稍有出入。

【技能训练】

训练　试样称量练习

二维码 2-6
电子天平的使用方法

一、训练目的

(1)学会电子天平的使用方法；

(2)学会称量瓶的使用，掌握差减称量法的操作；

(3)学会准确记录实验原始数据。

二、知识原理

电子天平是最新一代的天平，它是根据电磁原理设计的，它利用电子装置完成电磁力补偿的调节，使物体在重力场中实现力的平衡。直接称量，全量程不需要砝码，放上被测物质后，在几秒钟内达到平衡，直接显示读数，具有称量速度快，精度高的特点。它的支撑点采取弹簧片代替机械天平的的玛瑙刀口，用差动变压器取代升降枢装置，用数字显示代替指针刻度。因此具有体积小、使用寿命长、性能稳定、操作简便和灵敏度高的特点。此外，电子天平还具有自动校正、自动去皮、超载显示、故障报警等功能。以及具有质量电信号输出功能，且可与打印机计算机联用，进一步扩展其功能，如统计称量的最大值、最小值、平均值和标准偏差等。由于电子天平具有机械天平无法比拟的优点，尽管其价格偏高，但也越来越广泛地应用于各个领域，并逐步取代机械天平。

称量时，要根据不同的称量对象和不同的天平，应当根据实际情况选用合适的称量方法操作。一般称量使用普通托盘天平即可，对于质量精度要求高的样品和基准物质应使用电子天平来称量。电子天平可准确称至 0.1 mg 即 0.000 1 g，其称量的绝对误差为±0.1 mg，即±0.000 1 g。只要所称量的物质＞0.1 g，就可确保称量的相对误差＜±0.1%，可满足定量分析对“数据必须确保四位有效数字”的要求。

1.称量前的检查

①取下天平罩，放于天平后。②检查天平盘内是否干净，必要的话予以清扫。③检查天平是否水平，若不水平，调节底座螺丝，使气泡位于水平仪中心。④检查硅胶是否变色失效，若是，应及时更换。

2.开机

关好天平门，轻按 ON 键，LTD 指示灯全亮，松开手，天平先显示型号，稍后显示为 0.000 0 g，即可开始使用。

3.电子天平的一般使用方法

在 LTD 指示灯显示为 0.000 0 g 时，打开天平侧门，将被测物小心置于秤盘上，关闭天平门，待数字不再变动后即可读出被测物的质量。打开天平门，取出被测物，关闭天平门。称量结束后，按 OFF 键关闭天平，将天平还原。在天平的使用记录本上记下称量操作的时间和天平状态，并签名。整理好台面之后方可离开。

4.试样的称量方法

(1)直接称量法　用于称量洁净干燥的不易潮解或不易升华的固体试样的质量。如称量某小烧杯的质量：关好天平门，按清零键。打开天平左门，将小烧杯放入托盘中央，关闭天平门，待稳定后读数。记录后打开左门，取出烧杯，关好天平门。

(2)固定质量称量法　又称增量法，用于称量某一固定质量的试剂或试样。这种称量操作的速度很慢，适用于称量不易吸潮，在空气中能稳定存在的粉末或小颗粒(最大颗粒应小于0.1 mg)样品，以便精确调节其质量。

本操作可以在天平中进行，用左手手指轻击右手腕部，将牛角匙中样品慢慢震落于容器内，当达到所需质量时停止加样，关上天平门，显示平衡后即可记录所称取试样的质量。记录后打开左门，取出容器，关好天平门。

固定质量称量法要求称量精度在0.1 mg以内。如称取0.500 0 g石英砂，则允许质量的范围是0.499 9～0.500 1 g。超出这个范围的样品均不合格。若加入量超出，则需重新称取试样，已用试样必须弃去，不能放回到试剂瓶中。操作中不能将试剂撒落到容器以外的地方。称好的试剂必须定量地转入接收器中，不能有遗漏。

(3)差减称量法　又称减量法。用于称量一定范围内的样品和试剂。主要针对易挥发、易吸水、易氧化和易与二氧化碳反应的物质。

二维码 2-7
电子天平差减法称量

用滤纸条从干燥器中取出称量瓶，用纸片夹住瓶盖柄打开瓶盖，用牛角匙加入适量试样(多于所需总量，但不超过称量瓶容积的2/3)，盖上瓶盖，置入天平中，显示稳定后，按清零键。用滤纸条取出称量瓶，在接收器的上方倾斜瓶身，用瓶盖轻击瓶口使试样缓缓落入接收器中。当估计试样接近所需量(0.3 g或约1/3)时，继续用瓶盖轻击瓶口，同时将瓶身缓缓竖直，用瓶盖敲击瓶口上部，使粘于瓶口的试样落入瓶中，盖好瓶盖。将称量瓶放入天平，显示的质量减少即为试样质量。如图1-2-2和图1-2-3所示。

若敲出质量多于所需质量时，则需重新称，已取出试样不能收回，须弃去。

5.使用天平的注意事项

①在开关门、放取被称量物时，动作必须轻缓，切不可用力过猛或过快，以免造成天平损坏。

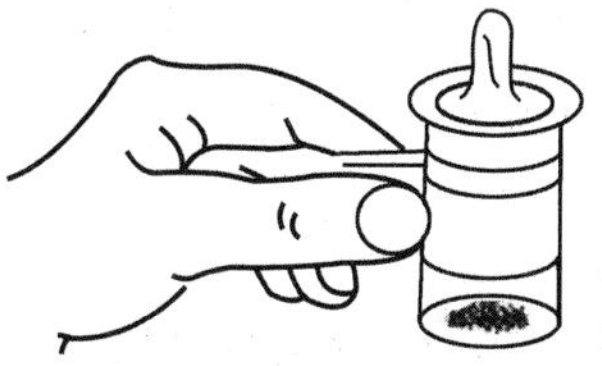

图 1-2-2　称量瓶的正确拿法

图 1-2-3　差减法称量的正确操作

②对于过热或过冷的称量物，应使其回到室温后方可称量。

③称量物的总质量不能超过天平的称量范围。在固定质量称量时要特别注意。

④所有称量物都必须置于一定的洁净干燥容器(如烧杯、表面皿、称量瓶等)中进行称量,以免沾染腐蚀天平。

⑤为避免手上的油脂汗液污染,不能用手直接拿取容器。称取易挥发或易与空气作用的物质时,必须使用称量瓶以确保在称量的过程中物质质量不发生变化。

三、训练用品

仪器:电子天平,称量瓶。

试剂:石英砂。

四、训练内容

用差减法称量 0.3～0.4 g 的石英砂 3 份。

五、数据记录及处理

测定次数	1	2	3
m_1(称量瓶+倾出试样前质量)/g			
m_2(称量瓶+倾出试样后质量)/g			
m_1-m_2			

六、拓展训练与思考

(1)直接称量法和差减称量法分别适用于什么情况?

(2)称量时,为什么不能用手直接拿取称量瓶?应该怎样拿取称量瓶?

(3)倾倒样品时,称量瓶盖子能否放在实验台上,为什么?

(4)用称量瓶称取试样时,如果称量瓶内的试样吸湿,对分析结果会造成什么影响?如果试样倒入烧杯后再吸湿,对称量结果是否有影响?

● 励志故事

精确数字就会精益求精

一个年轻人到某公司应聘临时职员,工作任务是为这家公司采购物品。招聘者在一番测试后,留下了这个年轻人和另外两名优胜者。随后,主持人提了几个问题,每个人的回答都各具特色,主持者很满意,面试的最后一道是笔答题。题目为:假定公司派你到某工厂采购 2 000 支铅笔,你需要从公司带去多少钱?几分钟后,应试者都交了答卷。

第一名应聘者的答案是 120 美元。主持人问他是怎么计算的。他说,采购 2 000 支铅笔可能要 100 美元,其他杂用就算 20 美元吧!主持人未置可否。

第二名应聘者的答案是 110 美元。对此,他解释道:2 000 支铅笔需要 100 美元左右,另外可能需用 10 美元左右。主持人同样没表态。

最后轮到这位年轻人。主持人拿起他的答卷,见上面写的是 113.86 美元,见到如此精确的数字,他不觉有些惊奇,立即让应试者解释一下答案。

这位年轻人说:“铅笔每支5美分,2 000支是100美元。从公司到这个工厂,乘汽车来回票价4.8美元;午餐费2美元;从工厂到汽车站为半英里,请搬运工人需用1.5美元……因此,总费用为113.86美元。”

主持人听完,欣慰地笑了。这名年轻人自然被录用了,这名年轻人就是后来大名鼎鼎的卡耐基。

感悟:每一件事都值得我们认真去做,都应该以精益求精的态度来对待,把普通做到极致就会成功。

项目三

滴定分析法

【技能目标】

1. 学会容量瓶、移液管、吸量管、滴定管等常用仪器的准备和使用；
2. 熟练掌握标准溶液的配制方法；
3. 通过标准溶液的标定练习，初步学会滴定操作技术。

【知识目标】

1. 理解滴定分析法的原理和基本概念；
2. 了解滴定分析法的特点、分类，并掌握滴定分析法对化学反应的要求；
3. 掌握标准溶液浓度的表示方法及标准溶液的配制与标定；
4. 独立完成滴定分析法的有关计算。

【知识学习】

任务一　滴定分析法概述

一、滴定分析基本概念

二维码 3-1

滴定分析法概述

滴定分析法是将一种已知准确浓度的滴定剂溶液（标准溶液），滴加到待测溶液中去，直到滴定的化学反应按计量关系完全作用为止，然后根据所消耗的标准溶液的浓度和体积计算出待测物质的量。这样的操作过程称为“滴定”。由于这种分析方法是通过“滴定”来实现的，所以又称为滴定分析法（或称容量分析法）。

在滴定分析过程中，已知准确浓度的溶液称为标准溶液。将标准溶液通过滴定管逐滴滴加至待测物质溶液中，当所加的标准溶液与被测物质完全反应的这一点称为理论终点或化学计量点。为确定理论终点，需在待测试液中加入一种合适的试剂，利用该试剂在理论终点时颜色的变化来确定理论终点，这种用来确定理论终点的试剂，称为指示剂。指示剂颜色发生变化的转变点，称为滴定终点。由于理论终点是根据化学计量关系所算得的理论值，而滴定终点是实际测定所得，两者不一定完全相符，由此造成的分析误差称为终点误差。终点误差的大小由指示剂的选择、指示剂的性能及用量等因素决定。滴定终点还可以通过其他方法来显示，例如电位滴定法可通过滴定过程中电动势的变化来确定终点。其方法比上述用指示剂凭目视更为精确，滴定误差可以减小。

滴定分析法，通常适用于组分含量在1%以上的常量组分分析，该法快速、准确、仪器设备简单、操作简便、用途广泛，适用于各种类型的化学反应，测定的相对误差一般小于±0.2%。加入标准溶液的物质的量与待测物质的量符合化学计量关系。故滴定分析法在生产实践和科学实验中具有很大的实用价值。

二、滴定分析法的分类

滴定分析法依据化学反应的类型不同，主要分为以下四大类：

1. 酸碱滴定法

酸碱滴定法是以酸碱中和(质子传递)反应为基础的一种滴定分析法。这类滴定法可以用酸或碱标准溶液测定碱或酸性物质，滴定过程中的反应实质可表示为：

$$H^+ + OH^- \rightleftharpoons H_2O$$

2. 氧化还原滴定法

氧化还原滴定法是利用氧化还原反应进行滴定的方法。常用的有高锰酸钾法、重铬酸钾法和碘量法等，在酸性溶液中，它们发生的反应为：

$$MnO_4^- + 8H^+ + 5e = Mn^{2+} + 4H_2O$$

$$Cr_2O_7^{2-} + 14H^+ + 6e = 2Cr^{3+} + 7H_2O$$

$$I_2 + 2e = 2I^-$$

3. 沉淀滴定法

沉淀滴定法是利用沉淀反应进行的滴定分析法，这类方法在滴定过程中有沉淀产生。如银量法：

$$Ag^+ + SCN^- = AgSCN\downarrow(白)$$

$$Ag^+ + Cl^- = AgCl\downarrow(白)$$

在农牧业分析中，沉淀滴定法常用来分析试样中氯、溴等的含量。

4. 配位滴定法

配位滴定法是利用配位反应进行的一种滴定分析法，这类滴定的最终产物是配位化合物或配离子。

在农牧业分析中，主要用于钙、镁、磷、硫酸盐和土壤的代换性钾、钠等的测定。

三、滴定分析的反应条件及滴定方式

(一)滴定分析的反应条件

化学反应的种类很多，但不是全能用来作为滴定分析，其中适用作滴定分析的反应需要满足以下几个条件：

（1）化学反应必须定量地完成。即被测物质和滴定剂之间应该有确定的化学计量关系，不应有副反应发生，且反应的完全程度通常要求达到99.9%以上。只有这样，才能根据反应的化学计量关系计算，求出欲测组分的含量。

（2）反应完成要迅速。滴定反应要求在瞬间完成，如果反应较慢可通过加热或其他方法提高反应速度。

（3）滴定反应必须要有灵敏、简便的确定滴定终点的方法。

（4）滴定液中不能有干扰主反应的杂质存在，否则必须用适当的方法分离或掩蔽。对于不能完全满足滴定分析所需要条件的反应，可采用下述方式进行滴定。

（二）滴定分析的滴定方式

（1）直接滴定法　对于能满足滴定分析条件的反应，可以用直接法滴定，即将滴定剂直接加入到被测物质溶液中进行，这是滴定分析中最常用的方法。例如氢氧化钠溶液滴定盐酸溶液等。

（2）返滴定法（回滴法或剩余滴定法）　对于一些反应速度比较慢或没有合适指示剂的化学反应，可以用返滴定法滴定。这种方法是先在被测溶液中加入过量的第一种标准溶液，反应完全后，再用第二种标准溶液滴定过剩的第一种标准溶液。例如，利用碘量法测定普鲁卡因青霉素的含量时，由于反应速度较慢，就是先在样品溶液中加入过量的碘滴定液，然后用硫代硫酸钠滴定剂回滴过量的碘；用 EDTA 测定 Ba^{2+}，由于没有变色敏锐的指示剂，可先加入过量的 EDTA 溶液，再用滴定剂 Mg^{2+} 标准溶液回滴剩余的 EDTA。

（3）置换滴定法　是用于因滴定反应没有定量关系或伴有副反应而无法直接滴定的测定方法。这类滴定法是先在待测组分中加入适当试剂使其定量置换出另一种能被滴定的物质，再用标准溶液滴定该物质，然后由标准溶液的消耗量、产物与待测组分等物质的量的关系计算出待测组分的含量。

例如用滴定剂 $Na_2S_2O_3$ 测定 $K_2Cr_2O_7$ 时，因 $K_2Cr_2O_7$ 是强氧化剂，能将 $Na_2S_2O_3$ 氧化成 $S_4O_6^{2-}$ 和 SO_4^{2-} 的混合物，没有确定的计量关系，所以不能直接滴定。测定时可先将 $K_2Cr_2O_7$ 与过量的 KI 反应，释放出和 $K_2Cr_2O_7$ 有确定计量关系的 I_2，然后再用 $Na_2S_2O_3$ 滴定释放出的 I_2，便可间接地求出 $K_2Cr_2O_7$ 的量。

$$Cr_2O_7^{2-}+14H^++6I^-=2Cr^{3+}+3I_2+7H_2O$$

$$I_2+2S_2O_3^{2-}=2I^-+S_4O_6^{2-}$$

（4）间接滴定法　不能与滴定剂直接反应的物质，有时可以通过另外的化学反应以滴定法间接测定。例如 Ca^{2+} 不能直接用氧化还原法滴定。但可以先将其沉淀为 CaC_2O_4，然后将沉淀滤过洗涤后再溶解于硫酸中，就可用 $KMnO_4$ 标准溶液滴定溶液中的草酸，间接测定 Ca^{2+} 的含量。

任务二　基准物质和标准溶液

一、基准物质

用来直接配制标准溶液或测定标准溶液浓度的物质，通常称为基准物质，简称基准物。基准物质通常要满足以下条件：

(1)纯度高。纯度至少在99.9%以上。

(2)物质的组成与化学式完全相符。

(3)性质稳定。放置不挥发，不易被空气所氧化，也不易吸收空气中的水分和二氧化碳等；在干燥时组成不变。

(4)最好具有较大的摩尔质量，这样可以减少称量误差。

常用的基准物质见表1-3-1。

表1-3-1 常用的基准物质

基准物质化学式	使用前的干燥条件	标定对象
Na_2CO_3	270～300℃干燥2～2.5 h除去水和二氧化碳	酸
$KHC_8H_4O_4$	110～120℃干燥1～2 h	碱
$Na_2B_4O_7 \cdot 10H_2O$	室温保存在含有氯化钠和蔗糖饱和溶液的容器中	酸
$K_2Cr_2O_7$	100～110℃干燥3～4 h	$Na_2S_2O_3$
$H_2C_2O_4 \cdot 2H_2O$	室温空气干燥	碱或高锰酸钾
$Na_2C_2O_4$	130～140℃干燥1～1.5 h	高锰酸钾
ZnO	800～900℃干燥2～3 h	EDTA
Zn	室温保存在干燥器中	EDTA
Cu	室温保存在干燥器中	$Na_2S_2O_3$ 或 EDTA
NaCl	500～650℃干燥40～45 min	$AgNO_3$

二、标准溶液

(一)标准溶液的浓度表示方法

1. *物质的量浓度*

物质的量浓度是指单位体积溶液中所含溶质B的物质的量 n(B)。用 c(B)表示。物质的量是指所含某种物质的基本单元数，单位是摩尔(mol)或毫摩尔(mmol)，但使用时应指明基本单元，基本单元可以是分子、原子、离子及其他粒子等；体积用 V 表示，单位是升(L)。

$$c(\mathrm{B})=\frac{n(\mathrm{B})}{V(\mathrm{B})} \quad (\mathrm{mol/L}\text{ 或 }\mathrm{mmol/L})$$

$$n(\mathrm{B})=\frac{m(\mathrm{B})}{M(\mathrm{B})} \quad (\mathrm{mol}\text{ 或 }\mathrm{mmol})$$

式中：m(B)为物质的质量，单位是g；

M(B)为物质的摩尔质量，单位是g/mol。

2. *滴定度*

滴定度是指每毫升标准溶液相当于被测物质的质量。以 T(T/B)表示。T是指标准溶液的分子式，B是指被测物质的分子式。例如 T(NaOH/HCl)＝0.003 645 g/mL，它表示1 mL NaOH标准溶液可以和0.003 645 g的HCl完全反应。使用滴定度是为了方便计算。

如用 T(NaOH/HCl)＝0.003 645 g/mL的NaOH标准溶液滴定HCl试样，滴定时消耗

NaOH 溶液 20.00 mL,则试样中盐酸的质量为：

$$m(HCl)=V \cdot T(NaOH/HCl)=20.00\times0.003\,645=0.072\,90\ g$$

滴定度适用于分析大批试样中同一组分的测定。

(二)标准溶液的配制方法

(1)直接法　准确称取一定质量的基准物质,定量地溶解并转移到一定体积的容量瓶中,用溶剂稀释至刻度,摇匀即得。根据所称取的基准物质的质量和溶液的体积,可准确计算出溶液的浓度。

(2)标定法　有些物质不是基准物质,可先配制成近似所需浓度的溶液,然后准确测定出其浓度,这种配制方法称为标定法。测定出标准溶液浓度的操作过程称为标定。标准溶液的标定方法一般有二种:一种是基准物质标定法,用某种基准物质准确测定出标准溶液浓度的方法。如用邻苯二甲酸氢钾标定氢氧化钠溶液的浓度;另一种是标准溶液标定法:也叫比较标定法。准确吸取一定体积的待标定溶液,用另一种已知准确浓度的标准溶液滴定至化学计量点(或反过来),然后根据两种溶液所消耗的体积及标准溶液的浓度,即可计算出待标定溶液的准确浓度。这种用标准溶液来确定待标定溶液准确浓度的操作过程称为比较标定法。例如,用 HC1 标准溶液标定 NaOH 溶液的准确浓度,就是比较标定法的实例。在实际应用中,用比较标定法不如用基准物质标定的效果好,原因是如果所用标准溶液的浓度不是很准确,就会直接影响待标定溶液浓度的准确性。因此,标定时应尽量采用直接标定法。

注意:标定时,不论采用哪种方法,为提高标定的准确度,都需注意以下几点：

(1)标定次数最少应为 3 次,其相对误差≤0.2%。

(2)称取基准物质的质量不应少于 0.2 g,其称量误差小于 0.1%。

(3)滴定时使用的标准溶液的体积不应少于 20 mL,其滴定管读数误差小于±0.1%。

(4)配制和标定溶液时所用的量器(如滴定管、移液管、吸量管和容量瓶等)必要时需进行校正。

(5)标定好的标准溶液应妥善保存,以保证其浓度长期保持不变或极少改变。

(6)间接配制和直接配制所使用的仪器要有区别。如间接配制可以使用量筒、托盘天平等仪器;而直接配制必须使用移液管、分析天平、容量瓶等仪器。

任务三　滴定分析法的计算

(一)计算依据

滴定分析就是利用滴定剂 T(标准溶液)滴定待测物质(B),根据滴定达到化学计量点时所消耗滴定剂的体积和浓度,按照滴定剂和待测物质的化学计量关系计算出待测物质的量。对于反应：

$$\underset{\text{(滴定剂)}}{t\,T} + \underset{\text{(待测物)}}{b\,B} \rightarrow \underset{\text{(生成物)}}{P}$$

滴定达到化学计量点时,滴定剂和待测物质有下列关系：

$$n(\mathrm{T}):n(\mathrm{B})=t:b$$

此式为滴定分析计算最基本的计算关系式。其他计算公式均可由此式导出。

(1)被测溶液浓度计算公式(当滴定剂和待测物均为溶液时)：

$$c(\mathrm{B})\cdot V(\mathrm{B})=\frac{b}{t}c(\mathrm{T})\cdot V(\mathrm{T})$$

(2)待测物的质量计算公式

$$m(\mathrm{B})=\frac{b}{t}c(\mathrm{T})\cdot V(\mathrm{T})\frac{M(\mathrm{B})}{1\ 000}$$

(3)待测物的百分含量计算公式

$$\mathrm{B}\%=\frac{\frac{b}{t}c(\mathrm{T})\cdot V(\mathrm{T})\frac{M(\mathrm{B})}{1\ 000}}{S}\times 100\%$$

(S 为样品测定质量/g)

(4)滴定度与物质量浓度之间的关系

$$T(\mathrm{T/B})=\frac{b}{t}\cdot c(\mathrm{T})\cdot\frac{M(\mathrm{B})}{1\ 000}$$

(二)计算实例

1. $c(\mathrm{B})\cdot V(\mathrm{B})=\frac{b}{t}c(\mathrm{T})\cdot V(\mathrm{T})$式的应用

【例 1】用 H_2SO_4(0.099 04 mol/L)标准溶液滴定 20.00 mL NaOH 溶液时，用去硫酸液 22.40 mL，计算该 NaOH 溶液的浓度。

解：

$$H_2SO_4+2NaOH═Na_2SO_4+2H_2O$$

$$n(\mathrm{NaOH})=2n(H_2SO_4)$$

$$c(\mathrm{NaOH})=\frac{b}{t}\times\frac{c(H_2SO_4)\times V(H_2SO_4)}{V(\mathrm{NaOH})}$$

$$=\frac{2}{1}\times\frac{0.099\ 04\times 22.40}{20.00}$$

$$=0.221\ 8\ (\mathrm{mol/L})$$

2. $m(\mathrm{B})=\frac{b}{t}c(\mathrm{T})\cdot V(\mathrm{T})\frac{M(\mathrm{B})}{1\ 000}$式的应用

【例 2】用容量瓶配制 0.020 00 mol/L 重铬酸钾标准溶液 500 mL，需称取固体重铬酸钾多少克？($M(K_2Cr_2O_7)=294.2$)

解：

$$m(K_2Cr_2O_7)=c(K_2Cr_2O_7)\cdot V(K_2Cr_2O_7)\frac{M(K_2Cr_2O_7)}{1\ 000}$$

$$=0.020\ 00\times 500\times\frac{294.2}{1\ 000}$$

$$=2.942\ (\mathrm{g})$$

【例 3】标定 NaOH 溶液时，希望滴定时用去 NaOH(0.10 mol/L)滴定液 20～25 mL，问应称取邻苯二甲酸氢钾基准物质多少克？

解：

$$n(\mathrm{NaOH})=n(\text{邻})$$

$$V(\mathrm{NaOH})=20\ \mathrm{mL}\ \text{时}:m(\text{邻})=\frac{b}{t}\times\frac{c(\mathrm{NaOH})\cdot V(\mathrm{NaOH})M(\text{邻})}{1\,000}$$

$$=\frac{1}{1}\times\frac{0.10\times20\times204}{1\,000}$$

$$=0.41\ (\mathrm{g})$$

$$V(\mathrm{NaOH})=25\ \mathrm{mL}\ \text{时}:m(\text{邻})=\frac{1}{1}\times\frac{0.10\times25\times204}{1\,000}=0.51\ (\mathrm{g})$$

应称取邻苯二甲酸氢钾基准物质 0.41～0.51 g。

3. $T(\mathrm{T/B})=\frac{b}{t}\cdot c(\mathrm{T})\cdot\frac{M(\mathrm{B})}{1\,000}$ 式的应用

【例 4】某 $AgNO_3$ 标准溶液的滴定度为 $T(AgNO_3/NaCl)=0.005\,858$ g/mL，试计算该 $AgNO_3$ 标准溶液的浓度。

解：

$$\mathrm{AgNO_3+NaCl=\!=\!=AgCl+NaNO_3}$$

$$n(\mathrm{AgNO_3})=n(\mathrm{NaCl})$$

$$c(\mathrm{AgNO_3})=\frac{t}{b}\times T(\mathrm{AgNO_3/NaCl})\times\frac{1\,000}{M(\mathrm{NaCl})}$$

$$=\frac{1}{1}\times0.005\,858\times\frac{1\,000}{58.44}$$

$$=0.100\,2(\mathrm{mol/L})$$

4. $B=\dfrac{\frac{b}{t}c(T)\cdot V(T)\frac{M(B)}{1\,000}}{S}\times100\%$ 式的应用

【例 5】用盐酸标准溶液(0.100 0 mol/L)滴定碳酸钠试样，称取 0.198 6 g，用甲基橙作指示剂，滴定时消耗盐酸 37.31 mL，碳酸钠试样的百分含量是多少？

解：

$$\mathrm{Na_2CO_3+2HCl=\!=\!=2NaCl+H_2O+CO_2\uparrow}$$

$$n(\mathrm{HCl})=2n(\mathrm{Na_2CO_3})$$

$$\mathrm{Na_2CO_3}=\frac{\frac{b}{t}c(\mathrm{HCl})\cdot V(\mathrm{HCl})\frac{M(\mathrm{Na_2CO_3})}{1\,000}}{S}\times100\%$$

$$=\frac{\frac{1}{2}\times0.100\,0\times37.31\times\frac{106.0}{1\,000}}{0.198\,6}\times100\%$$

$$=99.57\%$$

【知识巩固】

一、选择题

1. 滴定分析中，对化学反应的主要要求是(　　)。

A. 反应必须定量完成

B. 反应必须有颜色变化

C. 滴定剂与被测物必须是1∶1的计量关系

D. 滴定剂必须是基准物

2. 在滴定分析中，一般用指示剂颜色的突变来判断化学计量点的到达，在指示剂变色时停止滴定。这一点称为(　　)。

A. 化学计量点　　B. 滴定误差　　C. 滴定终点　　D. 滴定分析

3. 直接法配制标准溶液必须使用(　　)。

A. 基准试剂　　B. 化学纯试剂　　C. 分析纯试剂　　D. 优级纯试剂

4. 将称好的基准物倒入湿烧杯，对分析结果产生的影响是(　　)。

A. 正误差　　B. 负误差　　C. 无影响　　D. 结果混乱

5. 硼砂($Na_2B_4O_7 \cdot 10H_2O$)作为基准物质用于标定盐酸溶液的浓度，若事先将其置于干燥器中保存，则对所标定盐酸溶液浓度的结果影响是(　　)。

A. 偏高　　B. 偏低　　C. 无影响　　D. 不能确定

6. 滴定管可估读到±0.01 mL，若要求滴定的相对误差小于0.1%，至少应耗用体积(　　)mL。

A. 10　　B. 20　　C. 30　　D. 40

7. 0.200 0 mol/L NaOH 溶液对 H_2SO_4 的滴定度为(　　)g/mL。

A. 0.000 49　　B. 0.004 9　　C. 0.000 98　　D. 0.009 8

8. 欲配制 1 000 mL 0.1 mol/L HCl 溶液，应取浓盐酸(12 mol/L HCl)(　　)mL。

A. 0.84　　B. 8.4　　C. 1.2　　D. 12

9. 既可用来标定 NaOH 溶液，也可用作标定 $KMnO_4$ 的物质为(　　)。

A. $H_2C_2O_4 \cdot 2H_2O$　　B. $Na_2C_2O_4$

C. HCl　　D. H_2SO_4

10. 以甲基橙为指示剂标定含有 Na_2CO_3 的 NaOH 标准溶液，用该标准溶液滴定某酸以酚酞为指示剂，则测定结果(　　)。

A. 偏高　　B. 偏低　　C. 不变　　D. 无法确定

二、填空题

1. 滴定分析常用于测定含量(　　　　)的组分。

2. 滴定分析法包括(　　　　)、(　　　　)、(　　　　)和(　　　　)四大类。

3. 欲配制 0.100 0 mol/L 的 NaOH 溶液 500 mL，应称取(　　　　)固体。

4. 称取纯金属锌 0.325 0 g，溶于 HCl 后，稀释定容到 250 mL 的容量瓶中，则 Zn^{2+} 溶液的物质的量浓度为(　　　　)。

5. 称取 0.328 0 g $H_2C_2O_4 \cdot 2H_2O$ 来标定 NaOH 溶液，消耗 25.78 mL，则 c(NaOH)=(　　　)。

6. T(NaOH/HCl)=0.003 000 g/mL 表示每(　　　　)相当于 0.003 000(　　　　)。

7. 进行滴定分析计算时，如果选取分子、离子或这些粒子的某种特定组合作为反应物的基本单元，这时滴定分析结果计算的依据为：(　　　　　　　　　　)。

三、计算题

1. 将 10 mg NaCl 溶于 100 mL 水中，请用 c，w，ρ 表示该溶液中 NaCl 的含量。

2. 市售盐酸的密度为 1.18 g/mL，HCl 的含量为 36%～38%，欲用此盐酸配制 500 mL

0.1 mol/L 的 HCl 溶液，应量取多少毫升？

3. 有 0.098 2 mol/L 的 H_2SO_4 溶液 480 mL，现欲使其浓度增至 0.100 0 mol/L。问应加入 0.500 0 mol/L 的 H_2SO_4 溶液多少毫升？

4. 血液中钙的测定，采用 $KMnO_4$ 法间接测定。取 10.0 mL 血液试样，先沉淀为草酸钙，再以硫酸溶解后用 0.005 00 mol/L $KMnO_4$ 标准溶液滴定消耗其体积 5.00 mL，试计算每 10 mL 血液试样中含钙多少毫克？

5. 某铁厂化验室经常要分析铁矿中铁的含量。若使用的 $K_2Cr_2O_7$ 溶液中浓度为 0.020 0 mol/L。为避免计算，直接从所消耗的 $K_2Cr_2O_7$ 溶液中的毫升数表示出 Fe%，问应当称取铁矿多少克？

6. 已知在酸性溶液中，Fe^{2+} 与 $KMnO_4$ 反应时，1.00 mL $KMnO_4$ 溶液相当于 0.111 7 g Fe，而 1.00 mL $KHC_2O_4 \cdot H_2C_2O_4$ 溶液在酸性介质中恰好与 0.20 mL 上述 $KMnO_4$ 溶液完全反应。问需要多少毫升 0.200 0 mol/L NaOH 溶液才能与上述 1.00 mL $KHC_2O_4 \cdot H_2C_2O_4$ 溶液完全中和？

7. 测定氮肥中 NH_3 的含量。称取试样 1.616 0 g，溶解后在 250 mL 容量瓶中定容，移取 25.00 mL，加入过量 NaOH 溶液，将产生的 NH_3 导入 40.00 mL $c(1/2H_2SO_4)=0.102\ 0$ mol/L 的 H_2SO_4 标准溶液中吸收，剩余的 H_2SO_4 需 17.00 mL $c(NaOH)=0.096\ 00$ mol/L NaOH 溶液中和。计算氮肥中 NH_3 的质量分数。

四、问答题

1. 适用于滴定分析法的化学反应必须具备哪些条件？

2. 用于滴定分析的化学反应为什么必须有确定的化学计量关系？什么是化学计量点？什么是滴定终点？

3. 滴定分析法的特点是什么？

4. 滴定方式有几种？各举一例。

5. 基准物质应符合哪些要求？标定碱标准溶液时，邻苯二甲酸氢钾（$KHC_8H_4O_4$，$M=204.23$ g/mol）和二水合草酸（$H_2C_2O_4 \cdot 2H_2O$，$M=126.07$ g/mol）都可以作为基准物质，你认为选择哪一种更好？为什么？

6. 简述配制标准溶液的两种方法。下列物质中哪些可用直接法配制标准溶液？哪些只能用间接法配制？NaOH，H_2SO_4，HCl，$KMnO_4$，$K_2Cr_2O_7$，$AgNO_3$，NaCl，$Na_2S_2O_3$。

7. 什么是滴定度？滴定度和物质的量浓度如何换算？

【技能训练】

训练　滴定仪器的使用

一、训练目的

（1）学会滴定管、移液管、容量瓶、吸量管的洗涤和使用；

（2）初步掌握滴定操作技术。

二、知识原理

滴定分析法中经常涉及溶液的配制和溶液体积的量取。准确量取液体体积的玻璃仪器叫容量仪器。主要有容量瓶、移液管、滴定管、吸量管，正确地掌握这些量器的使用方法是滴定分析中一项基本操作技能，也是获得准确分析结果的必要条件。

（一）滴定管

滴定管是滴定时用来准确测定放出的滴定溶液体积的量器。常用的滴定管为 25 mL 或 50 mL 的常量滴定管。最小刻度为 0.1 mL，读数可读到 0.01 mL。此外还有 10 mL、5 mL、2 mL、1 mL 的半微量或微量滴定管，最小刻度为 0.05 mL。滴定管一般分为两种：一种是下端带有玻璃活塞的酸式滴定管，用于盛放酸性、中性或氧化性溶液，但不能盛放碱性溶液；另一种是下端用橡皮管连接一尖嘴玻璃管，橡皮管内放一玻璃珠的碱式滴定管，用于盛放碱性溶液，但不能盛放酸液或氧化性溶液，如图 1-3-1 所示。下面介绍滴定管的使用。

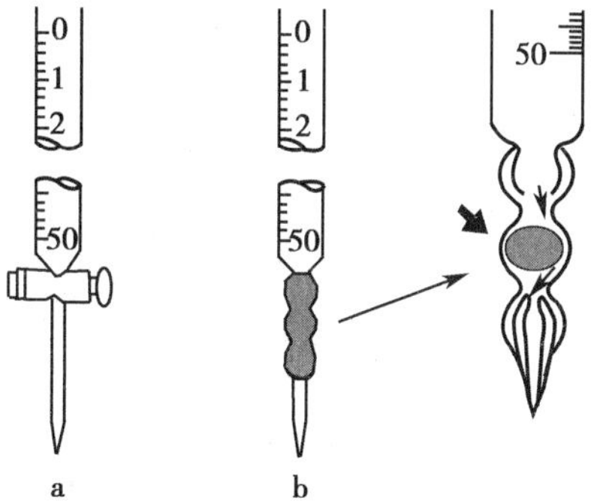

a 酸式滴定管　　b 碱式滴定管

酸式滴定管和碱式滴定管

图 1-3-1　滴定管

1. 滴定管的准备

（1）检查　滴定管在使用前，应先检查是否漏水，活塞转动是否灵活。检查酸式滴定管时，先关闭活塞，注水至“0”刻线以上，保持约 2 min，用滤纸在活塞周围和管尖检查，是否有水渗出。如果没有水渗出，再将活塞旋转 180°，直立 2 min，重复操作。检查碱式滴定管时，只需将碱式滴定管装水至最高标线后，直立 2 min，用滤纸擦拭管尖，如漏水则需更换直径合适的乳胶管和大小适中的玻璃珠。

二维码 3-2
滴定管的使用

（2）涂油　酸式滴定管如果漏水则需涂油。涂油时，滴定管平放在实验台上，抽取活塞，卷上一小片滤纸，再插入活塞套内，用滤纸仔细将活塞及活塞套内的水擦干。用手指或火柴梗蘸少量凡士林，均匀地涂在活塞孔的两端，将活塞插入套内，压紧并沿同一方向旋转活塞几次，使凡士林分布均匀且呈透明状态，用橡皮圈套住活塞，以防活塞脱落。涂油时，应避免涂得过多，尤其是在孔的附近。如果有凡士林从活塞隙溢出或被挤入活塞孔，则表示涂油太多；若发现转动不灵活或出现纹路，则表示涂油不够，应重新涂油，如图 1-3-2 所示。

（3）洗涤　滴定管必须洗净至管壁完全被水润湿不挂水珠。否则，滴定时溶液沾在壁上，会影响容积测量的准确性。洗涤时，若酸式滴定管无油污，可直接用自来水、蒸馏水冲洗。若有油污，可用特制的软毛刷蘸合成洗涤剂刷洗，如果用此法还不能洗净，可用铬酸洗液洗涤。关闭活塞，倒入 10～15 mL 洗液于滴定管中。一手拿住滴定管上端无刻度部分，另一只手拿住活塞上部无刻度部分，边转动边逐渐向管口倾斜，使洗液布满全管，立起后打开活塞将洗液放回原瓶。如果油垢较多，可用温热洗液充满滴定管，并浸泡一段时间后将洗液倒回原洗液瓶，再用自来水冲洗干净。最后用蒸馏水润洗 3 次，每次用水 5～10 mL，双手平持滴定管两端无刻度处，边转动边向管口倾斜，使水清洗全管后将其从滴定管出口处放出。

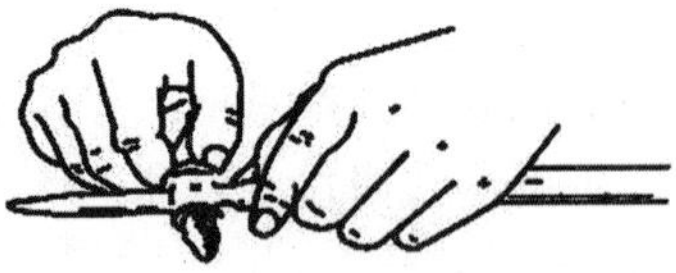

（1）用滤纸擦干净活塞槽

（3）活塞涂好凡士林，再将滴定管的活塞槽的细端涂上凡士林

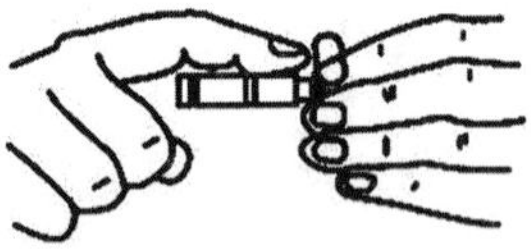

（2）活塞用滤纸擦干净后，在粗端擦涂少量凡士林，细端不要涂，以免沾污活塞槽上、下孔

（4）活塞平行插入活塞槽后，向一个方向转动，直至凡士林均匀

图 1-3-2　酸式滴定管涂油操作

(4)标准溶液的装入与赶气泡　为避免标准溶液浓度变化，滴定管在装标准溶液之前，要用标准溶液润洗 2～3 次，每次 5～10 mL，从尖嘴放出，然后装标准溶液至“0”刻度以上。装标准溶液时，应尽量由试剂瓶直接注入滴定管，以免引起溶液浓度的变化而造成误差。标准溶液装入后，检查滴定管的尖嘴内有无气泡，有则必须排出。对于酸式滴定管可迅速转动活塞，使溶液急速流出，将气泡赶走；对于碱式滴定管，将溶液装满后，把管身倾斜 30°，用左手两指将橡皮管向上弯曲，轻轻挤捏玻璃珠中上部的乳胶管，使溶液从尖嘴喷出，排除气泡，排出气泡后将溶液调至“0”刻度，如图 1-3-3 所示。

图 1-3-3　碱式滴定管排气泡

2. 滴定操作

每次滴定前，先把滴定管液面调至“0”刻度处，再把悬挂在滴定管尖嘴的液滴用滤纸吸去，滴定最好在锥形瓶中进行，也可在烧杯中进行。酸式滴定管操作时，用左手控制活塞，拇指在前，食指、中指在后握持活塞柄，无名指、小拇指抵住活塞下部，手心内凹，似空心拳状，手心与活塞不接触，转动时应轻将活塞往里扣，不要向外用力，以防顶出活塞。适当转动活塞，即可控制流速。碱式滴定管操作时，用左手拇指和食指的指尖挤捏玻璃珠中上部橡皮管，使橡皮管与玻璃珠之间形成一个小缝隙，使液体有节制地流出。无名指与小指夹住出口管，不使其摆动而撞击锥形瓶。在锥形瓶中滴定时，滴定管尖嘴伸入锥形瓶 1～2 cm 处，若尖嘴高于瓶口，容易使滴定剂损失，若尖嘴伸入瓶口太深，则滴定操作不方便。右手持锥形瓶瓶颈摇动锥形瓶，使溶液沿一个方向旋转，要边摇边滴，使滴下去的溶液尽快混匀，如图 1-3-4 所示。滴定速度开始时可快些，一般每秒可滴 3～4 滴，不可呈液柱状加入。近终点时速度要放慢，加一滴溶液摇几秒钟，最后可能还要加一次或几次半滴溶液才能到达终点。半滴溶液的加入方法是使溶液在滴定管尖悬而未滴，再用锥形瓶内壁靠入瓶中，然后将锥形瓶倾斜，用锥形瓶中的溶液将附于壁上的半滴溶液涮下去，也可用洗瓶中的蒸馏水淋洗锥形瓶内壁。滴定有时也可在烧杯中

进行。在烧杯中滴定时，烧杯可放在滴定台上，将滴定管伸入烧杯 1 cm 处并位于烧杯左侧，但不要接触烧杯壁，右手持玻璃棒以圆周方向搅拌溶液，不要接触烧杯壁和底以及滴定管尖。边滴边搅拌，近终点加半滴溶液时，用玻璃棒下端轻轻接触管尖悬挂的液滴将其引下，放入溶液中搅拌。滴定过程中一定注意观察溶液颜色的变化，左手自始至终不能离开滴定管。掌握“左手滴，右手摇，眼把瓶中颜色瞧”的基本原则。平行实验时，每次滴定均应从“0”刻度开始，以消除刻度不够准确而造成系统误差；滴定时所用标准溶液的体积应不超过滴定管的容积。因多装 1 次溶液，就要多读 2 次读数，从而使误差增大。

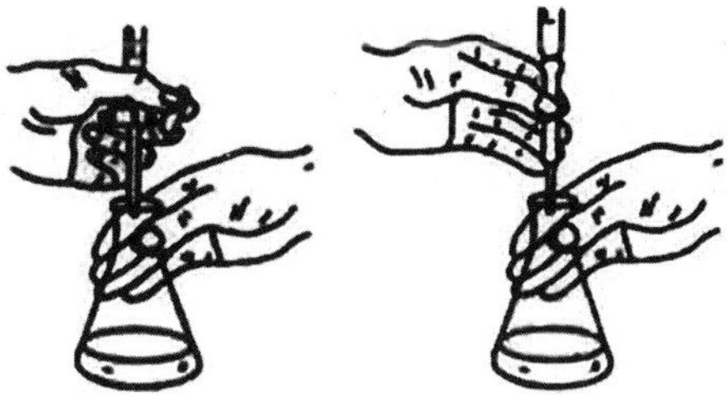

图 1-3-4 滴定操作

3. 滴定管读数

装满或放出溶液后应等 1～2 min，使附着在内壁上的溶液完全流下以后再读数。滴定管可夹在滴定管架上，也可用右手拇指和食指持滴定管的液面上无刻度处。但不管用哪种方法读数，均应使滴定管保持垂直状态，视线与液面刻度处在同一水平线上。如果是无色溶液或浅色溶液应读取弯月面下缘最低点相切位置的刻度，如图 1-3-5 所示。对于有色溶液，如高锰酸钾、碘液等溶液，读取视线与液面两侧的最高点呈水平处的刻度。对于白底蓝线滴定管，无色溶液的读数，应读取蓝线尖端与液面接触处的刻度。为了便于准确读数，在滴定管后面可衬一黑白读卡。读数时，读卡黑色部分在弯月面下方约 1 mm 处，读取弯月面下缘最低点对应的刻度。常量滴定管读数时必须读到小数点后第二位，即读到 0.01 mL，如 25.80 mL。

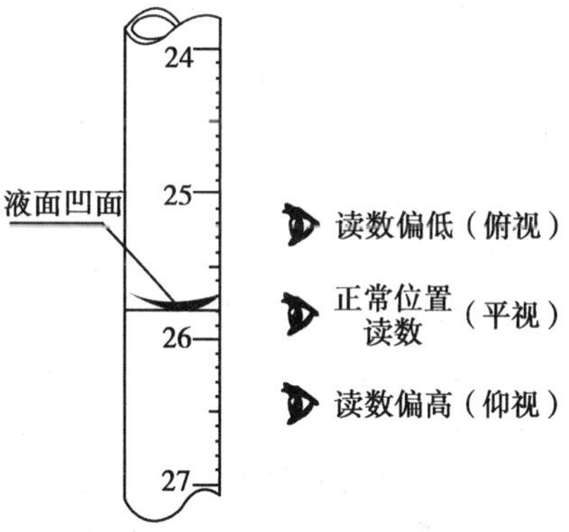

图 1-3-5 滴定管读数

4. 滴定管用后的处理

滴定管用完后，把管中剩余的液体倒出，用水冲洗干净，装入蒸馏水至“0”刻度以上，并用大试管套在滴定管管口上，或用水洗净后倒置在滴定管架上。

(二)移液管和吸量管

移液管和吸量管都是用来准确移取一定体积液体的量器。移液管是中间膨大、两端细长的玻璃管，在管的上端有一环形刻线，膨大部分标有它的容积和标定时的温度，下端是尖嘴管，以控制液体流出的速度。常用的移液管有 5 mL、10 mL、20 mL、25 mL、50 mL 等规格。吸量管是刻有分刻度的玻璃管，管身直径均匀，刻有体积读数，可用于吸取不同体积的液体。常用的吸量管有 1 mL、2 mL、5 mL、10 mL 等规格，如图 1-3-6 所示。

二维码 3-3
移液管和吸量管的使用

洗涤移液管和吸量管的洗涤方法与洗涤滴定管相同。在用铬酸洗液洗涤时，将移液管或吸量管插入洗液中，用吸耳球将洗液慢慢吸至容积的 1/3 处，用右手食指按住管上口，将移液管和吸量管倾斜慢慢放平且不断旋转，使洗液布满全管，然后直立，从下部尖嘴把洗液放回原瓶中。用自来水冲洗，再用蒸馏水洗涤 2～3 次，每次将蒸馏水吸至膨大部分的 1/3 处，方法同洗液洗涤。如果内部严重污染，可将移液管或吸量管放入盛有洗液的大量筒或高型玻璃缸中，浸泡 15 min 或更长时间。取出后再用自来水和蒸馏水洗涤，洗至内壁不挂水珠，最后放出蒸馏水，用滤纸将管尖水分吸干，置于移液管架上备用。

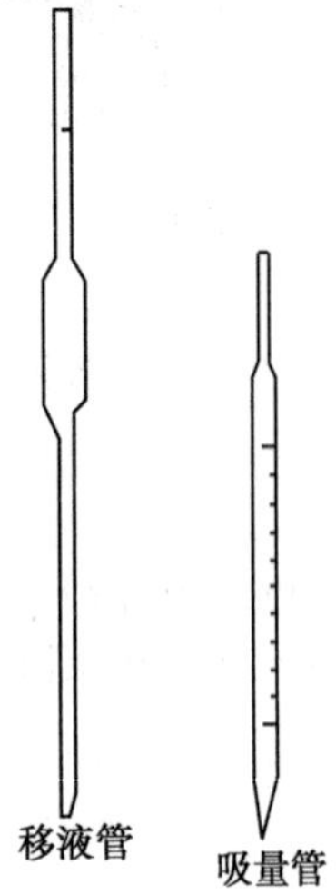

图 1-3-6　移液管和吸量管

图 1-3-7　吸取溶液

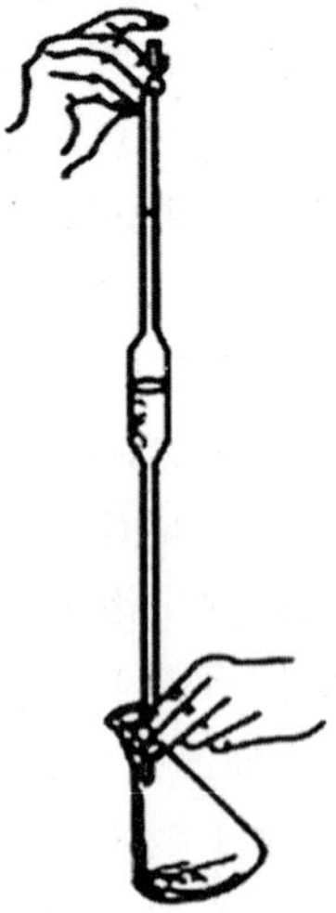

图 1-3-8　放出溶液

如图 1-3-7 和图 1-3-8 所示，移取溶液时，应先用少量该溶液润洗 2～3 次，方法同滴定管操作，以确保转移溶液的浓度不变。移取溶液时，左手持吸耳球，将球内气体挤出，右手拇指及中指拿住移液管管颈刻线上部，管尖插入液面以下数厘米，但不触及管底，将吸耳球球口对准移液管上口按紧勿使漏气。左手缓慢松开，当液面上升至刻度线以上时，迅速用右手食指按住管口，将移液管或吸量管提离液面，并垂直地拿着移液管或吸量管，使其出口尖端紧靠盛溶液的内壁，微微松开食指并用中指及拇指捻转管身，使液面缓缓下降，直至溶液弯月面的最底端与刻线相切时，立即用食指按紧管口，使液体不再流出，将尖端的液滴靠内壁除去。放出液体时，将锥形瓶倾斜，移液管垂直，下端尖嘴与锥形瓶内壁接触，放开食指，使溶液沿内壁流下。流完后，等片刻，取出移液管或吸量管，不要吹出残留的液体。如果移液管或吸量管上标有“吹”字，放出溶液时，要吹出最后一滴溶液。移液管和吸量管用完后立即用自来水和蒸馏水洗净，放在移液管架上。

三、训练用品

仪器：25.00 mL(或 20 mL)移液管 1 支，25.00 mL(或 50.00 mL)酸碱式滴定管各 1 支，250 mL 锥形瓶 3 个，吸耳球 1 个，滴定管架 1 台，吸量管 1 支。

试剂：浓度为 37%、密度为 1.19 g/mL 浓盐酸，固体 NaOH，甲基红指示剂，酚酞指示剂。

四、训练内容

(一)仪器使用基本练习

(1)练习移液管、容量瓶、滴定管、锥形瓶的洗涤。

(2)练习移液管的移液和放液。

(3)练习滴定管的试漏、涂油、排气泡、读数及液流控制。

(4)配制 250 mL 0.1 mol/L 的盐酸(计算、量取、稀释、转移、洗涤、定容、混匀)。

(5)配制 250 m 0.1 mo/L 的 NaOH 溶液(计算、称量、溶解、转移、洗涤、定容、混匀)。

(二)滴定操作练习

1.用氢氧化钠溶液滴定盐酸溶液

用移液管准确移取 25.00 mL 盐酸溶液放入洁净的 250 mL 锥形瓶中,滴入酚酞示剂 1~2 滴,溶液为无色;在碱式滴定管中装入氢氧化钠溶液,调整至"0"刻度。用氢氧化钠溶液滴定盐酸溶液,终点溶液由无色变为浅红色。读取数据并记录,平行测定 3 次。

2.用盐酸溶液滴定氢氧化钠溶液

用移液管准确移取 25.00 mL 氢氧化钠溶液放入洁净的 250 mL 锥形瓶中,滴入甲基红指示剂 1~2 滴,溶液为黄色;在酸式滴定管中装入盐酸溶液,调整至"0"刻度。用盐酸溶液滴定氢氧化钠溶液,终点溶液由黄色变为橙色。读取数据并记录,平行测定 3 次。

五、数据及处理

1.用氢氧化钠溶液滴定盐酸溶液

滴定次数	1	2	3
V(HCl)/mL			
氢氧化钠溶液终读数/mL			
氢氧化钠溶液初读数/mL			
V(NaOH)/mL			
V(NaOH)/V(HCl)			
V(NaOH)/V(HCl)平均值			
相对平均偏差			

2.用盐酸溶液滴定氢氧化钠溶液

滴定次数	1	2	3
V(NaOH)/mL			
盐酸溶液终读数/mL			
盐酸溶液初读数/mL			
V(HCl)/mL			
V(HCl)/V(NaOH)			
V(HCl)/V(NaOH)平均值			
相对平均偏差			

六、拓展训练与思考

(1)移液管移液完毕,残留在下端尖嘴部的少量溶液如何处理?

(2)用移液管吸液过程中,如果移液管的下端高于容器中的液面,会产生什么现象?

(3)用容量瓶配制溶液时是否需要干燥?为什么定容时,溶液的温度必须与室温相同?

(4)使用滴定管进行读数时,如果视线高于或低于弯月面,所读刻度与正确的相比有何变化?

(5)如果滴定管装液前没有用待装液润洗,会造成什么后果?

(6)滴定用的锥形瓶,使用前是否需要干燥?是否需要用待装液润洗?

项目四

酸碱平衡和酸碱滴定法

【技能目标】

1. 熟练掌握酸碱滴定操作的基本技能；
2. 学会对酸碱滴定分析结果的处理。

【知识目标】

1. 了解酸碱质子理论的特点和酸碱指示剂的变色原理；
2. 理解酸碱滴定法的原理和基本概念；
3. 掌握酸碱滴定分析的方法和应用。

【知识学习】

任务一　酸碱质子理论

最初，人们对酸碱的认识只单纯地限于从物质所表现出来的性质上来区分酸和碱。随着生产和科学技术的进步，人们的认识不断深化，提出了多种酸碱理论。其中比较重要的有离解理论，溶剂理论，质子理论，电子理论以及软硬酸碱概念等。中学化学关于酸碱概念的讨论都是基于离解理论，本章主要介绍酸碱的质子理论、水的离解与溶液的 pH、酸碱的质子理论及其基于在此理论上提出的缓冲溶液概念。

二维码 4-1
酸碱质子理论

一、酸碱概念

酸碱离解理论是阿累尼乌斯(Arrhenius)根据他的电离学说提出来的。他认为在水中能电离出氢离子并且不产生其他阳离子的物质叫酸。在水中能电离出氢氧根离子并且不产生其他阴离子的物质叫碱。酸碱中和反应的实质是氢离子和氢氧根离子结合成水。这个理论取得了很大成功，但它的局限性也早就暴露出来。例如，气态氨与氯化氢反应迅速生成氯化铵，这个酸碱中和反应并没有水的生成。

由于阿累尼乌斯的酸碱离解理论不能解释一些非水溶液中进行的酸碱反应等问题，1923年布朗斯特(Bronsted)和劳瑞(Lowry)分别提出了酸碱质子理论，把酸碱概念加以推广。酸碱质子理论认为凡是能给出质子的物质都是酸，凡是能与质子结合的物质都是碱。即酸是质子的给予体，碱是质子的接受体。这样，一个酸给出质子后余下的部分自然就是碱，因为它本身就是与质子结合的。它们的关系如下：

$$\text{酸}(HB) \rightleftharpoons \text{碱}(B^-) + \text{质子}(H^+)$$

这种关系叫作酸碱的共轭关系，式中略去了 HB 和 B^- 可能出现的电荷。右边的碱是左边酸的共轭碱，左边的酸是右边碱的共轭酸，两者组成一个共轭酸碱对，它们只差一个质子。

例如：

$$NH_4^+ \rightleftharpoons NH_3 + H^+$$
$$H_2PO_4^- \rightleftharpoons HPO_4^{2-} + H^+$$
$$HPO_4^{2-} \rightleftharpoons PO_4^{3-} + H^+$$
$$HCO_3^- \rightleftharpoons CO_3^{2-} + H^+$$
$$H_2O \rightleftharpoons OH^- + H^+$$
$$H_3O^+ \rightleftharpoons H_2O + H^+$$
$$[Al(H_2O)_6]^{3+} \rightleftharpoons [Al(H_2O)_5OH]^{2+} + H^+$$

从以上例子可以看出，酸和碱可以是中性分子，也可以是阳离子和阴离子。还可以看出，酸碱是相对的，像 HPO_4^{2-} 这样的物质，既表现酸，也表现为碱，所以它是两性物质。同理，H_2O，HCO_3^- 等也是两性物质。

二、酸碱反应

酸碱质子理论中的酸碱反应是酸碱之间的质子传递。例如：

$$\underset{\text{酸}_1}{HCl} + \underset{\text{碱}_2}{NH_3} \rightleftharpoons \underset{\text{酸}_2}{NH_4^+} + \underset{\text{碱}_1}{Cl^-}$$

（H^+ 由 HCl 传递给 NH_3）

这个反应无论在水溶液中、苯或气相中，它的实质都是一样的。HCl 是酸，放出质子给 NH_3，然后转变成共轭碱 Cl^-，NH_3 是碱，接受质子后转变成共轭酸 NH_4^+。强碱夺取了强酸放出的质子，转化为较弱的共轭酸和共轭碱。

酸碱质子理论不仅扩大了酸碱的范围，还可以把酸碱离解作用、中和反应、水解反应等，都看作是质子传递的酸碱反应。因此，除了不发生水解的强酸强碱盐外，其他三种盐都可归入酸碱范畴，例如 NaAc 就是一元碱，在水溶液中接受质子的平衡反应为：

$$Ac^- + H_2O \rightleftharpoons HAc + OH^-$$

水解常数即为 Ac^- 的离解常数 K_b。

同样，Na_2CO_3 水解可以作为二元碱 CO_3^{2-} 二级离解来理解：

$$CO_3^{2-} + H_2O \rightleftharpoons HCO^- + OH^-$$
$$HCO_3^- + H_2O \rightleftharpoons H_2CO_3 + OH^-$$

$$Fe^{3+} + H_2O \rightleftharpoons Fe(OH)^{2+} + H^+$$

$$Fe(OH)^{2+} + H_2O \rightleftharpoons Fe(OH)_2^+ + H^+$$

$$Fe(OH)_2^+ + H_2O \rightleftharpoons Fe(OH)_3 + H^+$$

由此可见，酸碱质子理论更好地解释了酸碱反应，摆脱了酸碱必须在水中才能发生反应的局限性，解决了一些非水溶剂或气体间的酸碱反应，并把水溶液中进行的某些离子反应系统地归纳为质子传递的酸碱反应，加深了人们对酸碱和酸碱反应的认识。但是酸碱质子理论不能解释那些不交换质子而又具有酸碱性的物质，因此它还存在着一定的局限性。

任务二 弱电解质的电离平衡

一、弱电解质的电离平衡

(一)电离平衡

一定条件(温度、浓度)下，分子电离成离子的速率和离子结合成分子的速率相等，溶液中各分子和离子的浓度都保持不变的状态叫电离平衡状态(属于化学平衡)。任何弱电解质在水溶液中都存在电离平衡，达到平衡时，弱电解质具有该条件下的最大电离程度。图 1-4-1 纵坐标为速率，横坐标为时间或过程。例如：

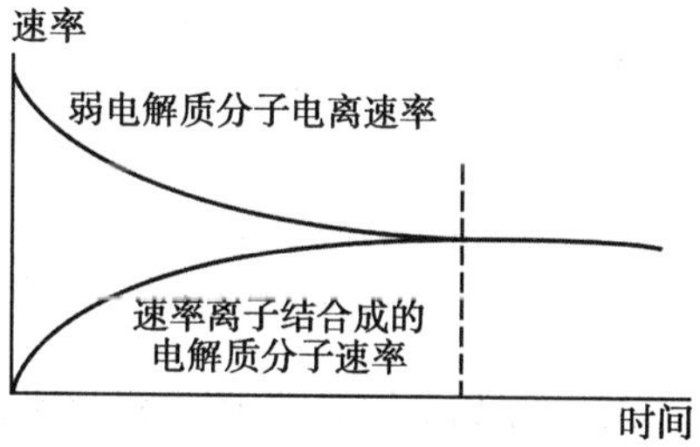

图 1-4-1 弱电解质的电离平衡过程

$$酸 \rightleftharpoons 质子 + 碱$$

$$H_2CO_3 \rightleftharpoons H^+ + HCO_3^-$$

$$HCO_3^- \rightleftharpoons H^+ + CO_3^{2-}$$

$$NH_3 \cdot H_2O \rightleftharpoons NH_4^+ + OH^-$$

(二)电离平衡常数

在一定温度下，当弱电解质的电离达到平衡状态时，溶液中电离产生的各种离子浓度的乘积与溶液中未电离的弱电解质分子浓度的比值是一个常数，这个常数叫作电离平衡常数，简称电离常数，通常用 K_a 表示弱酸的电离常数。

$$AB \rightleftharpoons A^+ + B^-$$

$$K_{电离} = \frac{c(A^+) \cdot c(B^-)}{c(AB)}$$

一定温度下 CH_3COOH 的电离常数为：

$$CH_3COOH \rightleftharpoons CH_3COO^- + H^+$$

$$K_a = \frac{c(H^+) \cdot c(CH_3COO^-)}{c(CH_3COOH)}$$

一定温度下 $NH_3 \cdot H_2O$ 的电离常数为：

$$NH_3 \cdot H_2O \rightleftharpoons NH_4^+ + OH^-$$

$$K_b = \frac{c(NH_4^+) \cdot c(OH^-)}{c(NH_3 \cdot H_2O)}$$

(1)K 的意义　K 值越大，则电离程度越大，电解质(即酸碱性)越强；K 值越小，电离程度越小，离子结合成分子就越容易，电解质(即酸碱性)越弱。表达式中各组分的浓度均为平衡浓度。

(2)K 的影响因素　K 的大小与溶液的浓度无关，只随温度的变化而变化。温度不变，K 值不变；温度不同，K 值也不同。

(3)多元弱酸的 K　多元弱酸的电离是分步电离的，每步电离平衡常数，通常用 K_{a_1}、K_{a_2}、K_{a_3} 分别表示，但第一步电离是主要的。

常见弱酸弱碱的电离常数见附录。

(三)电离度

电离度(α)是指弱电解质在溶液里达电离平衡时，已电离的电解质分子数占原来电解质分子总数(包括已电离的和未电离的)的百分数。即电离度表示弱酸、弱碱在溶液中离解的程度。可表示为：

$$\text{电离度}(\alpha) = \frac{\text{已电离的电解质分子数}}{\text{溶液中原来电解质分子总数}} \times 100\%$$

电离度与温度、溶液的浓度有关。电离是一个吸热过程，升高温度促进电离；电离度随浓度的降低而增大。相同温度相同浓度电离度的大小反映了弱电解质的相对强弱。

二、水的电离与溶液的 pH

(一)水的电离平衡

水的电离非常之小，通常认为是不离解的。但是采用精确的实验方法可以测出，在 25℃ 时，1 L 水中有 10^{-7} mol 水分子发生离解，离解反应如下：

$$H_2O \rightleftharpoons H^+ + OH^-$$

	H_2O	H^+	OH^-
起始浓度　mol/L	$\frac{1\,000}{18}$	0	0
平衡浓度　mol/L	$55.55-10^{-7}$	10^{-7}	10^{-7}

$$K = \frac{10^{-7} \times 10^{-7}}{55.55-10^{-7}} \approx \frac{10^{-7} \times 10^{-7}}{55.55}$$

$$c(H^+) \cdot c(OH^-) = 55.55K = 10^{-7} \times 10^{-7}$$

令 $55.55 \times K = K_w$，则水的离子积常数 $K_w = 10^{-14}$。

$K_w = c(H^+) \cdot c(OH^-)$ 适用任何物质的水溶液，K_w 值随温度升高而显著增大。

(二)溶液的酸碱性和 pH

25℃时，可以把水溶液的酸碱性和 H^+、OH^- 浓度的关系归纳如下：

在酸性溶液中，$c(H^+) > 10^{-7} > c(OH^-)$；

在中性溶液中，$c(H^+) = 10^{-7} = c(OH^-)$；

在碱性溶液中，$c(H^+) < 10^{-7} < c(OH^-)$。

由此可见，溶液的酸碱性由 $c(H^+)$ 和 $c(OH^-)$ 的相对大小决定。

为了方便起见，1909 年丹麦生物化学家索伦森提出用 pH 表示溶液的酸碱性。所谓 pH，是溶液中 $c(H^+)$ 的常用对数的负值：

$$pH=-\lg c(H^+)$$

可见，pH 越小，溶液的酸性越强；反之，pH 越大，溶液的碱性越强。溶液的酸碱性与 pH 的关系为：25℃时，酸性溶液的 $pH<7, c(H^+)>10^{-7}$；中性溶液的 $pH=7, c(H^+)=10^{-7}$；碱性溶液的 $pH>7, c(H^+)<10^{-7}$。

同样，也可以用 pOH 表示溶液的酸碱度。定义为：

$$pOH=-\lg c(OH^-)$$

因此则有：$pH+pOH=pK_w=14$

此式适用：10^{-14} mol/L$\leqslant c'(H^+)\leqslant 1$ mol/L

或 10^{-14} mol/L$\leqslant c(H^+)\leqslant 1$ mol/L

【例 1】 计算 0.01 mol/L HCl 溶液的 pH。

解： 盐酸为强酸，在溶液中全部离解：

$$HCl=H^+ + OH^-$$

$$c(H^+)=0.01 \text{ mol/L}$$

$$pH=-\lg c(H^+)=-\lg 0.01=2$$

(三)一元弱酸弱碱溶液的酸碱性的 pH 计算

以氨水的电离平衡为例：

	$NH_3 \cdot H_2O$	$\rightleftharpoons$	NH_4^+	+	OH^-
起始	$c(NH_3 \cdot H_2O)$		0		0
电离	$c(NH_3 \cdot H_2O)\alpha$		$c(NH_3 \cdot H_2O)\alpha$		$c(NH_3 \cdot H_2O)\alpha$
平衡	$c(NH_3 \cdot H_2O)-c(NH_3 \cdot H_2O)\alpha$		$c(NH_3 \cdot H_2O)\alpha$		$c(NH_3 \cdot H_2O)\alpha$

整理后 $$K_b=\frac{c(NH_3 \cdot H_2O)}{1-\alpha}\alpha^2$$

α 很小，$1-\alpha$ 认为是 1，上式可以表示：$K_b=c(NH_3 \cdot H_2O)\alpha^2$

$$c(OH^-)=c(NH_3 \cdot H_2O)\alpha$$

$$K_b=\frac{c(NH_4^+)\cdot c(OH^-)}{c(NH_3 \cdot H_2O)}=\sqrt{c(NH_3 \cdot H_2O)K_b}$$

【例 2】 求 25℃时 0.1 mol/L 氨水溶液的 pH，已知 $K_b=1.8\times10^{-5}$

解： $$c(OH^-)=\sqrt{c(NH_3 \cdot H_2O)K_b}=1.34\times10^{-2}$$

$$pH=11.12$$

三、缓冲溶液

(一)同离子效应

由于加入具有相同离子的强电解质，使弱电解质电离度减小或使难溶盐溶解度降低的效应，叫作同离子效应。同离子效应一般影响电解质的电离度和溶解度。

1. 使弱电解质电离度减小

例如在弱电解质 HAc 溶液中，加入强电解质 NaAc，由于 NaAc 全部离解成 Na^+(aq)和 Ac^-(aq)，使溶液中 Ac^-(aq)浓度增加，大量的 Ac^- 同 H^+ 结合成醋酸分子，使溶液中 $c(H^+)$ 减小，HAc 的离解平衡向左移动，从而降低了 HAc 的离解度。

同样，在弱碱溶液中加入弱碱盐，例如在 $NH_3 \cdot H_2O$ 中加入 NaOH 或 NH_4Cl，在 $NaHCO_3$ 中加入 $(NH_4)_2CO_3$ 或 HCl 都会产生同离子效应。

2. 使难溶盐溶解度降低

例如，硫酸钡饱和溶液中，存在如下沉淀溶解平衡：

$$BaSO_4(s) \rightleftharpoons Ba^{2+} + SO_4^{2-}$$

在上述饱和溶液中加入 $BaCl_2$，由于 $BaCl_2$ 完全电离，使得溶液中 Ba^{2+} 浓度增大，$c(Ba^{2+}) \cdot c(SO_4^{2-}) > K_{SP}$，原来的平衡遭到破坏后而向左移动，继续析出 $BaSO_4$ 沉淀，再次建立新的平衡。因此 $BaSO_4$ 在 $BaCl_2$ 溶液中的溶解度比在纯水中要小。即加入含相同离子的强电解质 $BaCl_2$ 使难溶盐 $BaSO_4$ 的溶解度降低。同离子效应也可以降低易溶电解质的溶解度。例如，在饱和的 NaCl 溶液中加入浓盐酸或通入氯化氢气体，也可以使 NaCl 晶体析出。

(二)缓冲溶液

一般水溶液，常易受外界加酸、加碱或稀释而改变其原有 pH。但也有一类溶液的 pH 并不因此而有什么明显变化。

溶液的这种能抵制外加少量强酸或强碱，使溶液 pH 几乎不变的作用，称为缓冲作用。具有缓冲作用的溶液称为缓冲溶液。

1. 缓冲作用的原理

例如在 CH_3COOH-CH_3COONa 构成的缓冲溶液中，由于 CH_3COONa 完全离解，溶液中的 CH_3COO^- 浓度较高；由于同离子效应，CH_3COOH 的离解度降低，以至于 CH_3COOH 浓度接近未离解时的浓度。因此，弱酸分子与弱酸根离子浓度都较高，这是 CH_3COOH-CH_3COONa 这类缓冲溶液的特点。同样在 $NH_3 \cdot H_2O$-NH_4Cl 缓冲溶液中，也存在着较高浓度的弱碱分子与铵根离子。

缓冲溶液的缓冲作用就在于溶液中有大量的未离解的弱酸(或弱碱)分子及其相应盐离子。这种溶液中的弱酸或弱碱好比 H^+ 或 OH^- 的仓库，当外界因素引起 $c(H^+)$ 或 $c(OH^-)$ 降低时，弱酸或弱碱就离解出 H^+ 或 OH^-；当外界因素引起 $c(H^+)$ 或 $c(OH^-)$ 增加时，大量存在的弱酸盐或弱碱盐的离子便会“吃掉”增加的 H^+ 或 OH^-，从而维持溶液中 $c(H^+)$ 或 $c(OH^-)$ 基本不变。

现以 CH_3COOH-CH_3COONa 缓冲溶液为例，说明缓冲溶液的缓冲原理。

$$\underset{}{CH_3COOH(aq)} \rightleftharpoons \underset{(大量)}{CH_3COO^-(aq)} + \underset{(大量)}{H^+(aq)}$$

当加入少量的碱时：OH^- 会结合 H^+，但由于 CH_3COOH(大量)继续离解，可维持 H^+ 浓度近乎不变；当加入少量的酸时：加入 H^+，会被 CH_3COO^-(大量)结合，而维持 H^+ 浓度近乎不变；所以，外加少量强酸或强碱，该溶液的 pH 几乎不变。

2. 缓冲溶液的组成及其 pH 计算

根据缓冲原理，可以看出组成缓冲溶液的实质是共轭酸碱对，酸具有抵抗外来碱的作用，所以称为抗碱组分；其共轭碱具有抵抗外来酸的作用，所以称为抗酸组分。例如，组成 CH_3COOH-CH_3COONa 缓冲溶液的缓冲对是 CH_3COOH-CH_3COO^-；组成 H_2CO_3-$NaHCO_3$ 缓冲溶液的缓冲对是 HCO_3^--H_2CO_3；组成 $NH_3 \cdot H_2O$-NH_4Cl 缓冲溶液的缓冲对是 NH_4^+-NH_3。

常见的缓冲对及其 pH 的计算方法有如下三类：

(1)弱酸及其盐　如 CH_3COOH-CH_3COONa，H_2CO_3-$NaHCO_3$ 混合液。

$$pH = pK_a + \lg \frac{c(\text{弱酸盐})}{c(\text{弱酸})}$$

(2)弱碱及其盐　如 $NH_3 \cdot H_2O$-NH_4Cl 混合液。

$$pH = pK_w - pK_b + \lg \frac{c(\text{弱碱})}{c(\text{弱碱盐})}$$

(3)多元弱酸的两种盐　如 $NaHCO_3$-Na_2CO，NaH_2PO_4-Na_2HPO_4 混合液。

$$pH = \frac{1}{2}(pK_{a_1} + pK_{a_2})$$

常用缓冲溶液的配制方法见本教材附录。

任务三　酸碱滴定法

一、酸碱指示剂

(一)酸碱指示剂的变色原理

用于酸碱滴定的指示剂，称为酸碱指示剂。酸碱指示剂多是有机弱酸或有机弱碱。它们的分子和电离后产生的离子具有不同的颜色。以弱酸指示剂(通式为 HIn)为例，它在溶液中有如下电离平衡：

二维码 4-2
酸碱指示剂的变色原理

$$\underset{\text{酸式色}}{HIn} \rightleftharpoons H^+ + \underset{\text{碱式色}}{In^-}$$

当溶液的 $c(H^+)$增加时，电离平衡向左移动而呈现酸式色；当 $c(H^+)$降低时，平衡向右移动而呈现碱式色。可见溶液中 $c(H^+)$的改变会使指示剂颜色发生变化。由此可知：酸碱指示剂变色的内因是指示剂本身结构的变化，外因是溶液 $c(H^+)$(酸度)的改变。

(二)酸碱指示剂变色的 pH 范围

以弱酸型 HIn 为例：$\underset{\text{酸式色}}{HIn} \rightleftharpoons H^+ + \underset{\text{碱式色}}{In^-}$

$$\frac{c(\mathrm{H}^+)\cdot c(\mathrm{In}^-)}{c(\mathrm{HIn})}=K(\mathrm{HIn})$$

$$\frac{c(\mathrm{In}^-)}{c(\mathrm{HIn})}=\frac{K(\mathrm{HIn})}{c(\mathrm{H}^+)}$$

$$\mathrm{pH}=\mathrm{p}K(\mathrm{HIn})-\lg\frac{c(\mathrm{HIn})}{c(\mathrm{In}^-)}$$

在一定温度下，$\mathrm{p}K_{\mathrm{HIn}}$ 是个常数，因此，浓度比仅受溶液 pH 的影响。在理论上，当 $c(\mathrm{HIn})=c(\mathrm{In}^-)$时，溶液的 $\mathrm{pH}=\mathrm{p}K_{\mathrm{In}}$，此时溶液恰好显示等量 HIn 和 In^- 的混合色，此时的 pH 称为指示剂的理论变色点。当溶液的 pH 变化时，$c(\mathrm{HIn})$和 $c(\mathrm{In}^-)$不再相等，溶液就显示较高浓度形式的颜色。

一般情况下，因人眼辨别颜色能力的局限性，只有在 $c(\mathrm{HIn})$和 $c(\mathrm{In}^-)$相差 10 倍时，才能看到优势形式的颜色，它们的关系是：

$\frac{c(\mathrm{In}^-)}{c(\mathrm{HIn})}=\frac{K(\mathrm{HIn})}{c(\mathrm{H}^+)}\leqslant\frac{1}{10}$，溶液呈酸式色，则能导出 $\mathrm{pH}\leqslant\mathrm{p}K(\mathrm{HIn})-1$；

$\frac{c(\mathrm{In}^-)}{c(\mathrm{HIn})}=\frac{K(\mathrm{HIn})}{c(\mathrm{H}^+)}\geqslant 10$，溶液呈碱式色，则能导出 $\mathrm{pH}\geqslant\mathrm{p}K(\mathrm{HIn})+1$。

由此可见，$\mathrm{pH}=\mathrm{p}K(\mathrm{HIn})\pm1$ 就是指示剂变色的 pH 范围，称为指示剂的变色范围。这个范围大约为 2 个 pH 单位，在此范围内指示剂呈混合色。但变色范围是实际测得的，所以并不完全相同，但一般不大于 2 个 pH 单位，也不小于 1 个 pH 单位。例如甲基橙的 $\mathrm{p}K(\mathrm{In})=3.4$，计算得到的变色范围应为 2.4～4.4，但实际测得为 3.1～4.4。这是由于人眼对红色敏感，对黄色的敏感度差造成的。不同指示剂由于 pK 不同，它们的变色范围也各不相同。表 1-4-1 是常用的酸碱指示剂。

表 1-4-1 常用酸碱指示剂

序号	名称	pH 变色范围	酸色	碱色	$\mathrm{p}K_a$	浓度
1	甲基黄	2.9～4.0	红	黄	3.3	0.1%乙醇(90%)溶液
2	溴酚蓝	3.0～4.6	黄	蓝	3.85	0.1%乙醇(20%)溶液
3	甲基橙	3.1～4.4	红	黄	3.4	0.1%水溶液
4	溴甲酚绿	3.8～5.4	黄	蓝	4.68	0.1%乙醇(20%)溶液
5	甲基红	4.4～6.2	红	黄	4.95	0.1%乙醇(60%)溶液
6	溴百里酚蓝	6.0～7.6	黄	蓝	7.1	0.1%乙醇(20%)溶液
7	中性红	6.8～8.0	红	黄	7.4	0.1%乙醇(60%)溶液
8	酚红	6.8～8.0	黄	红	7.9	0.1%乙醇(20%)溶液
9	甲酚红(第二次变色)	7.2～8.8	黄	红	8.2	0.04%乙醇(50%)溶液
10	百里酚蓝(第二次变色)	8.0～9.6	黄	蓝	8.9	0.1%乙醇(20%)溶液
11	酚酞	8.2～10.0	无色	紫红	9.4	0.1%乙醇(60%)溶液
12	百里酚酞	9.4～10.6	无色	蓝	10	0.1%乙醇(90%)溶液
13	茜素黄 R (第二次变色)	10.1～12.1	黄	紫	11.16	0.1%水溶液

影响酸碱指示剂变色范围的因素有多种：①指示剂本身的性质。指示剂本身是弱酸或弱碱，其酸碱性的强弱直接影响滴定反应中溶液的 pH，所以，不同指示剂变色范围是不同的。②指示剂的颜色变化。由于人眼对不同颜色的敏感程度不同，会由于人的主观判断对变色范围产生影响。③指示剂的用量。一般说来，指示剂的用量过大和过小都会影响终点颜色的判断。其用量大，变色范围也会增大。④温度等外部条件。

（三）混合指示剂

在酸碱滴定中，有时需要将滴定终点限制在很窄的 pH 范围内，这时可采用混合指示剂。混合指示剂有两种：一种是由两种或两种以上的指示剂混合而成，利用颜色之间的互补作用，使变色更加敏锐；另一种混合指示剂是由某种指示剂和一种惰性染料组成，其作用也是利用颜色的互补，借以提高颜色变化的敏锐性。配制混合指示剂需严格控制两种组分的比例。混合指示剂具有变色敏锐、变色范围窄和终点易于观察的特点。例如：甲基橙由红→橙红，不宜观察，尤其是在灯光下更为困难，但如果将 0.1% 甲基橙溶液与等体积 0.25% 酸性靛蓝（靛胭脂）水溶液混合使用，效果甚佳；广泛 pH 试纸就是用混合指示剂制成的。表 1-4-2 是常见的混合指示剂。

表 1-4-2　常见混合指示剂

序号	指示剂名称	变色点	酸色	碱色	组成	浓　度
1	甲基黄	3.28	蓝紫	绿	1∶1	0.1%乙醇溶液
	亚甲基蓝					0.1%乙醇溶液
2	甲基橙	4.3	紫	绿	1∶1	0.1%水溶液
	苯胺蓝					0.1%水溶液
3	溴甲酚绿	5.1	酒红	绿	3∶1	0.1%乙醇溶液
	甲基红					0.2%乙醇溶液
4	溴甲酚绿钠盐	6.1	黄绿	蓝紫	1∶1	0.1%水溶液
	氯酚红钠盐					0.1%水溶液
5	中性红	7	蓝紫	绿	1∶1	0.1%乙醇溶液
	亚甲基蓝					0.1%乙醇溶液
6	中性红	7.2	玫瑰	绿	1∶1	0.1%乙醇溶液
	溴百里酚蓝					0.1%乙醇溶液
7	甲酚红钠盐	8.3	黄	紫	1∶3	0.1%水溶液
	百里酚蓝钠盐					0.1%水溶液
8	酚　酞	8.9	绿	紫	1∶2	0.1%乙醇溶液
	甲基绿					0.1%乙醇溶液
9	酚　酞	9.9	无色	紫	1∶1	0.1%乙醇溶液
	百里酚酞					0.1%乙醇溶液
10	百里酚酞	10.2	黄	绿	2∶1	0.1%乙醇溶液
	茜素黄					0.1%乙醇溶液

二、酸碱滴定曲线和指示剂的选择

二维码 4-3 酸碱指示剂的选择

酸碱滴定的终点是借指示剂的变色来判断的，而指示剂的变色与溶液的 pH 有关。为了在某一滴定过程中选择合适的指示剂，就必须知道在这一滴定过程中溶液 pH 的变化情况，尤其在化学计量点附近加入一滴酸或一滴碱所引起的 pH 变化。由于酸碱的强弱不同，滴定生成的盐可能有不同程度的水解。因此，在滴定过程中溶液的 pH 变化情况不同，化学计量点时 pH 也不同。表示酸碱滴定过程中溶液 pH 变化的曲线，称为酸碱滴定曲线。它以酸或碱标准溶液的加入体积或者物质的量为横坐标，溶液的 pH 为纵坐标绘制而成，是选择指示剂的重要依据。由于酸碱滴定类型不同，滴定曲线形状也不同，因而指示剂选择也各有差异。

(一)强酸强碱的滴定

例如：HNO_3、HCl、NaOH、KOH 之间的相互滴定，它们在溶液中是全部电离的，酸以 H^+(H_3O^+)的形式存在，碱以 OH^- 形式存在，滴定过程的基本反应为：

$$H^+ + OH^- \rightleftharpoons H_2O$$

现以 0.100 0 mol/L NaOH 溶液滴定 20.00 mL 0.100 0 mol/L HCl 溶液为例讨论。

1. 滴定过程中 pH 的计算

(1)滴定前

0.100 0 mol/L HCl 溶液，$c(H^+)=c(HCl)=0.100\ 0$ mol/L，

$$pH=1.0$$

(2)滴定开始至计量点前

此时 HCl 剩余。分别以 V(NaOH)、V(HCl)表示加入 NaOH 溶液的总体积以及 HCl 溶液的总体积，有：

$$c(H^+)=\frac{[V(HCl)-V(NaOH)]c(HCl)}{V(HCl)+V(NaOH)}$$

当滴入 NaOH 溶液 19.98 mL，即当其相对误差为−0.1%时：

$$pH=4.30$$

(3)化学计量点时

当滴入 NaOH 溶液 20.00 mL 时，溶液呈中性

$$c(H^+)=1.00\times10^{-7}\ \text{mol/L} \qquad pH=7.00$$

(4)化学计量点后

此时 NaOH 过量 $\quad c(OH^-)=\dfrac{[V(NaOH)-V(HCl)]c(NaOH)}{V(HCl)+V(NaOH)}$

当滴入 20.02 mol/L 的 NaOH 溶液，相对误差为+0.1%时：

按上面公式计算：

$$c(OH^-)=5.00\times10^{-5}\ \text{mol/L}$$
$$pOH=4.30,\qquad pH=9.70$$

如此逐一计算，以加入 NaOH 溶液的体积数对相应的 pH 作图的滴定曲线（图 1-4-2）。

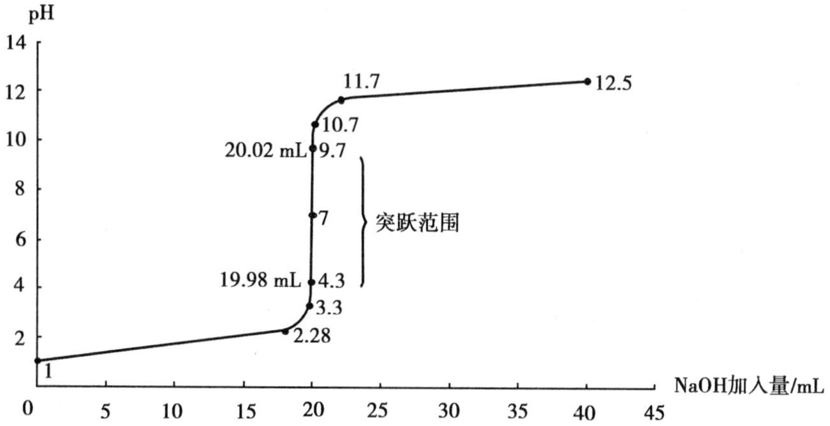

图 1-4-2　0.100 0 mol/L NaOH 溶液滴定 20.00 mL 0.100 0 mol/L HCl 溶液的滴定曲线

2. 指示剂的选择

化学计量点前后滴定误差在±0.1%范围内的溶液 pH 变化范围称为突跃范围，此范围是选择指示剂的依据。即凡是指示剂的变色范围全部或部分落在滴定突跃范围之内，都可以作为这一滴定的指示剂。例如：图 1-4-3 是 0.100 0 mol/L NaOH 溶液滴定 20.00 mL 0.100 0 mol/L HCl 溶液的滴定曲线与酚酞、甲基红（甲基橙）指示剂变色范围。

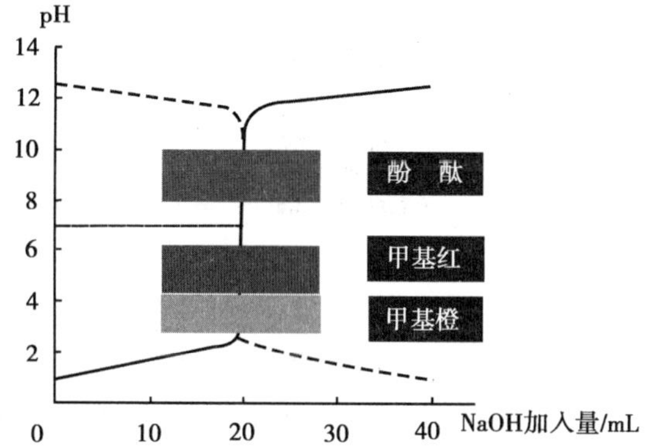

图 1-4-3　0.100 0 mol/L NaOH 溶液滴定 20.00 mL 0.100 0 mol/L HCl 溶液的滴定曲线

3. 影响突跃范围因素

标准溶液浓度的增大，可增大滴定突跃的 pH 范围。如图 1-4-4 所示，浓度降低 10 倍，突跃范围就相应减少 2 个 pH 单位。溶液的浓度增大，则突跃范围增大，供选用的指示剂增多，但试剂的消耗量也增大。溶液的浓度减小，则突跃范围变小，供选择的指示剂减少，若酸碱溶液的浓度太小，则突跃范围不明显，不易选择指示剂。因此，常用的标准溶液的浓度多控制在 0.01～1 mol/L。

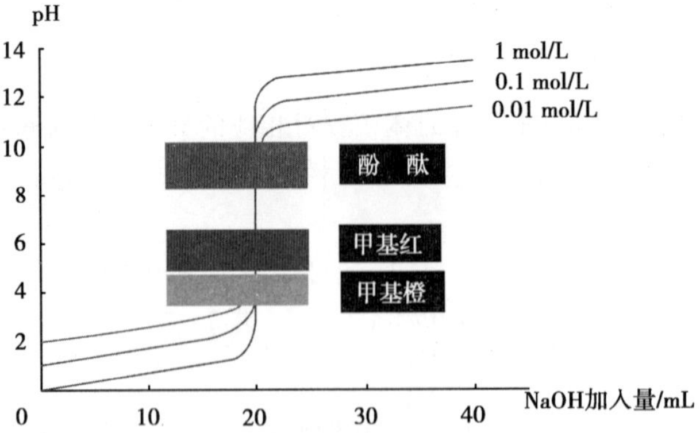

图 1-4-4 不同浓度 NaOH 溶液滴定不同浓度 HCl 溶液的滴定曲线

(二)强碱(酸)滴定一元弱酸(碱)

1. 强碱滴定一元弱酸

如图 1-4-5 所示，与强酸碱滴定曲线相比较，强碱滴定弱酸的滴定曲线的特点是：酸越弱，曲线起点越高，突跃范围越小，且偏向碱性范围内，计量点的 pH 趋于碱性区。

2. 强酸滴定一元弱碱

滴定过程 pH 变化由大到小，滴定曲线形状与强碱滴定弱酸时恰好相反。化学计量点及 pH 突跃范围都在酸性范围内。

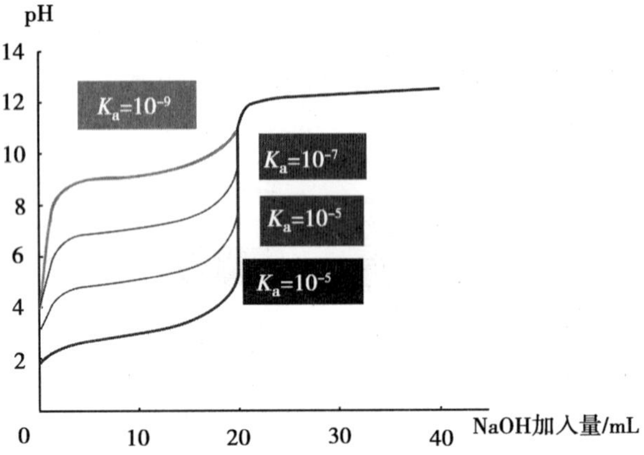

图 1-4-5 0.100 0 mol/L NaOH 滴定浓度为 0.100 0 mol/L 各种强度不同酸的滴定曲线

(三)单一多元酸(碱)的滴定

多元酸(碱)在水溶液中分步离解，对这类物质的滴定，首先要关注的是它的最后一步离解常数，例如：草酸是二元酸，$K_{a_1}=5.9\times10^{-2}$；$K_{a_2}=6.4\times10^{-5}$。只要满足 $cK_{a_2}>10^{-8}$ 的条件，不管其 K_{a_1} 和 K_{a_2} 相差多少，都可以准确地滴定至第二个化学计量点测定其总酸含量，指示剂可根据第二个化学计量点的 pH 或相应的滴定突跃范围选择。若用 0.1 mol/L NaOH 溶液滴定 0.1 mol/L $H_2C_2O_4$ 溶液，经计算，第二个化学计量点为 pH=9，滴定突跃为 pH 8～10，故选酚酞作指示剂。根据弱酸(碱)的离解常数可知，有相当数量的有机酸符合 $cK_{a_n}>10^{-8}$ 的条件，如草酸、酒石酸、邻苯二甲酸、柠檬酸等。这些酸都可以用上述滴定草酸的方法滴定。

如若多元酸(碱)最后一步离解常数不满足 $cK_{a_n}>10^{-8}$ 的条件,但是相邻二步离解常数如 $K_{a_1}/K_{a_2}\geqslant10^5$,则可以通过分步滴定来测定其含量,如磷酸的测定。磷酸的 $cK_{a_3}<10^{-8}$,而 $K_{a_1}/K_{a_2}\geqslant10^5$ 和 $K_{a_2}/K_{a_3}\geqslant10^5$,磷酸可分步准确滴定至 H_2A^- 和 HA^{2-} 两个型体,第一个化学计量点产物为 NaH_2PO_4,终点 pH=4.66,可选用溴甲酚绿或甲基红作指示剂。若选甲基红为指示剂,终点由红变黄,终定误差约为−0.5%。第二个化学计量点产物为 Na_2HPO_4,终点 pH=9.78,可选用百里酚酞作指示剂,终点由无色变为浅蓝色,终定误差约为+0.3%。

多元碱的滴定类似于多元酸,只要符合 $cK_{b_n}>10^{-8}$ 的条件,通常都是滴定至最后一个化学计量点测定其总碱含量。若不满足 $cK_{b_n}>10^{-8}$ 的条件,只要相邻两步离解常数如 $K_{b_1}/K_{b_2}\geqslant10^5$,就可以通过分步滴定来测定其含量。现以 c(HCl)=0.100 0 mol/L HCl 溶液滴定 0.100 0 mol/L Na_2CO_3 溶液为例进行说明。如图 1-4-6 所示,滴定分两步进行:第一步 $CO_3^{2-}+H^+=HCO_3^-$;第二步 $HCO_3^-+H^+=CO_2\uparrow+H_2O$。

已知 H_2CO_3 的 $K_{a_1}=4.2\times10^{-7}$,$K_{a_2}=5.6\times10^{-11}$

则 Na_2CO_3 的

$$K_{b_1}=\frac{K_w}{K_{a_2}}=1.8\times10^{-4};\quad K_{b_2}=\frac{K_w}{K_{a_1}}=2.4\times10^{-8}$$

判断:① $cK_{b_1}=1.8\times10^{-5}>10^{-8}$;

② $cK_{b_2}=0.05\times2.4\times10^{-8}=1.2\times10^{-9}$;

③ $\frac{K_{b_1}}{K_{b_2}}\approx10^4$,又有 HCO_3^- 的缓冲作用,第一突跃不够明显,第二突跃也不很理想。如图 4-6 盐酸溶液滴定碳酸钠溶液的滴定曲线。

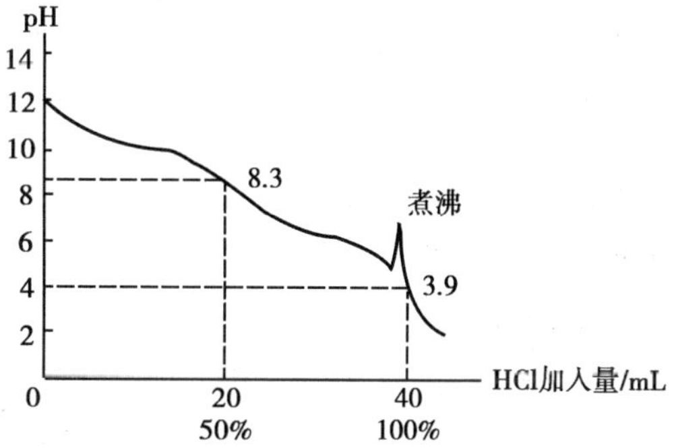

图 1-4-6　盐酸溶液滴定碳酸钠溶液的滴定曲线

第一化学计量点时形成 $NaHCO_3$ 溶液,$c(H^+)=\sqrt{K_{a_1}K_{a_2}}$;pH=8.31,可选酚酞作指示剂,终点误差约 1%,若选用甲酚红-百里酚蓝混合指示剂(pH=8.3),终点误差约 0.5%。

第二化学计量点时,溶液被滴定形成的 CO_2 所饱和,H_2CO_3 的浓度约为 0.040 mol/L,$c(H^+)=\sqrt{K_{a_1}c}$;pH=3.89,可用甲基橙作指示剂。

但由于 K_{b_2} 不够大,再加上 CO_2 饱和使溶液酸度增大,终点提前,为此,在滴定近终点时应剧烈摇动,促使 H_2CO_3 分解,最好将溶液煮沸 2 min 除去 CO_2,使突跃变大,冷却后继续滴定至终点。若第二化学计量点时使用甲基红-溴甲酚绿混合指示剂,颜色由绿变暗红,终点较敏锐。

三、酸碱滴定法应用

(一)肥料、土壤中氮含量的测定

氮在无机和有机化合物中的存在形式比较复杂。测定物质中氮含量时,常以总氮、铵态氮、硝酸态氮、酰胺态氮等含量表示。氮含量的测定方法主要有两种：一种是蒸馏法，称为凯氏定氮法，适于无机、有机物质中氮含量的测定，准确度较高；另一种甲醛法，适于铵盐中铵态氮的测定，方法简便，生产中实际应用较广。

硫酸铵是常用的氮肥之一。由于铵盐中 NH_4^+ 的酸性太弱，$K_a=5.6\times10^{-10}$，故无法用 NaOH 标准溶液直接滴定。但硫酸铵可与甲醛作用，定量生成六次甲基四胺盐和 H^+，反应式如下：

$$4NH_4^+ + 6HCHO = (CH_2)_6N_4 + 6H_2O + 4H^+$$

所生成的六次甲基四胺盐（$K_a=7.1\times10^{-6}$）和 H^+ 可用 NaOH 标准溶液滴定，以酚酞为指示剂，滴定溶液呈现微红色即为终点。

由上式可知，1 mol NH_4^+ 相当于 1 mol H^+，故氮与 NaOH 的化学计量比为 1∶1，由此可计算出 N%。

如试样中含有游离酸，加甲醛之前应事先以甲基红为指示剂用 NaOH 标准溶液中和，以免影响测定的结果。

（二）农产品中总酸度的测定

农产品中所含酸的种类和含量皆随其种类、品种和成熟度变化很大。一定酸度的含量可以增加其风味，但过量时又显示出不良品质。总酸度是指食品中所有酸性物质的总量，包括已离解的酸的浓度和未离解的酸的浓度。农产品中的有机酸用标准碱液滴定时，被中和成盐类。可以用下面的反应表示：

$$RCOOH + NaOH = RCOONa + H_2O$$

以酚酞为指示剂，滴定至溶液呈现淡红色 30 s 不褪为终点。根据所消耗的标准碱液的浓度和体积，可计算样品中酸的含量。

（三）混合碱的测定

混合碱是 Na_2CO_3 与 NaOH 或 $NaHCO_3$ 与 Na_2CO_3 的混合物。欲测定同一份试样中各组分的含量，可用 HCl 标准溶液滴定，根据滴定过程中 pH 变化的情况，选用酚酞和甲基橙为指示剂，常称之为“双指示剂法”。

第一等当点时，反应如下：

$$HCl + NaOH = NaCl + H_2O$$

$$HCl + Na_2CO_3 = NaHCO_3 + H_2O$$

以酚酞为指示剂（变色 pH 范围为 8.0～10.0），用 HCl 标准溶液滴定至溶液由红色恰好变为无色。设此时所消耗的盐酸标准溶液的体积为 V_1 mL。

第二等当点的反应为：

$$HCl + NaHCO_3 = NaCl + CO_2\uparrow + H_2O$$

以甲基橙为指示剂（变色 pH 范围为 3.1～4.4），用 HCl 标准溶液滴至溶液由黄色变为橙色。消耗的盐酸标准溶液为 V_2 mL。

当 $V_1>V_2$ 时，试样为 Na_2CO_3 与 NaOH 的混合物，中和 Na_2CO_3 所消耗的 HCl 标准溶液为 $2V_1$ mL，中和 NaOH 时所消耗的 HCl 量应为 (V_1-V_2) mL。据此，可求得混合碱中 Na_2CO_3

和 NaOH 的含量。

当 $V_1<V_2$ 时，试样为 Na_2CO_3 与 $NaHCO_3$ 的混合物，此时中和 Na_2CO_3 消耗的 HCl 标准溶液的体积为 $2V_1$ mL，中和 $NaHCO_3$ 消耗的 HCl 标准溶液的体积为 (V_2-V_1) mL。可求得混合碱中 Na_2CO_3 和 $NaHCO_3$ 的含量。双指示剂法中，一般是先用酚酞，后用甲基橙指示剂。由于以酚酞作指示剂时从微红色到无色的变化不敏锐，因此也常选用甲酚红-百里酚蓝混合指示剂。甲酚红的变色范围为 6.7（黄）～8.4（红），百里酚蓝的变色范围为 8.0（黄）～9.6（蓝），混合后的变色点是 8.3，酸色为黄色，碱色为紫色，混合指示剂变色敏锐。用盐酸标准溶液滴定试液由紫色变为粉红色，即为终点（图 1-4-7）。

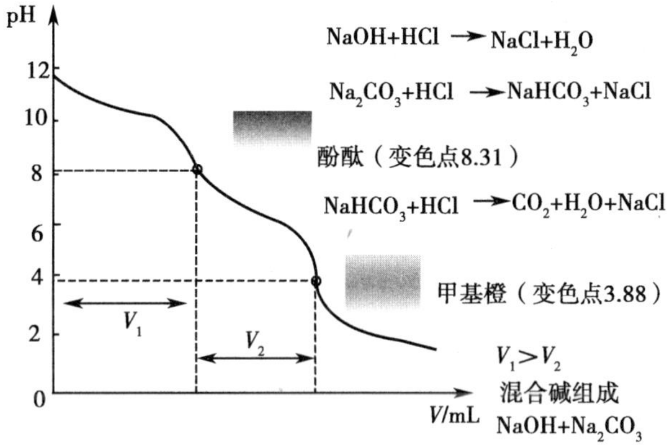

图 1-4-7　混合碱滴定曲线

【知识巩固】

一、选择题

1. $H_2PO_4^-$ 的共轭碱是（　　）。

A. H_3PO_4　　B. HPO_4^{2-}　　C. PO_4^{3-}　　D. OH^-

2. NH_3 的共轭酸是（　　）。

A. NH_2^-　　B. NH_2OH^{2-}　　C. NH_4^+　　D. NH_4OH

3. 下列各组酸碱组分中，属于共轭酸碱对的是（　　）。

A. HCN-NaCN　　B. H_3PO_4-Na_2HPO_4

C. $^+NH_3CH_2COOH$-$NH_2CH_2COO^-$　　D. H_3O^+-OH^-

4. 下列各组酸碱组分中，不属于共轭酸碱对的是（　　）。

A. H_2CO_3-${CO_3}^{2-}$　　B. NH_3-NH_2^-

C. HCl-Cl^-　　D. HSO_4^--SO_4^{2-}

5. 下列说法错误的是（　　）。

A. H_2O 作为酸的共轭碱是 OH^-

B. H_2O 作为碱的共轭酸是 H_3O^+

C. 因为 HAc 的酸性强，故 HAc 的碱性必弱

D. HAc 碱性弱，则 H_2Ac^+ 的酸性强

6. 按质子理论，Na_2HPO_4 是（　　）。

A. 中性物质　　B. 酸性物质　　C. 碱性物质　　D. 两性物质

7. 浓度为 0.1 mol/L HAc($pK_a=4.74$)溶液的 pH 是(　　)。

A. 4.87　　B. 3.87　　C. 2.87　　D. 1.87

8. 浓度为 0.10 mol/L NH_4Cl ($pK_b=4.74$)溶液的 pH 是(　　)。

A. 5.13　　B. 4.13　　C. 3.13　　D. 2.13

9. 酸碱滴定中选择指示剂的原则是(　　)。

A. 指示剂变色范围与化学计量点完全符合

B. 指示剂应在 pH=7.00 时变色

C. 指示剂的变色范围应全部或部分落入滴定 pH 突跃范围之内

D. 指示剂变色范围应全部落在滴定 pH 突跃范围之内

10. 将甲基橙指示剂加到无色水溶液中,溶液呈黄色,该溶液的酸碱性为(　　)。

A. 中性　　B. 碱性　　C. 酸性　　D. 不定

11. 将酚酞指示剂加到无色水溶液中,溶液呈无色,该溶液的酸碱性为(　　)。

A. 中性　　B. 碱性　　C. 酸性　　D. 不定

12. 标定盐酸溶液常用的基准物质是(　　)。

A. 无水 Na_2CO_3　　B. 草酸($H_2C_2O_4 \cdot 2H_2O$)

C. $CaCO_3$　　D. 邻苯二甲酸氢钾

13. 标定 NaOH 溶液常用的基准物质是(　　)。

A. 无水 Na_2CO_3　　B. 邻苯二甲酸氢钾

C. 硼砂　　D. $CaCO_3$

14. 已知邻苯二甲酸氢钾的摩尔质量为 204.2 g/mol,用它来标定 0.1 mol/L 的 NaOH 溶液,宜称取邻苯二甲酸氢钾(　　)。

A. 0.25 g 左右　　B. 1 g 左右

C. 0.1 g 左右　　D. 0.45 g 左右

15. 作为基准物质的无水碳酸钠吸水后,标定 HCl,则所标定的 HCl 浓度将(　　)。

A. 偏高　　B. 偏低

C. 产生随机误差　　D. 没有影响

16. 若将 $H_2C_2O_4 \cdot 2H_2O$ 基准物质长期保存于保干器中,用以标定 NaOH 溶液的浓度时,结果将(　　)。

A. 偏高　　B. 偏低

C. 产生随机误差　　D. 没有影响

17. 用 NaOH 溶液分别滴定体积相等的 H_2SO_4 和 HAc 溶液,消耗的体积相等,说明 H_2SO_4 和 HAc 两溶液中(　　)。

A. 氢离子浓度相等　　B. H_2SO_4 和 HAc 的浓度相等

C. H_2SO_4 的浓度为 HAc 的 1/2　　D. 两个滴定的 pH 突跃范围相同

18. 含 NaOH 和 Na_2CO_3 混合碱液,用 HCl 滴至酚酞变色,消耗 V_1 mL,继续以甲基橙为指示剂滴定,又消耗 V_2 mL,其组成为(　　)。

A. $V_1=V_2$　　B. $V_1>V_2$　　C. $V_1<V_2$　　D. $V_1=2V_2$

19. 某混合碱液,先用 HCl 滴至酚酞变色,消耗 V_1mL,继以甲基橙为指示剂,又消耗 V_2mL,已知 $V_1<V_2$,其组成为(　　)。

A. $NaOH-Na_2CO_3$　　B. Na_2CO_3
C. $NaHCO_3$　　D. $NaHCO_3-Na_2CO_3$

20. 关于缓冲溶液，下列说法错误的是(　　)。
A. 能够抵抗外加少量强酸、强碱或稍加稀释，其自身 pH 不发生显著变化的溶液称缓冲溶液
B. 缓冲溶液一般由浓度较大的弱酸(或弱碱)及其共轭碱(或共轭酸)组成
C. 强酸强碱本身不能作为缓冲溶液
D. 缓冲容量的大小与产生缓冲作用组分的浓度以及各组分浓度的比值有关

21. 用 0.1 mol/L HCl 滴定 0.1 mol/L NaOH 时的 pH 突跃范围是 9.7～4.3，用 0.01 mol/L HCl 滴定 0.01 mol/L NaOH 的突跃范围是(　　)。
A. 9.7～4.3　　B. 8.7～4.3　　C. 8.7～5.3　　D. 10.7～3.3

二、判断题

1. 根据酸碱质子理论，只要能给出质子的物质就是酸，只要能接受质子的物质就是碱。(　　)
2. 酸碱滴定中有时需要用颜色变化明显的变色范围较窄的指示剂即混合指示剂。(　　)
3. 酚酞和甲基橙都可用于强碱滴定弱酸的指示剂。(　　)
4. 缓冲溶液在任何 pH 条件下都能起缓冲作用。(　　)
5. 双指示剂就是混合指示剂。(　　)
6. 盐酸标准滴定溶液可用精制的草酸标定。(　　)
7. H_2SO_4 是二元酸，因此用 NaOH 滴定有两个突跃。(　　)
8. 用因保存不当而部分风化的基准试剂 $H_2C_2O_4 \cdot 2H_2O$ 标定 NaOH 溶液的浓度时，结果偏高；若用此 NaOH 溶液测定某有机酸的摩尔质量时则结果偏低。(　　)
9. 用因吸潮带有少量湿存水的基准试剂 Na_2CO_3 标定 HCl 溶液的浓度时，结果偏高；若用此 HCl 溶液测定某有机碱的摩尔质量时结果也偏高。(　　)

三、填空题

1. 凡是能(　　　)质子的物质是酸；凡是能(　　　)质子的物质是碱。
2. 各类酸碱反应共同的实质是(　　　　　)。
3. 根据酸碱质子理论，物质给出质子的能力越强，酸性就越(　　)，其共轭碱的碱性就越(　　)。
4. 给出 NaH_2PO_4 溶液的质子条件式时，一般以(　　　　)和(　　　　)为零水准。
5. HPO_4^{2-} 是(　　　　)的共轭酸，是(　　　)的共轭碱。
6. 0.100 0 mol/L HAc 溶液的 pH＝(　　)，已知 $K_a = 1.8 \times 10^{-5}$。
7. 0.100 0 mol/L $NH_3 \cdot H_2O$ 溶液的 pH＝(　　)，已知 $K_b = 1.8 \times 10^{-5}$。
8. 甲基橙的变色范围是(　　　　)，在 pH＜3.1 时为(　　　)色。酚酞的变色范围是(　　　　)，在 pH＞9.6 时为(　　　)色。
9. 溶液温度对指示剂变色范围(　　)(是/否)有影响。
10. 实验室中使用的 pH 试纸是根据(　　　　　　)原理而制成的。
11. 某酸碱指示剂 $pK(In) = 4.0$，则该指示剂变色的 pH 范围是(　　　)，一般在(　　　)时使用。
12. 如果以无水碳酸钠作为基准物质来标定 0.100 0 mol/L 左右的 HCl，欲使消耗 HCl 的

体积在20～30 mL，则应称取固体(　　　　)，以(　　　　)为指示剂。

四、计算题

1. 要求在滴定时消耗0.2 mol/L NaOH溶液25～30 mL。问应称取基准试剂邻苯二甲酸氢钾($KHC_8H_4O_4$)多少克？如果改用$H_2C_2O_4 \cdot 2H_2O$作基准物，应称取多少克？

2. 现有某一仅含NaOH和Na_2CO_3的试样0.240 0 g，其物质的量之比为2∶1。将其溶解于水，用0.100 0 mol/L HCl标准溶液滴定。试分别计算滴定至用酚酞和甲基橙终点时，所需HCl溶液的体积V(酚酞)和V(甲基橙)。

3. 称取混合碱2.256 0 g，溶解后转入250 mL容量瓶中定容。称取此试液25.00 mL两份：一份以酚酞位指示剂，用0.100 0 mol/L HCl溶液滴定耗去30.00 mL；另一份以甲基橙作指示剂耗去HCl溶液35.00 mL，问混合碱的组成是什么？含量各为多少？

4. 某试样含有Na_2CO_3、$NaHCO_3$及其他惰性物质。称取试样0.301 0 g，用酚酞作指示剂滴定，用去0.106 0 mol/L的HCl溶液20.10 mL，继续用甲基橙作指示剂滴定，共用去HCl溶液47.70 mL，计算试样中Na_2CO_3与$NaHCO_3$的百分含量。

五、问答题

1. 根据酸碱质子理论，什么是酸？什么是碱？什么是两性物质？各举例说明之。

2. 什么叫缓冲溶液？其组成和作用如何？

3. 酸、碱指示剂的变色原理是什么？选择指示剂的原则是什么？

4. 指示剂的理论变色范围是什么？甲基橙的实际变色范围为pH 3.1～4.4，与其理论变色范围pH 2.4～4.4不一致，为什么？

5. 某混合液可能含有NaOH、Na_2CO_3、$NaHCO_3$或它们的混合物，现用HCl标准溶液滴定至酚酞变色耗去HCl V_1 mL；溶液加入甲基橙指示剂，继续以HCl标准溶液滴定耗去HCl V_2 mL，问下列各情况下溶液含哪些碱？

(1)$V_1>0, V_2=0$；　(2)$V_1=0, V_2>0$；　(3)$V_1=V_2$；

(4)$V_1>V_2, V_2\neq0$；　(5)$V_1<V_2, V_1\neq0$；

【技能训练】

训练4-1　盐酸标准溶液的标定

一、训练目的

(1)掌握递减称量法称取试样的方法；

(2)掌握滴定操作的基本技能；

(3)掌握盐酸标准溶液标定的基本原理和方法。

二、知识原理

标定盐酸标准溶液的准确浓度，常用硼砂($Na_2B_4O_7 \cdot 10H_2O$)或无水碳酸钠作为基准物质。硼砂与盐酸的反应为：

$$Na_2B_4O_7 \cdot 10H_2O + 2HCl = 4H_3BO_3 + 2NaCl + 5H_2O$$

标定后 HCl 溶液的准确浓度可按下式计算：

$$c(\mathrm{HCl})\frac{2\,000m(Na_2B_4O_7 \cdot 10H_2O)}{MV(\mathrm{HCl})}$$

式中：c(HCl)为 HCl 溶液的准确浓度，单位是 mol/L；

V(HCl)为所用 HCl 标准溶液的体积，单位是 mL；

$m(Na_2B_4O_7 \cdot 10H_2O)$为称量硼砂的质量，单位是 g；

M 为硼砂的摩尔质量，单位是 g/mol。

三、训练用品

仪器：酸式滴定管，250 mL 锥形瓶，量筒，电子天平，称量瓶，洗瓶。

试剂：基准物质硼砂，0.1 mol/L HCl 溶液，甲基红指示剂。

四、训练内容

在电子天平上用递减称量法准确称取 0.3～0.4 g 硼砂试样 3 份，分别倾倒于 250 mL 锥形瓶中，加 20 mL 蒸馏水使之溶解，滴入甲基红 1～2 滴，用待标定的盐酸滴定至终点，终点颜色由黄色变为橙色为止。平行滴定 3 次。

五、数据记录及处理

滴定次数	1	2	3
倾样前硼砂质量＋称量瓶质量/g			
倾样后硼砂质量＋称量瓶质量/g			
硼砂质量/g			
盐酸溶液终读数/mL			
盐酸溶液初读数/mL			
V(HCl)/mL			
c(HCl)/(mol/L)			
c(HCl)平均值/(mol/L)			
相对平均偏差			

六、拓展训练与思考

(1)加入硼砂的锥形瓶内壁是否必须干燥？为什么？

(2)溶解硼砂时，所加水的体积是否需要准确？为什么？

(3)计算公式中 381.43 和 2 000 这两个数值从何而来。

(4)分析实验中产生误差的原因。

训练 4-2 氢氧化钠标准溶液的标定

一、训练目的

(1)进一步熟练差减称量法称取试样的方法；

(2)掌握 NaOH 标准溶液的标定方法；

(3)掌握碱式滴定管的使用，并学会酚酞指示剂的滴定终点的判断；

(4)学会直接配制标准溶液的方法。

二、知识原理

NaOH 有很强的吸水性，可吸收空气中的 CO_2。因而，市售 NaOH 中常含有 Na_2CO_3，反应方程式：

$$2NaOH+CO_2=Na_2CO_3+H_2O$$

由于碳酸钠的存在，对指示剂的使用影响较大，应设法除去。除去 Na_2CO_3 最通常的方法是将 NaOH 先配成饱和溶液(20℃时约 52%)，由于 Na_2CO_3 在饱和 NaOH 溶液中几乎不溶解，会慢慢沉淀出来，因此，可用饱和氢氧化钠溶液，配制不含 Na_2CO_3 的 NaOH 溶液。待 Na_2CO_3 沉淀后，可吸取一定量的上清液，稀释至所需浓度即可。此外，用来配制 NaOH 溶液的蒸馏水，也应加热煮沸放冷，除去其中的 CO_2。

标定碱溶液的基准物质很多，常用的有草酸($H_2C_2O_4 \cdot 2H_2O$)、苯甲酸(C_6H_5COOH)和邻苯二甲酸氢钾($C_6H_4COOHCOOK$)等。最常用的是邻苯二甲酸氢钾，滴定反应如下：

$$C_6H_4COOHCOOK+NaOH=C_6H_4COONaCOOK+H_2O$$

计量点时由于弱酸盐的水解，溶液呈弱碱性，应采用酚酞作为指示剂。

NaOH 标准溶液浓度计算公式：

$$c(NaOH)=\frac{m}{(V_1-V_2)\times 0.204\,2}$$

式中：m 为邻苯二甲酸氢钾的质量，单位是 g；

V_1 为氢氧化钠标准滴定溶液用量，单位是 mL；

V_2 为空白试验中氢氧化钠标准滴定溶液用量，单位是 mL；

0.204 2 为与 1 mmol 氢氧化钠标准滴定溶液相当的基准邻苯二甲酸氢钾的质量，单位是 g。

三、训练用品

仪器：碱式滴定管(50 mL)，250 mL 容量瓶，锥形瓶，电子天平，称量瓶，烧杯，玻璃棒，胶头滴管，25.00 mL 移液管，洗瓶。

试剂：邻苯二甲酸氢钾（基准试剂），0.1 mol/L 氢氧化钠溶液，酚酞指示剂（1 g 酚酞溶于适量乙醇中，再稀释至 100 mL）。

四、训练内容

用差减法称取纯邻苯二甲酸氢钾 3～3.5 g，称至小数点后四位，置于小烧杯中，用无二氧化碳的蒸馏水溶解、定容成 250 mL 溶液。用准备好的 25.00 mL 移液管准确移取此溶液 3 份，分别置于 250 mL 锥形瓶中，再滴入 2 滴酚酞指示剂，用欲标定的氢氧化钠溶液滴定至溶液呈浅红色，在 30 s 内不褪色为止。同时做空白试验。平行滴定 3 次，记录读数。

五、数据记录及处理

滴定次数	1	2	3	空白
邻苯二甲酸氢钾质量/g				
邻苯二甲酸氢钾溶液体积/mL	250			
移取邻苯二甲酸氢钾溶液体积/mL	25.00	25.00	25.00	0.00
氢氧化钠溶液终读数/mL				
氢氧化钠溶液初读数/mL				
$V(NaOH)$/mL				
$c(NaOH)$/(mol/L)				
$c(NaOH)$平均值/(mol/L)				
相对平均偏差				

六、拓展训练与思考

（1）用邻苯二甲酸氢钾标定氢氧化钠溶液时，为什么用酚酞作指示剂而不用甲基红或甲基橙作指示剂？

（2）标定时用邻苯二甲酸氢钾比用草酸有什么好处？

（3）某同学用邻苯二甲酸氢钾标定氢氧化钠溶液浓度时，终点颜色由无色变为了深红色，对测定结果有何影响？

训练 4-3 混合碱的测定（双指示剂法）

一、训练目的

（1）进一步熟练滴定操作和滴定终点的判断；

（2）掌握混合碱分析的测定原理、方法和计算。

二、知识原理

混合碱是 NaOH 与 Na_2CO_3，或 Na_2CO_3 与 $NaHCO_3$ 的混合物，采用双指示剂法，可以测定各组分的含量。

首先，在碱液中加入酚酞指示剂，用 HCl 标准溶液滴定至溶液略带粉红色，即为第一化学计量点，反应如下：

$$NaOH+HCl=NaCl+H_2O$$
$$Na_2CO_3+HCl=NaHCO_3+H_2O$$

此时反应产物为 $NaHCO_3$ 和 NaCl，溶液 pH 为 8.3，设所消耗 HCl 溶液的体积为 V_1 mL。

然后，继续加入甲基橙指示剂，用 HCl 标准溶液滴定至溶液由黄色转变为橙色，即为第二化学计量点，反应如下：

$$NaHCO_3+HCl=NaCl+H_2O+CO_2\uparrow$$

此时溶液 pH 为 3.7。设所消耗 HCl 溶液的体积为 V_2 mL。

根据 V_1、V_2 可计算烧碱中 NaOH 和 Na_2CO_3 的含量。

当 $V_1>V_2$ 时，试液为 NaOH 和 Na_2CO_3 的混合物，NaOH 和 Na_2CO_3 的含量（以质量浓度 g/L 表示）可由下式计算：

$$NaOH=\frac{c(V_1-V_2)\dfrac{M(NaOH)}{1\ 000}}{m}\times100\%;$$

$$Na_2CO_3=\frac{c\times2V_2\times\dfrac{1}{2}\dfrac{M(Na_2CO_3)}{1\ 000}}{m}\times100\%$$

当 $V_1<V_2$ 时，试液为 Na_2CO_3 和 $NaHCO_3$ 的混合物，NaOH 和 Na_2CO_3 的含量（以质量浓度 g/L 表示）可由下式计算：

$$Na_2CO_3=\frac{c\times2V_1\times\dfrac{1}{2}\dfrac{M(Na_2CO_3)}{1\ 000}}{m}\times100\%;$$

$$NaHCO_3=\frac{c(V_2-V_1)\dfrac{M(NaHCO_3)}{1\ 000}100\%}{m}\times100\%$$

三、训练用品

仪器：电子天平，烧杯，移液管，玻璃棒，锥形瓶，酸式滴定管，洗瓶。

试剂：混合碱试样，甲基橙指示剂（1 g/L 水溶液），酚酞指示剂（2 g/L）乙醇溶液，HCl 标准溶液。

四、训练内容

准确称取 0.15～0.16 g 试样置于锥形瓶中，用 25 mL 蒸馏水溶解，加 2～3 滴酚酞指示剂，用 HCl 标准溶液滴定至溶液由红色转变为略带微红色，记下读数 V_1；然后向溶液中再加 1～2 滴甲基橙指示剂，继续用 HCl 标准溶液滴定至溶液由黄色转变为橙色，记下读数 V_2。用同样方法再测定二份，并计算样品中各成分的含量。

应该注意：①在第一终点滴完后的锥形瓶中加甲基橙，立即滴 V_2。千万不能在三个锥形瓶先分别滴 V_1，再分别滴 V_2。②滴定第一终点时酚酞指示剂可适当多滴几滴，以防 NaOH 滴定不完全而使 NaOH 的测定结果偏低，Na_2CO_3 的测定结果偏高。③最好用浓度相当的 $NaHCO_3$ 的酚酞溶液做颜色对照，在到达第一终点前，不要因为滴定速度过快，造成溶液中 HCl 局部过浓，引起 CO_2 的损失，带来较大的误差，滴定速度亦不能太慢，摇动要均匀。④临近第二终点时，一定要充分摇动，以防止形成 CO_2 的过饱和溶液而使终点提前到达。

五、数据记录及处理

测定次数	1	2	3
HCl 标准溶液浓度/(mol/L)			
混合碱质量/g			
第一终点读数 V_1/mL			
第二终点读数 V_2/mL			
NaOH 或 $NaHCO_3$ 含量/%			
NaOH 或 $NaHCO_3$ 含量平均值/%			
Na_2CO_3 含量/%			
Na_2CO_3 含量平均值/%			
相对平均偏差			

六、拓展训练与思考

(1)混合碱(可能有 NaOH、Na_2CO_3、$NaHCO_3$)，判断下列情况下，混合碱中存在的成分是什么？

①$V_1=0, V_2\neq 0$； ②$V_2=0, V_1\neq 0$； ③$V_2\neq 0, V_1>V_2$；

④$V_1\neq 0, V_1<V_2$； ⑤$V_1=V_2\neq 0$

(2)HCO_3 水溶液的 pH 与其浓度有无关系？

(3)滴定到第二个终点时应注意什么问题？

训练 4-4 铵盐中氮含量的测定(甲醛法)

一、训练目的

(1)掌握用甲醛法测定铵盐中氮的原理和方法；

(2)熟练滴定操作和滴定终点的判断。

二、知识原理

铵盐是常见的无机化肥，是强酸弱碱盐，可用酸碱滴定法测定其含量，但由于 NH_4^+ 的酸性太弱（$K_a=5.6\times10^{-10}$），直接用 NaOH 标准溶液滴定有困难，生产和实验室中广泛采用甲醛法测定铵盐中的含氮量。

甲醛法是基于甲醛与一定量铵盐作用，生成相当量的酸（H^+）和六次甲基四铵盐（$K_a=7.1\times10^{-6}$）反应如下：

$$4NH_4^+ +6HCHO=(CH_2)_6N_4+6H_2O+4H^+$$

所生成的 H^+ 和六次甲基四胺盐，可以酚酞为指示剂，用 NaOH 标准溶液滴定。再按下式计算含量。

$$N=\frac{c(NaOH)V(NaOH)M_N/1\,000}{m}\times100\%$$

式中：M_N 为氮原子的摩尔质量，单位是 g/mol；

m 为样品质量，单位是 g；

c(NaOH)为氢氧化钠标准溶液的浓度，单位是 mol/L；

V(NaOH)为氢氧化钠标准溶液的体积，单位是 mL；

N 为样品中氮的含量。

三、训练用品

仪器：电子天平，烧杯，25.00 mL 移液管，玻璃棒，锥形瓶，碱式滴定管，250 mL 容量瓶，洗瓶。

试剂：0.1 mol/L NaOH 标准溶液，0.2%酚酞溶液，40%甲醛溶液，0.2%甲基红指示剂。

四、训练内容

(1)甲醛溶液的处理　甲醛中常含有微量甲酸是由甲醛受空气氧化所致，应除去，否则产生正误差。处理方法如下：取原装 40%甲醛的上层清液于烧杯中，用水稀释一倍，加入 1～2 滴 0.2%酚酞指示剂，用 0.1 mol/L NaOH 溶液中和至甲醛溶液呈淡红色。

(2)试样中含氮量的测定　准确称取 0.4～0.5 g 的 NH_4Cl 或 1.6～1.8 g 左右的 $(NH_4)_2SO_4$ 于烧杯中，用适量蒸馏水溶解，然后定量地移至 250 mL 容量瓶中，最后用蒸馏水稀释至刻度，摇匀。用移液管移取试液 25.00 mL 于锥形瓶中，加 1～2 滴甲基红指示剂，溶液呈红色，用 0.1 mol/L NaOH 溶液中和至红色转为金黄色，然后加入 8 mL 已中和的 1∶1 甲醛溶液，再加入 1～2 滴酚酞指示剂摇匀，静置 1 min 后，用 0.1 mol/L NaOH 标准溶液滴定至溶液淡红色，持续 30 s 不褪，即为终点。记录读数，平行做 2～3 次。根据 NaOH 标准溶液的浓度和滴定消耗的体积，计算试样中氮的含量。

五、数据记录及处理

测定次数	1	2	3
$c(NaOH)/(mol/L)$			
样品$(NH_4)_2SO_4$ 质量/g			
配制样品$(NH_4)_2SO_4$ 体积/mL			
取$(NH_4)_2SO_4$ 溶液体积/mL			
消耗 $V(NaOH)/mL$			
N 的含量			
N 含量的平均值			
相对偏差			

六、拓展训练与思考

(1)铵盐中氮的测定为何不采用 NaOH 直接滴定法?

(2)为什么中和甲醛试剂中的甲酸以酚酞作指示剂;而中和铵盐试样中的游离酸则以甲基红作指示剂?

(3)NH_4HCO_3 中含氮量的测定,能否用甲醛法?

训练 4-5 食醋中总酸度的测定

一、训练目的

(1)学会食醋中总酸度的测定原理和方法;

(2)比较不同指示剂对滴定结果的影响;

(3)熟练移液管的使用;

(4)掌握强碱滴定弱酸的滴定过程,突跃范围及指示剂的选择原理。

二、知识原理

食醋是混合酸,其主要成分是 HAc(有机弱酸,$K_a=1.8\times10^{-5}$),与 NaOH 反应产物为弱酸强碱盐 NaAc:

$$HAc+NaOH=NaAc+H_2O$$

HAc 与 NaOH 反应产物为弱酸强碱盐 NaAc,化学计量点时 pH 约 8.7,滴定突跃在碱性范围内(如:0.1 mol/L NaOH 溶液滴定 0.1 mol/L HAc 溶液突跃范围为 7.74~9.70),在此若使用在酸性范围内变色的指示剂如甲基橙,将引起很大的滴定误差(该反应化学计量点时溶液呈弱碱性，酸性范围内变色的指示剂变色时，溶液呈弱酸性，则滴定不完全）。因此，在此应选择在碱性范围内变色的指示剂酚酞（pH 8.0～9.6）（指示剂的选择主要以滴定突跃范围为依据，指示剂的变色范围应全部或一部分在滴定突跃范围内，则终点误差小于0.1%）。

因此可选用酚酞作指示剂，利用NaOH标准溶液测定HAc含量。食醋中总酸度用HAc的含量来表示。

$$\rho(\mathrm{HAc})=\frac{c(\mathrm{NaOH})V(\mathrm{NaOH})M(\mathrm{HAc})}{V_s}\times 100$$

式中：ρ(HAc)为食醋中醋酸的含量，单位是g/100 mL；

c(NaOH)为氢氧化钠标准溶液的浓度，单位是mol/L；

V(NaOH)为氢氧化钠标准溶液的体积，单位是mL；

M(HAc)为醋酸的摩尔质量，单位是g/moL；

V_s为样品食醋的体积，单位是mL。

三、训练用品

仪器：吸量管，玻璃棒，锥形瓶，碱式滴定管，洗瓶，烧杯。

试剂：0.1 mol/L NaOH标准溶液，0.2%酚酞溶液，食醋样品。

四、训练内容

用吸量管吸取食醋试样5.00 mL，移入250 mL锥形瓶中，加入20 mL蒸馏水稀释，加酚酞指示剂1～2滴，用NaOH标准溶液滴定至终点。平行测定2～3次。记录NaOH标准溶液的用量。

五、数据记录及处理

测定次数	1	2	3
c(NaOH)/(mol/L)			
样品食醋体积/mL			
取$(NH_4)_2SO_4$溶液体积/mL			
消耗V(NaOH)/mL			
ρ(HAc)/(g/100 mL)			
ρ(HAc)平均值/(g/100 mL)			
相对偏差			

六、拓展训练与思考

(1)加入20 mL蒸馏水的作用是什么？

(2)为什么使用酚酞作指示剂？使用甲基红作指示剂会怎样？

训练 4-6 果蔬中总酸度的测定

一、训练目的

(1)了解酸碱滴定法的实际应用;

(2)进一步练习滴定分析仪器的使用,并熟练掌握基本操作技能。

二、知识原理

果蔬产品中含有的酸味物质,主要是一些溶于水的有机酸和无机酸。在果蔬及其制品中,以苹果酸、柠檬酸、酒石酸、琥珀酸和醋酸为主,此外还有一些无机酸,如盐酸、磷酸等。它们在赋予这些产品风味时,有着较大的作用。其中大多数的有机酸具有清爽的酸味,可增进食品的风味。尤其是果酸,使食品具有很浓的水果香味,能刺激食欲,促进消化,并在维持人体的酸碱平衡方面起着重要的作用。就果蔬本身而言,酸味物质的存在,pH 的高低,对保持其颜色的稳定,起着决定性的作用,同时还可以抑制微生物的生长,有一定的防腐作用。果蔬食品中,酸的含量因成熟度、生长条件而异,一般成熟度越高,酸的含量越低,糖的含量增加,糖酸比增大,使产品具有良好的口感,所以通过对酸度的测定可以判断原料的成熟度。

食品中的酸度可以分为总酸度(滴定酸度)、有效酸度(pH)和挥发酸。总酸度是指食品所有酸性物质的总量,包括已离解的酸的浓度和未离解的酸的浓度,常采用标准碱溶液进行滴定,并以样品中主要代表酸的质量分数表示。有效酸度是指样品呈游离状态的氢离子的浓度,利用 pH 计通过测定样品的 pH 可以测得。挥发酸则是指食品中易挥发的部分有机酸,如乙酸、甲酸等,可以将样品经蒸馏后采用直接法或间接法测定。本内容是根据酸碱中和原理,用碱标准溶液滴定试样液中的酸时,以酚酞作指示剂。当滴定至终点溶液呈浅红色,30 s不褪色时,根据滴定时消耗的标准碱溶液的体积,可算出试样中的总酸度。其反应如下:

$$RCOOH + NaOH = RCOONa + H_2O$$

可以用下式计算:

$$\text{总酸度 } X = \frac{c \cdot (V - V_{\text{空}}) \cdot K}{m \cdot \frac{25.00}{250}} \times 100\%$$

式中:c 为 NaOH 标准溶液的浓度,单位是 mol/L;

V 为消耗 NaOH 的体积,单位是 mL;

$V_{\text{空}}$ 为空白试验消耗 NaOH 的体积,单位是 mL;

m 为试样质量或体积,单位是 g 或 mL;

K 为换算为主要酸的系数。

其中:苹果酸 0.067、醋酸 0.060、酒石酸 0.075、乳酸 0.090、含一分子水的柠檬酸 0.070。

总酸测定的结果,一般蔬菜以苹果酸计,柑橘、柠檬、柚子等以柠檬酸计,葡萄以酒石酸计,苹果、桃、李等以苹果酸计。

三、训练用品

仪器:吸量管,玻璃棒,锥形瓶,碱式滴定管,洗瓶,组织捣碎机,烧杯,滤纸,移液管。

试剂:0.1 mol/L NaOH 标准溶液,0.2%酚酞溶液,样品。

四、训练内容

(1)试样处理　取具有代表性的试样至少 80 g 左右,将试样用高速组织捣碎机捣碎并混合均匀。用无 CO_2 的蒸馏水将其移入并定容在 250 mL 容量瓶中,用干燥滤纸过滤,弃去初滤液 25 mL,收集滤液备用。

(2)测定　准确吸取 25.00 mL 试样制备液于 250 mL 的锥形瓶中,加 3～4 滴酚酞指示剂,用氢氧化钠标准溶液滴定至浅红色(或橙色)30 s 内不褪色,记录 NaOH 消耗量,平行测定 3 次,做一次空白试验,记录 NaOH 消耗量。

五、数据记录及处理

测定次数		1	2	3	空白
c(NaOH)/(mol/L)					
V 样品					
V(NaOH)/mL	终读数				
	初读数				
	V				
总酸度 X					
总酸度平均值 $\overline{X}$					
相对平均偏差					

六、拓展训练与思考

(1)什么叫有效酸度?什么叫总酸度?

(2)本实验中为什么不用甲基红作指示剂?

(3)如果实验中所用的蒸馏水中含有二氧化碳,会不会引起误差?如何消除此误差?

【实战提升】

GB/T 3600—2000
代替 GB/T 3600—1983

中华人民共和国国家标准

肥料中氨态氮含量的测定　甲醛法

Fertilizers—Determination of ammoniacal nitrogen content—Formaldehyde method

1　范围

本标准规定了甲醛法测定肥料中氨态氮含量的方法。

本标准适用于只有在试样中不含有尿素或其衍生物、氰胺化物以及有机含氮化合物时，方可应用，也可适用于相应的工业产品。本方法不适用于碳酸氢铵和氨水。

2　引用标准

下列标准所包含的条文，通过在本标准中引用而构成为本标准的条文。本标准出版时，所示版本均为有效。所有标准都会被修订，使用本标准的各方应探讨使用下列标准最新版本的可能性。

HG/T 2843—1997 化肥产品化学分析常用标准滴定溶液、标准溶液、试剂溶液和指示剂溶液。

3　方法提要

在中性溶液中，铵盐与甲醛作用生成六次甲基四胺和相当于铵盐含量的酸，在指示剂存在下，用氢氧化钠标准滴定溶液滴定。

4　试验方法

本标准所用的试剂、水及溶液的配制，在未注明规格和配制方法时，应符合 HG/T 2843 之规定。

4.1　试剂

4.1.1　硼酸。

4.1.2　氯化钾。

4.1.3　硫酸标准滴定溶液：$c(1/2H_2SO_4)=0.1$ mol/L。

4.1.4　氢氧化钠标准滴定溶液：$c(NaOH)=0.1$ mol/L。

4.1.5　氢氧化钠标准滴定溶液：$c(NaOH)=0.5$ mol/L。

4.1.6　甲醛溶液：250 g/L。

4.1.7　乙醇：95%(V/V)。

4.1.8　甲基红指示液：1 g/L。

4.1.9　酚酞指示液:10 g/L。

4.1.10　pH8.5 的颜色参比溶液。

在 250 mL 锥形瓶中,加入 15.15 mL 0.1 mol/L 氢氧化钠标准溶液、37.50 mL 0.2 mol/L 硼酸-氯化钾溶液(称取 6.138 g 硼酸和 7.455 g 氯化钾,溶于水,移入 500 mL 容量瓶中,稀释至刻度),再加入 1 滴甲基红指示剂溶液和 3 滴酚酞指示剂溶液,稀释至 150 mL。

4.2　仪器

一般实验室仪器和 pH 计。

4.3　分析步骤

4.3.1　试样溶液的制备。

称取 1 g 试样,精确至 0.001 g,置于 250 mL 锥形瓶中,加 100～120 mL 水溶解,再加 1 滴甲基红指示液(4.1.8),用氢氧化钠标准滴定溶液(4.1.4)或硫酸标准滴定溶液(4.1.3)调节至溶液呈橙色。

4.3.2　测定。

加入 15 mL 甲醛溶液(4.1.6)至试样溶液(4.3.1)中,再加入 3 滴酚酞指示液(4.1.9),混匀。放置 5 min,用氢氧化钠标准滴定溶液(4.1.5)滴定至 pH 8.5 的颜色参比溶液(4.1.10)所呈现的颜色,经 1 min 不消失(或滴定至 pH 计指示 pH 8.5)为终点。

4.3.3　空白试验。

在测定的同时,除不加试样外,按测定完全相同的分析步骤、试剂和用量进行平行操作。

4.4　分析结果的表述

氨态氮含量,以氮(N)质量百分数 X 表示,按下式计算:

$$X=\frac{(V_2-V_1)c\times 0.01401}{m}\times 100\%$$

式中:V_1 为测定试料所消耗氢氧化钠标准滴定溶液的体积,单位是 mL;

V_2 为测定空白所消耗氢氧化钠标准滴定溶液的体积,单位是 mL;

c 为氢氧化钠标准滴定溶液的浓度,单位是 mol/L;

0.014 01 为与 1.00 mL 氢氧化钠标准滴定溶液[$c(NaOH)=1.000$ mol/L]相当的以克表示的氮的质量;

m 为试料的质量,单位是 g。

取平行测定结果的算术平均值为测定结果。

4.5　允许差

平行测定的绝对差值不大于 0.06%;

不同实验室测定结果的绝对差值不大于 0.08%。

2000-07-31 批准　　　　2001-03-03 实施

国家质量技术监督局　发布

项目五

氧化还原反应和氧化还原滴定法

【技能目标】

1. 掌握氧化还原滴定法中标准溶液的配制和标定；
2. 掌握高锰酸钾法、重铬酸钾法、碘量法的应用；
3. 学会生产、生活中一些样品的采集、处理和测定方法。

【知识目标】

1. 了解常用的氧化还原滴定方法；
2. 了解氧化还原滴定指示剂；
3. 理解氧化还原滴定反应原理。

【知识学习】

任务一　氧化还原反应

氧化还原反应是化学反应的基本类型之一，广泛存在于自然与人类活动的各类过程中，如动植物体内代谢过程、土壤中某些元素存在状态的转化、金属冶炼、工农业产品检测、基本化工原料和成品的生产等。

二维码 5-1
氧化还原反应
方程式配平

一、氧化还原反应

氧化还原反应是在反应前后元素的氧化数具有相应的升降变化的化学反应。本质上是电子的得失（即在离子化合物中是电子的得失）或共用电子对的偏移（在共价化合物里是电子的偏移）的反应。这种反应可以理解成由两个半反应构成，即氧化反应和还原反应。

例如钠与氯气的反应，其总反应式如下：

$$2Na+Cl_2=2NaCl$$

我们可以把它写成两个半反应的形式：

氧化反应：

$$2Na-2e \longrightarrow 2Na^{+}$$

还原反应：

$$Cl_2+2e \longrightarrow 2Cl^{-}$$

半反应中氧化数较高的物质叫氧化态物质(Cl_2、Na^+)；氧化数较低的物质叫还原态物质(Cl^-、Na)，用“氧化态还原态”表示：

$$氧化态+ne=还原态$$

$$还原态-ne=氧化态$$

此类反应都遵守电子守恒。在氧化还原反应里，氧化与还原必然以等电子的量同时进行。两者可以比喻为阴阳之间相互依靠、转化、消长且互相对立的关系。

二、氧化剂和还原剂

氧化还原反应中，某物质的组成原子或离子氧化数降低，该物质称为氧化剂，反之称为还原剂。氧化剂在反应过程中使其他物质氧化而本身被还原生成还原产物，还原剂在反应过程中使其他物质还原而本身被氧化成氧化产物。例如：

$$2KMnO_4+5H_2O_2+3H_2SO_4=2MnSO_4+K_2SO_4+5O_2\uparrow+8H_2O$$

该反应中，$KMnO_4$ 中 Mn 元素的氧化数从+7 降到+2，$KMnO_4$ 为氧化剂，使 H_2O_2 被氧化而本身被还原；H_2O_2 中 O 元素的氧化数从−1 升到 0，H_2O_2 为还原剂，使 $KMnO_4$ 被还原而本身被氧化；参与反应的 H_2SO_4 没有氧化数的变化，称为介质氧化剂和还原剂是同一物质的氧化还原反应，称为自身氧化还原反应。某物质中同元素同一氧化态的原子部分被氧化、部分被还原的反应称为歧化反应。例如：

$$Cl_2+H_2O=HClO+HCl$$

该反应为歧化反应，Cl_2 中的一个 Cl 被氧化，氧化数从 0 升到+1，而另外一个 Cl 被还原，氧化数从 0 降到−1。

在滴定分析中常见的氧化剂和还原剂有过氧化氢、高锰酸钾、重铬酸钾、硫代硫酸钠、碘等。

1. 过氧化氢

纯净的过氧化氢是无色黏稠液体，可与水以任意比例混合，其水溶液称双氧水，过氧化氢受热、遇光，接触灰尘易分解生成水和氧气。

$$2H_2O_2=2H_2O+O_2\uparrow$$

因此过氧化氢具消毒杀菌的作用。医学上常用质量分数为 0.03 的过氧化氢水溶液作为外用消毒剂，清洗创口。

市售过氧化氢的质量分数为 0.3，有较强的氧化性，对皮肤有很强的刺激作用，使用时要进行稀释。

2. 高锰酸钾

高锰酸钾的化学式是 $KMnO_4$，为深紫色有光泽的晶体。易溶于水，水溶液的颜色根据高锰酸钾的含量的多少可有暗紫红色到鲜红色。在化学品生产中，广泛用作为氧化剂，例如用作制糖精、维生素 C、异烟肼及安息香酸的氧化剂；在医药上用作防腐剂、消毒剂、除臭剂及解毒剂；在水质净化及废水处理中，作水处理剂，以氧化硫化氢、酚、铁、锰和有机、无机等多种污染物，控制臭味和脱色；在气体净化中，可除去痕量硫、砷、磷、硅烷、硼烷及硫化物；在采矿冶金方面，用于从铜中分离钼，从锌和镉中除杂，以及化合物浮选的氧化剂；还用于作特殊织物、蜡、油脂及树脂的漂白剂，防毒面具的吸附剂，木材及铜的着色剂等。

3. 硫代硫酸钠

硫代硫酸钠晶体化学式是 $Na_2S_2O_3 \cdot 5H_2O$，俗称海波。它是无色晶体，易溶于水，具有还原性。硫代硫酸钠在照相术中常用作定影剂，医学上可用于治疗慢性荨麻疹或作解毒剂。用于测定具有氧化性和还原性的物质，对不具有氧化性或还原性的物质，可进行间接测定。

4. 重铬酸钾

重铬酸钾是橙红色三斜晶系板状结晶体。有苦味及金属性味。与水的相对密度是 2.676 g/cm^3。熔点 398℃。稍溶于冷水，水溶液呈酸性，易溶于热水，不溶于乙醇。有剧毒，俗称红矾钾。接触其粉尘时，应该佩戴头罩型电动送风过滤式防尘呼吸器。必要时，佩戴自给式呼吸器。

5. 碘

紫黑色晶体，具有金属光泽，性脆，易升华。有毒性和腐蚀性。密度 4.93 g/m^3。熔点 113.5℃，沸点 184.35℃。化合价－1、＋1、＋3、＋5 和＋7。加热时，碘升华为紫色蒸气，这种蒸气有刺激性气味，有毒。易溶于乙醚、乙醇、氯仿和其他有机溶剂，形成紫色溶液，但微溶于水（如果水中含碘离子会使其溶解度增大：$I^- + I_2 = I_3^-$），也溶于氢碘酸和碘化钾溶液而呈深褐色。

任务二　氧化还原滴定法

氧化还原滴定法是以氧化还原反应为基础的滴定分析方法，应用非常广泛，不仅可以直接或间接测定许多具有氧化性或还原性的物质，而且可以间接测定某些非变价元素（如间接法测定 Ca^{2+}）。

二维码 5-2
氧化还原滴定法

氧化还原反应的机理比较复杂，经常可能发生各种副反应而使反应物之间不是定量进行反应，反应条件不同时也可能生成不同产物；有些反应通常是分步进行的，需要一定的时间方能完成，即反应速率较慢。因此氧化还原反应应用于滴定分析时，需特别注意控制适当的反应条件和滴定速度，使之符合滴定分析的需要。

氧化还原滴定法以氧化剂或还原剂为标准溶液，习惯上根据氧化剂不同可分为高锰酸钾法、重铬酸钾法、碘量法、溴酸钾法、铈量法等，本节重点介绍高锰酸钾法、重铬酸钾法和碘量法三种氧化还原滴定方法及其应用。

一、高锰酸钾法

(一)高锰酸钾法原理

高锰酸钾法是用高锰酸钾作为标准溶液的滴定分析法。$KMnO_4$ 是一种强氧化剂,它的氧化能力和还原产物都与溶液的酸度有关。

在强酸性溶液中有如下反应:

$$MnO_4^- + 8H^+ + 5e = Mn^{2+} + 4H_2O$$

$KMnO_4$ 在强酸性溶液中氧化能力较强,它的还原产物为无色的 Mn^{2+},滴定终点容易观察,无需另加指示剂,利用高锰酸钾自身的颜色便可指示滴定终点。

如果在微酸、中性或弱碱性溶液中反应,则反应产物较为复杂,有时会生成褐色水合二氧化锰($MnO_2 \cdot H_2O$)沉淀:

$$MnO_4^- + 2H_2O + 3e = MnO_2 \downarrow + 4OH^-$$

溶液变浑浊,不利于终点的观察。

在强碱性溶液中,MnO_4^- 被还原成 MnO_4^{2-}:

$$MnO_4^- + e = MnO_4^{2-}$$

MnO_4^{2-} 溶液为绿色,也不利于终点的观察。

通常选用 1 mol/L H_2SO_4 溶液对 $KMnO_4$ 溶液进行酸化,而不用盐酸或硝酸酸化,因为 HCl 中的 Cl^- 具有还原性,HNO_3 具有氧化性,会干扰滴定反应。

(二)高锰酸钾法特点

高锰酸钾法的优点:

(1)$KMnO_4$ 溶液呈深紫色,强酸性溶液中被还原为无色 Mn^{2+},颜色变化明显,因此一般不需另加指示剂。

(2)$KMnO_4$ 氧化能力强,可以与许多还原性物质发生反应,是应用较广的氧化还原滴定法。

高锰酸钾法的缺点:

(1)选择性差,标准溶液不稳定,能与水中微量的有机物,空气中的尘埃、氨等还原性物质作用析出 $MnO(OH)_2$ 沉淀,还能自行分解。一般不易获得纯品,故不能用直接法配制其标准溶液。

(2)$KMnO_4$ 还原为 Mn^{2+} 的反应,在常温下进行较慢,因此,在滴定较难氧化的物质如 $Na_2C_2O_4$ 等时,常需要加热。亚铁盐、H_2O_2 等虽不必加热,但开始滴定时速度也不宜过快。

(三)高锰酸钾标准溶液的配制与标定

一般商品高锰酸钾试剂中常含有少量 MnO_2 和其他杂质,而蒸馏水中所含有的微量还原性物质可以与高锰酸钾反应生成 $MnO_2 \cdot H_2O$ 沉淀,加上光、热、酸、碱等外界条件的变化会促进高锰酸钾分解,因此,高锰酸钾不是基准物质,不能用直接法配制标准溶液。

为了配制较稳定的高锰酸钾溶液,通常先称取略多于理论计算量的高锰酸钾固体试剂,溶解于一定体积蒸馏水，将该溶液加热微沸 1 h，冷却后避光放置 2～3 d，使溶液中可能存在的还原性物质完全被氧化，用微孔玻璃漏斗或玻璃丝棉滤除析出的沉淀物，过滤后的高锰酸钾溶液贮存于棕色试剂瓶中，置阴暗处保存。

标定高锰酸钾溶液可以用 $Na_2C_2O_4$、$H_2C_2O_4 \cdot 2H_2O$、As_2O_3、纯铁丝等基准物质。其中最常用的为 $Na_2C_2O_4$，在 105～110℃烘干约 2 h 后放干燥器中冷却至室温即可使用。

在硫酸溶液中，高锰酸钾和 $Na_2C_2O_4$ 的反应如下：

$$2MnO_4^- + 5C_2O_4^{2-} + 16H^+ = 2Mn^{2+} + 10CO_2\uparrow + 8H_2O$$

为了使反应定量快速进行，应注意以下滴定条件：

(1)温度　在室温下该反应速度慢，可将溶液加热到 75～85℃滴定，溶液温度不能太低也不能太高，低于 60℃无法达到需要的反应速度，高于 90℃，则会使部分 $H_2C_2O_4$ 分解导致标定结果偏高。

(2)酸度　高锰酸钾在强酸性介质中才有较强氧化性，溶液应保持足够的酸度。酸度过低会使高锰酸钾部分被还原为 MnO_2，酸度过高则促使 $H_2C_2O_4$ 分解，均可能导致较大误差。适宜的硫酸介质浓度为 1 mol/L。

(3)滴定速度　因为开始滴定时反应速度慢，滴定不宜太快。滴入的第一滴高锰酸钾溶液褪色后，生成的产物 Mn^{2+} 有催化作用，使反应速度加快，称为自动催化反应，此时可适当加快滴定速度，但仍需逐滴加入，随着生成 Mn^{2+} 的增多，反应速度逐渐加快，滴定速度也可逐渐加快，而接近终点时又需适当减慢滴定速度。

(4)滴定终点　因为空气中的还原性气体和灰尘都能与高锰酸钾缓慢作用使之还原，故用高锰酸钾滴定至终点时，溶液的粉红色会逐渐消失，所以滴定时如果溶液出现的浅红色在 30 s 内不褪色，便认为达到滴定终点。

若 $Na_2C_2O_4$ 的质量为 m(g)，$Na_2C_2O_4$ 的摩尔质量为 M(g/mol)，滴定时消耗高锰酸钾溶液的体积为 V(mL)，则高锰酸钾溶液浓度 c(mol/L)的计算式如下：

$$c = \frac{2\,000\,m}{5MV}$$

(四)高锰酸钾法应用实例

1. H_2O_2 的测定

过氧化氢在酸性溶液中能定量地被高锰酸钾氧化，可以用直接滴定法测定其含量，反应式为：

$$5H_2O_2 + 2MnO_4^- + 6H^+ = 2Mn^{2+} + 5O_2\uparrow + 8H_2O$$

滴定应于室温下 H_2SO_4 介质中进行。开始反应速率较慢，随着 Mn^{2+} 的生成反应加快，因此滴定时要控制速率先慢后快再慢。另外，H_2O_2 中若含有有机物质则会使分析结果偏高，这种情况下需要考虑改用其他方法（碘量法或铈量法）。

2. 钙的测定

钙是人体和动物的必需元素，很多食品中含有钙。钙离子本身不具有氧化还原性，但可以用高锰酸钾间接滴定法测定钙的含量，其测定步骤为：在一定条件下使试样中的 Ca^{2+} 和 $C_2O_4^{2-}$ 反应，将 Ca^{2+} 完全沉淀为 CaC_2O_4，然后将沉淀过滤洗净，用热的稀硫酸溶解，最后用高锰酸钾标准溶液在75～85℃条件下滴定生成H_2CO_4。相关反应为：

$$Ca^{2+}+C_2O_4^{2-}=CaC_2O_4\downarrow$$
$$CaC_2O_4+2H^+=Ca^{2+}+H_2C_2O_4$$
$$5H_2C_2O_4+2MnO_4^-+6H^+=2Mn^{2+}+10CO_2\uparrow+8H_2O$$

高锰酸钾法测定钙，控制试剂的酸度非常重要，在中性或弱碱性溶液中进行沉淀反应，会有部分$Ca(OH)_2$或碱式草酸钙生成而导致测定结果偏低。可先用HCl酸化试液，再加入过量草酸铵，然后用稀氨水调节试液酸度到pH为3.5～4.5(甲基橙指示剂显示黄色)，在该酸度下可以使沉淀缓慢生成而获得较大颗粒的CaC_2O_4沉淀。

Ba^{2+}、Zn^{2+}、Cd^{2+}等也能与$C_2O_4^{2-}$定量地生成草酸盐沉淀，都可以用高锰酸钾间接滴定法测定。

3.水中化学耗氧量(COD)的测定

高锰酸钾法常用于水污染或卫生检验中化学耗氧量(COD)等物质的测定。在酸性条件下，高锰酸钾具有很强的氧化性，水溶液中多数的有机物都可以氧化，但反应过程相当复杂，一般向样品中加入过量的$KMnO_4$标准溶液，反应后用过量的$Na_2C_2O_4$还原，再用$KMnO_4$标准溶液滴至微红色为终点，反应如下：

$$4MnO_4^-+5C+12H^+=4Mn^{2+}+5CO_2\uparrow+6H_2O$$
$$2MnO_4^-+5C_2O_4{}^{2-}+16H^+=2Mn^{2+}+10CO_2\uparrow+8H_2O$$

当水样中含有Cl^-的量较高(大于100 mg/L)时，会使结果偏高。可以在碱性环境下测定。

二、重铬酸钾法

(一)重铬酸钾法原理

重铬酸钾法是以重铬酸钾作为标准溶液的氧化还原滴定法。重铬酸钾是一种强氧化剂，在酸性条件下与还原剂作用，其反应为：

$$Cr_2O_7^{2-}+14H^++6e=2Cr^{3+}+7H_2O$$

反应后，橙色的$Cr_2O_7^{2-}$被还原为绿色的Cr^{3+}，颜色变化不明显，需加入氧化还原指示剂指示终点，如二苯胺磺酸钠、邻二氮菲亚铁(若体系本身含铁则用邻二氮菲)等。

(二)重铬酸钾法特点

重铬酸钾法的优点：

(1)$K_2Cr_2O_7$为橙红色晶体易获得99.99%以上的纯品，在通常情况下性质很稳定，可用作基准物质。标准溶液可直接配制(在140～150℃干燥后)，不需再进行标定。

(2)$K_2Cr_2O_7$标准溶液非常稳定。在密闭容器中可长期保存。

(3)在酸性溶液中能迅速与还原性物质进行定量反应。其他组分无显著干扰，反应有良好的选择性。同时重铬酸钾法可用H_2SO_4、HCl对$K_2Cr_2O_7$进行酸化。

重铬酸钾法的缺点：

(1)$K_2Cr_2O_7$氧化性不如$KMnO_4$强。因此，应用范围较窄，不及$KMnO_4$广泛。

(2)$Cr_2O_7^{2-}$、Cr^{3+}都有毒害，使用时应注意废液的处理，以免污染环境。

(3)需要另加指示剂。

(三)重铬酸钾标准溶液的配制

重铬酸钾为基准物质，可以用直接法配制标准溶液。先用天平准确称取一定质量的基准物质 $K_2Cr_2O_7$ 晶体(在 140～150℃烘干后冷却干燥)，加入少量蒸馏水溶解，定量转移到容量瓶中，定容、摇匀，移入试剂瓶。若称取的 $K_2Cr_2O_7$ 质量为 m(g)，定容体积为 V(mL)，$K_2Cr_2O_7$ 摩尔质量为 M(g/mol)，则重铬酸钾标准溶液浓度 c(mol/L)的计算式如下：

$$c=\frac{1\,000\,m}{MV}$$

(四)重铬酸钾法应用实例

1. 试样中铁的测定

重铬酸钾法主要用于测定铁的含量。如果试样为亚铁盐，将试样制成溶液，然后在 H_2SO_4-H_3PO_4 混合酸介质中(H_3PO_4 能与 Fe^{3+} 形成无色的配离子，从而能够消除 Fe^{3+} 的颜色对滴定终点的干扰)，以二苯胺磺酸钠为指示剂，用重铬酸钾标准溶液滴定至溶液由浅绿变为紫红色；如果是含有三价铁的固体试样(如测定铁矿石中全铁量)，应先用 HCl 溶解试样，用 $SnCl_2$ 将 Fe^{3+} 还原为 Fe^{2+}，过量 $SnCl_2$ 用 $HgCl_2$ 氧化，然后在 H_2SO_4-H_3PO_4 混合酸介质中，以二苯胺磺酸钠为指示剂，用重铬酸钾标准溶液滴定。滴定反应式为：

$$Cr_2O_7^{2-}+6Fe^{2+}+14H^+=2Cr^{3+}+6Fe^{3+}+7H_2O$$

加入 H_3PO_4 的目的是生成无色的配合物$[Fe(HPO_4)_2]^-$，消除 Fe^{3+} 的黄色，避免指示剂引起的终点误差。

2. 土壤有机质含量的测定

测定土壤有机质是了解土壤肥力的重要手段之一，土壤有机质组成极为复杂，为简便起见，通常用碳元素 C 表示。

准确称取一定量土壤试样，准确加入过量重铬酸钾标准溶液，在浓 H_2SO_4 存在下与土壤共热(170～180℃)，使土壤有机质被氧化为 CO_2 逸出，而重铬酸根离子被还原成三价铬离子，剩余的重铬酸钾用邻菲罗啉为指示剂，用二价铁的标准溶液回滴。根据有机碳被氧化前后重铬酸钾量的变化，即可算出有机碳或有机质的含量。反应式为：

$$2Cr_2O_7^{2-}+16H^++3C=4Cr^{3+}+3CO_2\uparrow+8H_2O$$
$$Cr_2O_7^{2-}+6Fe^{2+}+14H^+=2Cr^{3+}+6Fe^{3+}+7H_2O$$

通过电子守恒推出有机碳与重铬酸钾反应的物质的量的关系为 $n(C)=\frac{3}{2}n(K_2Cr_2O_7)-\frac{1}{4}n(Fe^{2+})$，进而求出有机质的含量。

三、碘量法

(一)碘量法原理

碘量法是以 I_2 的氧化性和 I^- 的还原性为基础的定量分析法。I_2 是一种氧化剂，能与较强的还原剂作用，而 I^- 是中等强度的还原剂，能与许多氧化剂作用。碘量法的基本反应是：

$$I_2 + 2e \rightleftharpoons 2I^-$$

碘量法又分为直接碘量法和间接碘量法两种。

直接碘量法（又称碘滴定法）可以直接用碘标准溶液滴定 S^{2-}、SO_3^{2-}、AsO_3^{3-}、Sn^{2+}、$S_2O_3^{2-}$ 等还原性较强的物质。碘滴定法不能在强碱溶液中进行，因 I_2 在碱性溶液中易歧化成 I^- 和 IO^-，IO^- 极不稳定。直接碘量法常用淀粉作指示剂，在化学计量点之前，生成的 I^- 与淀粉不显色，被测溶液保持无色，达到化学计量点时，再滴入微量的 I_2，便立即呈现明显的蓝色，指示已达滴定终点。淀粉指示剂应使用新配制的浓度为 1% 的水溶液。

间接碘量法（又称滴定碘法）有两种。

一种是用 I^- 溶液与氧化性物质反应，用 $Na_2S_2O_3$ 标准溶液滴定生成的 I_2，也称为置换滴定法。这种方法可以测定很多氧化性物质，如 ClO_3^-、ClO^-、CrO_4^{2-}、IO_3^-、BrO_3^-、MnO_4^-、MnO_2、AsO_4^{3-}、NO_2^-、H_2O_2，以及能与 CrO_4^{2-} 生成沉淀的阳离子（如 Pb^{2+}）等。

另一种是用过量 I_2 标准溶液与还原性物质反应，用 $Na_2S_2O_3$ 标准溶液滴定剩余 I_2，也称为剩余滴定法。

I_2 与 $Na_2S_2O_3$ 定量地反应，生成连四硫酸钠（$Na_2S_4O_6$）是间接碘量法的基本反应。

$$I_2 + Na_2S_2O_3 = 2NaI + Na_2S_4O_6$$

此反应需在中性或微酸性溶液中进行。因为在强酸性或碱性溶液中，会由于 $Na_2S_2O_3$ 或 I_2 的分解和副反应使氧化还原反应过程复杂化，以致无法定量计算，故应在滴定前将溶液中和成中性或弱酸性。

间接碘量法仍用淀粉溶液作指示剂，但由于淀粉和 I_2 的吸附作用对溶液颜色的影响，一般是在快到终点，即大部分 I_2 已被 $Na_2S_2O_3$ 还原，溶液颜色由深褐色（I_2 的颜色）转变为浅黄色时加入指示剂。终点到达是根据溶液的蓝色恰好消失来确定的。

间接碘量法一般在中性或微酸性溶液中进行，是因为在碱性溶液中，会发生如下副反应：

$$3I_2 + 6OH^- = IO_3^- + 5I^- + 3H_2O$$

$$4I_2 + S_2O_3^{2-} + 10OH^- = 8I^- + 2SO_4^{2-} + 5H_2O$$

在强酸性溶液中，$Na_2S_2O_3$ 会分解，而 I^- 易被空气中的 O_2 氧化：

$$S_2O_3^{2-} + 2H^+ = SO_2 + S\downarrow + H_2O$$

$$4I^- + 4H^+ + O_2 = 2I_2 + 2H_2O$$

与直接碘量法相比，间接碘量法应用范围更广。

（二）碘量法特点

碘量法优点：

应用范围广，既可测定还原性物质，又可测定氧化性物质。

碘量法缺点：

（1）碘具有挥发性，容易挥发而损失。

（2）酸性溶液中，I^- 离子易被空气中的氧所氧化。

因此，在滴定过程中会造成误差。为了减免误差，可以采取以下方法：为了防止 I_2 挥发，加入过量 KI，使之与 I_2 形成配离子，增大 I_2 在水中的溶解度；控制反应温度，一般在室温下进行，避免阳光直射；间接碘量法尽量在碘量瓶中进行，待 I_2 析出完毕立即快速滴定，在滴定过程中，且避免剧烈摇动；为了防止 I^- 被空气中的 O_2 氧化，滴定前调节好溶液酸度；另外，应用间接碘量法时太早加入淀粉指示剂会吸附 I_2，给滴定带来误差，为减免此类误差，要求在滴定接近终点前才加入淀粉指示剂。

(三)碘和硫代硫酸钠标准溶液的配制与标定

碘量法中需要配制 I_2 和 $Na_2S_2O_3$ 两种标准溶液，由于 I_2 易升华，而 $Na_2S_2O_3$ 又不易得到纯品，且在空气中不稳定，因此两种溶液都需采用间接法来配制。

1. 碘标准溶液的配制与标定

I_2 在水中的溶解度很小，且易挥发，常将 I_2 溶解在较浓的 KI 溶液中以提高溶解度。配好的 I_2 标准溶液应贮存于棕色瓶避光保存，并避免遇热、避免与橡皮等有机物质接触，可能引起浓度变化。

一般用已知准确浓度的 $Na_2S_2O_3$ 标准溶液来确定 I_2 的准确浓度，也可以用升华法精制的 As_2O_3（俗称砒霜，剧毒）作基准物质标定。

I_2 与 $Na_2S_2O_3$ 的反应式为：

$$I_2+2Na_2S_2O_3=2NaI+Na_2S_4O_6$$

若硫代硫酸钠溶液的浓度为 c_1(mol/L)，硫代硫酸钠溶液的体积为 V_1(mL)，消耗 I_2 溶液的体积为 V_2(mL)，则 I_2 溶液的浓度 c_2(mol/L)为：

$$c_2=\frac{c_1V_1}{2V_2}$$

2. 硫代硫酸钠标准溶液的配制与标定

结晶硫代硫酸钠化学式是 $Na_2S_2O_3\cdot 5H_2O$，一般含有少量杂质（如 S，Na_2SO_3，Na_2CO_3，NaCl 等），且 $Na_2S_2O_3$ 溶液不稳定，易与水中 CO_2、空气中 O_2 作用及被微生物分解析出硫而使浓度变化。因此配制 $Na_2S_2O_3$ 标准溶液应按以下步骤进行：先煮沸蒸馏水除去水中 CO_2 并杀死微生物，加入少量 Na_2CO_3 使溶液呈微碱性防止 $Na_2S_2O_3$ 分解（$Na_2S_2O_3$ 在酸性溶液中会缓慢分解），然后贮存于棕色瓶中避光保存，以防止 $Na_2S_2O_3$ 见光分解，1～2 周后再进行标定。长期保存的溶液在使用时应重新标定，溶液如变混浊，应弃去重配。

标定 $Na_2S_2O_3$ 溶液可以用 $K_2Cr_2O_7$、KIO_3、Cu、$KBrO_3$ 等基准物质，并用间接碘量法进行标定，以 $K_2Cr_2O_7$ 为例：在酸性溶液中，$K_2Cr_2O_7$ 与足量 KI 作用析出 3 倍于 $K_2Cr_2O_7$ 物质的量的 I_2，析出的 I_2 以淀粉为指示剂，用待标定的 $Na_2S_2O_3$ 溶液滴定。反应式为：

$$Cr_2O_7^{2-}+6I^-+14H^+=2Cr^{3+}+3I_2+7H_2O$$

$$I_2+2S_2O_3^{2-}=2I^-+S_4O_6^{2-}$$

其物质的量的关系：

$$n(S_2O_3^{2-})=6n(Cr_2O_7^{2-})$$

若参加反应的 $K_2Cr_2O_7$ 质量为 m(g)，摩尔质量为 M(g/mol)，消耗 $Na_2S_2O_3$ 溶液的体积为 V(mL)，则 $Na_2S_2O_3$ 的浓度 c(mol/L)为：

$$c=\frac{6\ 000\ m}{MV}$$

(四)碘量法应用实例

1. 药片中维生素C的测定

维生素C又称为抗坏血酸，分子式为$C_6H_8O_6$，该分子中的烯二醇基具有还原性，能被I_2定量氧化为二酮基，可以用直接碘量法测定药片中维生素C的含量。

准确称取待测试样，溶解在新煮沸并冷却的蒸馏水中，加入淀粉指示剂，然后迅速用I_2标准溶液滴定至溶液呈现稳定的蓝色。其反应式为：

$$C_6H_8O_6(\text{烯醇式})+I_2=C_6H_6O_6(\text{酮式})+2HI$$

维生素C的还原能力很强，在空气中或碱性介质中易被氧化，所以滴定时应加醋酸酸化，使溶液呈弱酸性。

若称取样品质量为m(g)，碘标准溶液浓度为c(mol/L)，消耗碘液体积为V(mL)，维生素C摩尔质量为M(g/mol)，则该试样中维生素C的质量分数为：

$$w(\text{维生素 C})=\frac{cVM}{1\ 000\ m}\times 100\%$$

2. 胆矾中铜的测定

胆矾分子式为$CuSO_4\cdot 5H_2O$，是农药波尔多液的主要原料。可以用间接碘量法测定铜的含量。在弱酸性的试样溶液中加入过量KI，则Cu^{2+}和KI反应生成CuI和I_2，再用$Na_2S_2O_3$标准溶液滴定析出的I_2，反应式如下：

$$2Cu^{2+}+4I^-=2CuI\downarrow+I_2$$

$$I_2+2S_2O_3^{2-}=2I^-+S_4O_6^{2-}$$

因为CuI溶解度较大并且会吸附I_2而使终点不明显，因此在滴定接近终点前加入KSCN，使CuI沉淀转化为溶解度较小并不会吸附I_2的CuSCN沉淀。

$$CuI+SCN^-=CuSCN+I^-$$

酸度过低会使Cu^{2+}水解，而酸度太高I^-被空气中O_2氧化，所以反应需控制在pH=3～4的弱酸性溶液中进行，由于Cu^{2+}易与Cl^-形成配离子，所以酸化时不能用HCl。若试样中含有Fe^{3+}，因其氧化性会干扰测定，可分离除去或者加入NaF使其生成$[FeF_6]^{3-}$配离子而消除干扰。

若称取样品质量为m(g)，$Na_2S_2O_3$标准溶液浓度为c(mol/L)，消耗$Na_2S_2O_3$体积为V(mL)，Cu摩尔质量为M(g/mol)，则样品中Cu的质量分数w为：

$$w(Cu)=\frac{cVM}{1\ 000\ m}\times 100\%$$

四、氧化还原滴定反应的指示剂

氧化还原滴定法除了用电位法确定终点外，通常可以用指示剂指示终点。常用的指示剂有以下三类。

1. 自身指示剂

氧化还原滴定分析过程中，有些滴定剂本身有很深的颜色，而反应后的产物变为无色或很浅的颜色，滴定过程中，该试剂稍有过量就易被察觉，那么在滴定时就无须另加指示剂，它本身的颜色变化起着指示剂的作用，这种物质就称为自身指示剂。例如，MnO_4^- 本身为紫红色，滴定 Fe^{2+} 或 $C_2O_4^{2-}$ 等还原性物质时，反应产物 Mn^{2+} 几乎无色，当滴定到化学计量点时，稍微过量的 MnO_4^-（浓度约为 2×10^{-6} mol/L）就能使溶液呈现出粉红色，表示滴定终点已到。

2. 氧化还原指示剂

这类指示剂本身是具有氧化还原性质的有机化合物，在氧化还原滴定过程中参加氧化还原反应，其氧化态与还原态颜色不同。在氧化性溶液中，氧化还原指示剂显示其氧化态的颜色；在还原性溶液中，氧化还原指示剂显示其还原态的颜色。滴定过程中，氧化还原指示剂因被氧化或被还原而发生颜色变化，可以在不同的氧化还原滴定反应中选择合适的氧化还原指示剂，使其在化学计量点时恰好发生颜色的变化以指示终点。现以 InOx 和 InRed 分别表示指示剂的氧化态和还原态，则滴定中指示剂的氧化还原半反应（部分粒子所带电荷省去）可表示为：

$$\text{InOx}(\text{氧化态颜色})+ne^- \rightleftharpoons \text{InRed}(\text{还原态颜色})$$

需要注意的是，在氧化还原滴定中，滴定时观察到的是溶液中离子颜色和指示剂颜色的混合色，而标准溶液和被测物质本身可能具有颜色，在反应前后其颜色又会发生变化，因此，化学计量点前后混合色的变化明显影响着滴定终点的判断。如用重铬酸钾测定亚铁离子，以二苯胺磺酸钠为指示剂，酸性条件下进行滴定反应，加入磷酸以减小终点误差，滴定过程中溶液的颜色变化是从无色（指示剂还原态、亚铁离子均为无色）变成浅绿色，然后绿色不断加深（主要为 Cr^{3+} 颜色），最终突变成蓝紫色（指示剂氧化态紫红色、Cr^{3+} 绿色），颜色变化明显。表 1-5-1 是常见的氧化还原指示剂。

表 1-5-1 常见氧化还原指示剂

指示剂	颜色		指示剂溶液
	氧化态	还原态	
甲基蓝	蓝绿	无色	0.05%水溶液
二苯胺	紫	无色	0.1%浓硫酸溶液
二苯胺磺酸钠	紫红	无色	0.05%水溶液
羊毛罂红 A	橙红	黄绿	0.1%水溶液
邻苯氨基苯甲酸	紫红	无色	0.1%碳酸钠溶液
邻二氮菲	浅蓝	红	0.025 mol/L 水溶液
硝基邻二氮菲亚铁	浅蓝	紫红	0.025 mol/L 水溶液

3. 特殊指示剂

有些物质本身并不具有氧化还原性，但它能与滴定剂或被测物质产生特殊的颜色，因而可指示滴定终点。例如，可溶性淀粉本身并不具有氧化还原性，但它能与游离碘生成深蓝色配位化合物，当 I_2 全部被还原为 I^- 时，深蓝色消失，而 I_2 的浓度为 5×10^{-6} mol/L 时即能看到蓝色，因此淀粉是该氧化还原反应的特殊指示剂。这种本身不参与氧化还原反应，但能与标准溶液、被测物质或滴定产物发生显色反应而指示终点的物质称为特殊指示剂。

五、氧化还原滴定法计算

【例 1】 用 KIO_3 标定 $Na_2S_2O_3$ 溶液时，称取 0.350 7 g 基准 KIO_3，用水溶解并稀释至 100.0 mL，取出 25.00 mL，加入 H_2SO_4 及 KI 溶液，用待标定的 $Na_2S_2O_3$ 溶液滴定至终点时，用去 24.50 mL，求 $Na_2S_2O_3$ 溶液的浓度？[$M(KIO)_3=214.0$]

解： $IO_3^-+5I^-+6H^+=3I_2+3H_2O$

$I_2+S_2O_3^{2-}\rightleftharpoons 2I^-+S_4O_6^{2-}$

$IO_3^-\sim3I_2\sim6\ S_2O_3^{2-}$　　故 $n(S_2O_3^{2-})=6n(IO_3^-)$

$$c(Na_2S_2O_3)=\frac{6\times\frac{m(KIO_3)}{M(KIO_3)}\times\frac{25.00}{100.0}}{V(Na_2S_2O_3)\times10^{-3}}=\frac{6\times\frac{0.350\ 7}{214.0}\times\frac{25.00}{100.0}}{24.50\times10^{-3}}=0.100\ 3\ \text{mol/L}$$

【例 2】 今有胆矾试样(含 $CuSO_4\cdot5H_2O$)0.518 0 g，用碘量法测定，滴定至终点时消耗 $Na_2S_2O_3$ 标准溶液 18.58 mL。$Na_2S_2O_3$ 溶液用 $K_2Cr_2O_7$ 标定时，41.22 mL 该 $Na_2S_2O_3$ 溶液相当于 0.212 1 g $K_2Cr_2O_7$。求试样中 $CuSO_4\cdot5H_2O$ 的含量。[$M(K_2Cr_2O_7)=294.2$ g/mol，$M(CuSO_4\cdot5H_2O)=249.7$ g/mol]

解： $Cr_2O_7^{2-}+6I^-+14H^+=2Cr^{3+}+3I_2+7H_2O$

$I_2+S_2O_3^{2-}\rightleftharpoons 2I^-+S_4O_6^{2-}$

$K_2Cr_2O_7\sim3I_2\sim6\ Na_2S_2O_3$

故 $n(Na_2S_2O_3)=6n(K_2\ Cr_2O_7)$

$$c(Na_2S_2O_3)=\frac{6\ m(K_2Cr_2O_7)}{M(K_2Cr_2O_7)\times V(Na_2S_2O_3)/1\ 000}=\frac{6\times0.212\ 1}{294.2\times41.22/1\ 000}=0.104\ 9\ \text{mol/L}$$

$2Cu^{2+}+4I^-\rightleftharpoons 2CuI\downarrow+I_2$

$I_2+S_2O_3^{2-}\rightleftharpoons 2I^-+S_4O_6^{2-}$

$2CuSO_4\cdot5H_2O\sim2\ Cu^{2+}\sim I_2\sim2Na_2S_2O_3$

故 $n(CuSO_4\cdot H_2O)=n(Na_2S_2O_3)$

$$w(CuSO_4\cdot H_2O)=\frac{c(Na_2S_2O_3)V(Na_2S_2O_3)\times M(CuSO_4\cdot H_2O)}{m\times1\ 000}\times100\%$$

$$=\frac{0.104\ 9\times18.58\times249.7}{0.518\ 0\times1\ 000}\times100\%$$

$$=93.95\%$$

【例 3】 测定血液中的 Ca^{2+}，常将 Ca^{2+} 沉淀为 CaC_2O_4 溶于硫酸中，再用 $KMnO_4$ 标准溶液滴定。今将 5.00 mL 血液稀释至 25.00 mL，精密量取此溶液 10 mL，经上述处理后，用 $KMnO_4$ 滴定液(0.001 700 mol/L)滴定至终点时用去 1.20 mL，求 100 mL 血样中 Ca^{2+} 的毫克数。[$M(Ca)=40.08$]

解：反应如下：

$2MnO_4^- + 5C_2O_4^{2-} + 16H^+ \longrightarrow 2Mn^{2+} + 10CO_2\uparrow + 8H_2O$

$2MnO_4^- \sim 5C_2O_4^{2-} \sim 5Ca^{2+}$

故 $n(Ca^{2+}) = \frac{5}{2}n(KMnO_4)$

$$c(Ca^{2+}) = \frac{\frac{5}{2}c(KMnO_4)V(KMnO_4)}{V(Ca^{2+})} = \frac{\frac{5}{2}\times 0.001\,700\times 1.20}{\frac{5.00}{25.00}\times 10.00} = 0.002\,550\ (mol/L)$$

$w(Ca^{2+}) = c(Ca^{2}) + V(Ca^{2+}) \times M(Ca) = 0.002\,550\times 100\times 40.08 = 10.22\ (mg)$

【知识巩固】

一 、选择题

1. 二苯胺磺酸钠是 $K_2Cr_2O_7$ 滴定 Fe^{2+} 的常用指示剂，它属于(　　)。

A. 自身指示剂　　B. 氧化还原指示剂

C. 特殊指示剂　　D. 其他指示剂

2. 间接碘量法中加入淀粉指示剂的适宜时间是(　　)。

A. 滴定开始前　　B. 滴定开始后

C. 滴定至近终点时　　D. 滴定至红棕色褪尽至无色时

3. 在间接碘量法中，若滴定开始前加入淀粉指示剂，测定结果将(　　)。

A. 偏低　　B. 偏高　　C. 无影响　　D. 无法确定

4. 碘量法测 Cu^{2+} 时，KI 最主要的作用是(　　)。

A. 氧化剂　　B. 还原剂　　C. 配位剂　　D. 沉淀剂

5. 以 $K_2Cr_2O_7$ 法测定铁矿石中铁含量时，用 0.02 mol/L $K_2Cr_2O_7$ 滴定。设试样含铁以 Fe_2O_3(其摩尔质量为 150.7 g/mol)计约为 50%，则试样称取量应为(　　)。

A. 0.1 g 左右　　B. 0.2 g 左右

C. 1 g 左右　　D. 0.35 g 左右

6. (　　)是标定硫代硫酸钠标准溶液较为常用的基准物。

A. 升华碘　　B. KIO_3　　C. $K_2Cr_2O_7$　　D. $KBrO_3$

7. 用草酸钠作基准物标定高锰酸钾标准溶液时，开始反应速度慢，稍后，反应速度明显加快，这是(　　)起催化作用。

A. 氢离子　　B. MnO^{4-}　　C. Mn^{2+}　　D. CO_2

8. $KMnO_4$ 滴定所需的介质是(　　)。

A. 硫酸　　B. 盐酸　　C. 磷酸　　D. 硝酸

9. 在间接碘量法测定中，下列操作正确的是(　　)。

A. 边滴定边快速摇动

B. 加入过量 KI，并在室温和避免阳光直射的条件下滴定

C. 在 70～80℃恒温条件下滴定

D. 滴定一开始就加入淀粉指示剂

10. 间接碘量法要求在中性或弱酸性介质中进行测定，若酸度大高，将会(　　)。

A. 反应不定量

B. I_2易挥发

C. 终点不明显

D. I^-被氧化，$Na_2S_2O_3$被分解

11. 对高锰酸钾滴定法，下列说法错误的是(　　)。

A. 可在盐酸介质中进行滴定

B. 直接法可测定还原性物质

C. 标准滴定溶液用标定法制备

D. 在硫酸介质中进行滴定

二、填空题

1. 举出三种常用的预处理用氧化剂：(　　　　)、(　　　　)、(　　　　)；举出三种常用的预处理用还原剂：(　　　　)、(　　　　)、(　　　　)。

2. $KMnO_4$ 在(　　)溶液中氧化性最强，其氧化有机物的反应大都在(　　　)条件下进行，因为(　　　　　　)。

3. $K_2Cr_2O_7$ 法与 $KMnO_4$ 法相比，具有许多优点：(　　　　)、(　　　　)、(　　　　)。

4. $K_2Cr_2O_7$ 法测定铁矿石中全铁量时，采用(　　　　　　　　)还原法，滴定之前，加入 H_3PO_4 的目的有二：一是(　　　　　　　　)，二是(　　　　　　　　　　　　)。

5. 碘量法测定可用直接和间接两种方式。直接法以(　　　)为标液，测定(　　　)物质。间接法以(　　　)为标液，测定(　　　)物质。(　　　　)方式的应用更广一些。

6. 用淀粉作指示剂，当 I_2 被还原成 I^- 时，溶液呈(　　　)色；当 I^- 被氧化成 I_2 时，溶液呈(　　　)色。

7. 采用间接碘量法测定某铜盐的含量，淀粉指示剂应(　　　　　　　)加入，这是为了(　　　　　　　　)。

8. 引起 $Na_2S_2O_3$ 标准溶液浓度改变的主要原因有(　　　　　　)、(　　　　　　)和(　　　　　　)。

9. 用 $K_2Cr_2O_7$ 法标定 $Na_2S_2O_3$ 浓度时，滴定前应先用蒸馏水稀释的原因：一是(　　　　)，二是(　　　　　　　　)。

三、判断题

1. 配制好的 $KMnO_4$ 溶液要盛放在棕色瓶中保护，如果没有棕色瓶应放在避光处保存。(　　)

2. 在滴定时，$KMnO_4$ 溶液要放在碱式滴定管中。(　　)

3. 用 $Na_2C_2O_4$ 标定 $KMnO_4$，需加热到 70～80℃，在 HCl 介质中进行。(　　)

4. 用高锰酸钾法测定 H_2O_2 时，需通过加热来加速反应。(　　)

5. 配制 I_2 溶液时要滴加 KI。(　　)

6. 配制好的 $Na_2S_2O_3$ 标准溶液应立即用基准物质标定。(　　)

7. 由于 $KMnO_4$ 性质稳定，可作基准物直接配制成标准溶液。(　　)

8. 由于 $K_2Cr_2O_7$ 容易提纯，干燥后可作为基准物直接配制标准液，不必标定。(　　)

9. 配好 $Na_2S_2O_3$ 标准滴定溶液后煮沸约 10 min。其作用主要是除去 CO_2 和杀死微生物，促进 $Na_2S_2O_3$ 标准滴定溶液趋于稳定。(　　)

10. 提高反应溶液的温度能提高氧化还原反应的速度，因此在酸性溶液中用 $KMnO_4$ 滴定 $C_2O_4^{2-}$ 时，必须加热至沸腾才能保证正常滴定。(　　)

11. 间接碘量法加入 KI 一定要过量，淀粉指示剂要在接近终点时加入。 （ ）

12. 使用直接碘量法滴定时，淀粉指示剂应在近终点时加入；使用间接碘量法滴定时，淀粉指示剂应在滴定开始时加入。 （ ）

13. 以淀粉为指示剂滴定时，直接碘量法的终点是从蓝色变为无色，间接碘量法是由无色变为蓝色。 （ ）

14. 溶液酸度越高，$KMnO_4$ 氧化能力越强，与 $Na_2C_2O_4$ 反应越完全，所以用 $Na_2C_2O_4$ 标定 $KMnO_4$ 时，溶液酸度越高越好。 （ ）

15. $K_2Cr_2O_7$ 标准溶液滴定 Fe^{2+} 既能在硫酸介质中进行，又能在盐酸介质中进行。

（ ）

四、计算题

1. 一定质量的 $KHC_2O_4 \cdot H_2C_2O_4 \cdot 2H_2O$ 既能被 30.00 mL 0.100 0 mol/L 的 NaOH 中和，又恰好被 40.00 mL $KMnO_4$ 溶液所氧化。计算 $KMnO_4$ 溶液的浓度。

2. 有一浓度为 0.017 26 mol/L $K_2Cr_2O_7$ 标准溶液，求其 $T(Cr_2O_7^{2-}/Fe)$，$T(Cr_2O_7^{2-}/Fe_2O_3)$。称取某铁试样 0.215 0 g，用 HCl 溶解后，加入 $SnCl_2$ 将溶液中的 Fe^{3+} 还原为 Fe^{2+}，然后用上述 $K_2Cr_2O_7$ 标准溶液滴定，用去 22.32 mL。求试样中的铁含量，分别以 Fe 和 Fe_2O_3 的质量分数表示。

3. 25.00 mL KI 溶液用稀 HCl 及 10.00 mL 0.050 00 mol/L KIO_3 溶液处理，煮沸以挥发释放的 I_2。冷却后加入过量 KI 使之与剩余的 KIO_3 作用，然后将溶液调至弱酸性。析出的 I_2 用 0.101 0 mol/L $Na_2S_2O_3$ 标准溶液滴定，用去 21.27 mL。计算 KI 溶液的浓度。

【技能训练】

训练 5-1 高锰酸钾标准溶液的配制和标定

一、训练目的

(1)进一步熟练滴定操作技术；

(2)学会标定高锰酸钾溶液方法。

二、知识原理

高锰酸钾法是经常应用的一种氧化还原滴定法，它以氧化剂高锰酸钾为标准溶液。由于高锰酸钾是强的氧化剂，尤其在强酸性溶液中，氧化能力更强，同时由于高锰酸钾溶液呈深紫色，在水中着色能力很强，浓度很小时即可观察到显著的粉红色，所以滴定终点不必加入指示剂，稍过量的高锰酸钾即呈粉红色，可指示滴定终点的到达。因此，此法广泛用于许多还原性物质的测定，其应用范围较重铬酸钾法广。

但由于高锰酸钾性质不稳定，容易分解，不容易得到很纯的试剂，所以必须用间接法配制标准溶液，一般在制备高锰酸钾标准溶液时，需加热煮沸，以充分氧化水中的有机杂质，再除去生成的沉淀，同时保存在棕色小口瓶中避免光照，以保持溶液浓度相对稳定，不致迅速氧化。然后再用基准物质标定其准确浓度。

标定高锰酸钾溶液的基准物质有 $H_2C_2O_4 \cdot 2H_2O$、$Na_2C_2O_4$、$FeSO_4 \cdot 7H_2O$、As_2O_3 和纯铁丝等。由于前两者较易纯化，所以在标定高锰酸钾时经常采用。

本实验采用 $Na_2C_2O_4$ 标定预先配好的浓度近 0.02 mol/L $KMnO_4$ 溶液，两者反应方程式如下：

$$2KMnO_4+8H_2SO_4+5Na_2C_2O_4= 2MnSO_4+10CO_2\uparrow+5Na_2SO_4+2K_2SO_4+8H_2O$$

直接称取一定质量的 $Na_2C_2O_4$，用少量蒸馏水溶解后，以待标定的高锰酸钾溶液滴定至终点，按如下计算式计算高锰酸钾溶液的准确浓度：

$$c(KMnO_4)=\frac{2\ 000\ m(Na_2C_2O_4)}{5M(Na_2C_2o_4)\times V(KMnO_4)}$$

式中：$c(KMnO_4)$为高锰酸钾的准确浓度，单位是 mol/L；

$m(Na_2C_2O_4)$为所称草酸钠的质量，单位是 g；

$M(Na_2C_2O_4)$为所称草酸钠的摩尔质量，单位是 g/mol；

$V(KMnO_4)$为所用高锰酸钾的体积，单位是 mL。

三、训练用品

仪器：电子天平，称量瓶，高锰酸钾滴定管（或酸式滴定管），锥形瓶，量筒，洗瓶，烧杯，酒精灯。

试剂：0.02 mol/L $KMnO_4$ 溶液，草酸钠（分析纯），3 mol/L H_2SO_4 溶液等。

四、训练内容

1. 高锰酸钾标准溶液的配制

配制时：①称取量应稍多于理论计算量，溶解在规定体积的蒸馏水中；②配好的 $KMnO_4$ 溶液必须加热至沸，且保持微沸约 1 h，然后放置 2～3 d，使各种还原性物质完全被氧化；③用微孔玻璃漏斗过滤或用玻璃丝棉滤除 $MnO_2 \cdot H_2O$ 等沉淀杂质（注意不能用滤纸）；④过滤后的 $KMnO_4$ 溶液应保存在棕色瓶中贮存于暗处，滴定时最好选用棕色滴定管。

2. 高锰酸钾标准溶液的标定

称取 0.13～0.15 g 预先已干燥过的分析纯草酸钠三份，分别置于锥形瓶中，各加入 40 mL 蒸馏水和 10 mL 3 mol/L H_2SO_4，使草酸钠溶解，慢慢加热，直到有蒸气冒出（75～85℃）。趁热用待标定的 $KMnO_4$ 溶液进行滴定，开始时，速度要慢，滴入第一滴溶液后，不断摇动锥形瓶，使溶液充分混合反应，当紫红色褪去后再滴入第二滴。当溶液中有 Mn^{2+}（催化剂）产生后，反应速度会加快，滴定速度也可随之加快，但仍需按照滴定规则进行。接近终点时，紫红色退去很慢，此时，应该减慢滴定速度，同时充分摇匀，以防滴过终点。最后滴加半滴 $KMnO_4$ 溶液摇匀后 30s 内不褪色即为达到终点。记下读数，计算 $KMnO_4$ 溶液的准确浓度。

五、数据记录及处理

测定次数	1	2	3
倾倒前 $Na_2C_2O_4$＋称量瓶质量/g			
倾倒后 $Na_2C_2O_4$＋称量瓶质量/g			
$Na_2C_2O_4$ 质量/g			
$KMnO_4$ 溶液终读数/mL			
$KMnO_4$ 溶液初读数/mL			
$V(KMnO_4)$/mL			
$c(KMnO_4)$/(mol/L)			
$\overline{c}(KMnO_4)$/(mol/L)			
相对平均偏差			

六、拓展训练与思考

(1)本次实验的滴定速度为什么是先慢、再快、后又慢的变化过程?

(2)通过实验比较高锰酸钾法和重铬酸钾法的优缺点。

训练 5-2 过氧化氢含量的测定

一、训练目的

(1)掌握用 $KMnO_4$ 法直接滴定 H_2O_2 的基本原理和方法;

(2)掌握用吸量管移取试液的操作。

二、知识原理

在强酸性条件下,$KMnO_4$ 与 H_2O_2 进行如下反应:

$$2KMnO_4+5H_2O_2+3H_2SO_4=2MnSO_4+K_2SO_4+5O_2\uparrow+8H_2O$$

$KMnO_4$ 自身作指示剂。

$$w(H_2O_2)=\frac{cVM}{m}\times 100\%$$

式中:c 为 $1/5KMnO_4$ 的浓度,单位是 mol/L;

V 为滴定所用的体积,单位是 mL;

m 为双氧水称取的质量,单位是 g;

M 为双氧水称取的摩尔质量,单位是 g/mol。

三、训练用品

仪器:5 mL 吸量管,高锰酸钾滴定管(或酸式滴定管),250 mL 容量瓶,锥形瓶,洗瓶,烧杯。

试剂:0.02 mol/L $KMnO_4$ 标准滴定溶液,H_2SO_4(20%),双氧水试样。

四、训练内容

用吸量管移取 2.00 mL(约 2 g)双氧水试样,放入 250 mL 容量瓶中,用水稀释至刻度,摇匀。

用移液管吸取上述试液 25.00 mL,置于锥形瓶中,加 10 mL 20% H_2SO_4,用 $KMnO_4$ 标准滴定溶液滴定至溶液呈浅粉色,保持 30 s 不褪为终点。平行滴定 3 次,记录数据。

五、数据记录及处理

测定次数	1	2	3
双氧水质量 m/g			
移取试液体积/mL			
$KMnO_4$ 溶液终读数/mL			
$KMnO_4$ 溶液初读数/mL			
$V(KMnO_4)$/mL			
H_2O_2%			
H_2O_2%平均值			
相对平均偏差			

六、拓展训练与思考

(1)用高锰酸钾法测定 H_2O_2 时,能否用 HNO_3 或 HCl 来控制酸度?

(2)用高锰酸钾法测定 H_2O_2 时,为何不能通过加热来加速反应?

训练 5-3 水中化学耗氧量(COD)的测定

一、训练目的

(1)了解水中 COD 的测定意义;

(2)学会 $KMnO_4$ 法测定水中 COD 的分析方法。

二、知识原理

COD 是环境水质标准及废水排放标准的控制项目之一,是度量水体受还原性物质(主要是有机物)污染程度的综合性指标。COD 是指在一定条件下,水体中易被强氧化剂氧化的还原性物质所消耗的氧化剂的量，换算成氧的量 $\rho(O_2)$ 以 mg/L 表示。

水中除含 NO_2^{2-}、S^{2-}、Fe^{2+} 等无机还原性物质外，还含有少量的有机物质，有机物质腐烂促使水中的微生物繁殖，污染水质。因此水中 COD 量高则呈现出黄色，并有明显的酸性，对蒸气锅炉有侵蚀作用，还影响印染产品质量等。若作为饮用水，则直接危害人、畜的身体，故需要监控并测定它，为确定水的质量提供依据，但 COD 的多少不能完全表示水被有机物污染的程度，因此不能单纯地靠 COD 的数值，还应结合水的色度，有机氮或蛋白质来判断水的污染程度。

水中 COD 的测定，一般情况下多采用酸性高锰酸钾法。此法简便快速，适合于测定地面水，河水等污染不十分严重的水质。工业污水及生活污水中含有成分复杂的污染物，宜采用重铬酸钾法。本实验重点介绍酸性高锰酸钾法。

在酸性条件下，向水样中加入一定量的 $KMnO_4$ 标准溶液，加热煮沸使水中有机物充分被 $KMnO_4$ 氧化，剩余的 $KMnO_4$ 溶液用一定量过量的 $Na_2C_2O_4$ 标准溶液还原，再以 $KMnO_4$ 标准溶液返滴过量部分的 $Na_2C_2O_4$ 溶液。

其反应式如下：

$$4MnO_4^- + 12H^+ + 5C = 4Mn^{2+} + 5CO_2 + 6H_2O$$

$$2MnO_4^- + 5C_2O_4^{2-} + 16H^+ = 8H_2O + 2Mn^{2+} + 10CO_2\uparrow$$

滴至溶液由无色变为浅粉色，且在 30 s 之内不褪色，即为终点，根据 $Na_2C_2O_4$ 标准溶液和 $KMnO_4$ 标准溶液的消耗量，计算出水中耗氧量 $\rho(O_2)$。

水样中如有 NO_2^{2-}、S^{2-}、Fe^{2+} 等还原性物质存在，对测定有干扰，但这些物质在室温下能被 MnO_4^- 氧化，因此，先用 $KMnO_4$ 标准溶液滴定至溶液呈浅粉红色，再加一定量过量的 $KMnO_4$ 溶液即可消除这些离子的干扰。

水样中含 Cl^- 大于 300 mg/L 时，将影响测定结果，加水稀释降低 Cl^- 浓度可消除干扰，如仍不能消除干扰，则可加入 Ag_2SO_4，每克 Ag_2SO_4 可消除 200 mg Cl^- 的干扰。必要时，取同样量的去离子水，测定空白值，加以校正。

由实验原理可知，测定 COD 时用去 $KMnO_4$ 的总量减去与 $Na_2C_2O_4$ 反应的 $KMnO_4$ 的量，即为被氧化水样中还原性物质消耗的 $KMnO_4$ 的量。从 $KMnO_4$ 与有机物的氧化还原反应和滴定过程可知：

1 mol $M_nO_4^-$ 相当于 5/4 mol 的 C 元素，相当于 5/4 mol O_2；1 mol $C_2O_4^{2-}$ 相当于 2/5 mol $M_nO_4^-$。

所以水中 COD 的计算公式如下：

$$\rho(COD) = \frac{\left[c(KMnO_4)V(KMnO_4) - c(Na_2C_2O_4)V(Na_2C_2O_4)\frac{2}{5}\right] \times \frac{5}{4} \times M(O_2) \times 1\,000}{V(水样)}$$

式中：$c(KMnO_4)$ 为 $KMnO_4$ 标准溶液的浓度，单位 mol/L；

$c(Na_2C_2O_4)$ 为 NaC_2O_4 标准溶液的浓度，单位是 mol/L；

$V(KMnO_4)$ 为测定所用去的 $KMnO_4$ 标准溶液的总体积 $(V_1 + V_2)$，单位是 mL；

$V(Na_2C_2O_4)$ 为加入的 NaC_2O_4 标准溶液体积，单位是 mL；

$M(O_2)$ 为氧的摩尔质量，单位是 g/mol。

必要时可校正蒸馏水的耗氧量：

水样中实际化学耗氧量 $\rho(O_2)$＝测定化学耗量－测定空白值

如若水样为工业污水，则需用重铬酸钾法测定其化学耗氧量，记作 COD_{Cr}。分析步骤如下：于水样中加入 $HgSO_4$ 消除 Cl^- 的干扰，加入过量 $K_2Cr_2O_7$ 标准溶液，在强酸介质中，Ag_2SO_4 作为催化剂，回流加热，待氧化作用完全后，以 1,10-二氮-亚铁为指示剂，用 Fe^{2+} 标准溶液滴定过量的 $K_2Cr_2O_7$。此法适用广泛，但带来了 Cr^{3+}、Hg^{2+} 等有害物质的污染。

三、训练用品

仪器：高锰酸钾滴定管（或酸式滴定管），250 mL 容量瓶，25.00 mL 移液管，锥形瓶，电炉，电子天平，称量瓶，吸量管（5 mL，10 mL）。

试剂：0.002 mol/L $KMnO_4$，3 mol/L H_2SO_4，$Na_2C_2O_4$(s)(AR)

四、训练内容

1. 0.002 mol/L $KMnO_4$ 标准溶液的配制与标定

将标准溶液准确移出于容量瓶中，加去离子水稀释至刻度，摇匀，待用。

2. 0.005 000 mol/L $Na_2C_2O_4$ 标准溶液的配制

将 $Na_2C_2O_4$ 置于 100～105℃下干燥 2 h。准确称取 0.170 0 g $Na_2C_2O_4$ 于小烧杯中，加入约 30 mL 去离子水溶解后，定量转入 250 mL 容量瓶中，加水稀释至刻度，充分摇匀备用。

3. COD 的测定

准确移取 50.00 mL 水样于锥形瓶中，加入 8 mL 3 mol/L H_2SO_4 溶液，再由滴定管放入 0.002 mol/L $KMnO_4$ 标准溶液 10.00 mL，在电炉上立即加热至沸，从冒第一个大气泡开始记时，准确煮沸 10 min，取下锥形瓶，冷却 1 min 后，准确加入 10.00 mL 0.005 000 mol/L $Na_2C_2O_4$ 标准溶液，充分摇匀，此时锥形瓶中溶液为无色透明，趁热用 0.002 mol/L $KMnO_4$ 标准溶液滴定，由无色变成粉红色，且 30 s 之内不褪色止。记下消耗 $KMnO_4$ 标准溶液的体积。平行测定 3 次。

另取 50.00 mL 去离子水代替水样，重复上述操作，求出空白值，计算出 COD 的值。

五、数据记录及处理

滴定次数	1	2	3
水样体积/mL	50.00		
0.002 mol/L $KMnO_4$ 标准溶液体积/mL			
ρ(COD)/(g/L)			
$\bar{\rho}$(COD)/(g/L)			
相对平均偏差			

六、拓展训练与思考

(1)测定水中 COD 采用的是何种滴定方式？为什么？

(2)水样中氯离子含量高时为什么对测定有干扰？应采取什么方法加以消除？

(3)测定水中化学耗氧量 ρ(COD)的意义是什么？

训练 5-4　重铬酸钾标准溶液的配制及亚铁盐中铁含量的测定

一、训练目的

(1)进一步掌握直接法配制标准溶液;

(2)掌握重铬酸钾法测定 Fe^{2+} 的原理与方法。

二、知识原理

重铬酸钾法测铁,是铁矿中全铁量测定的标准方法。在酸性溶液中,Fe^{2+} 可以定量地被 $K_2Cr_2O_7$ 氧化成 Fe^{3+},反应为:

$$6Fe^{2+} + Cr_2O_7^{2-} + 14H^+ = 6Fe^{3+} + 2Cr^{3+} + 7H_2O$$

滴定指示剂为二苯胺磺酸钠,其还原态为无色,氧化态为紫红色。

必须加入磷酸或氟化钠等,目的有两个:一是与生成的 Fe^{3+} 形成配离子$[Fe(HPO_4)]^+$,扩大滴定突跃范围,使指示剂的变色范围在滴定的突跃范围之内;二是生成的配离子为无色,消除了溶液中 Fe^{3+} 黄色干扰,利于终点观察。

$$w(Fe) = \frac{6c(K_2Cr_2O_7)M(Fe)}{m_s \cdot \frac{25.00}{250}} \times 100\%$$

式中:$w(Fe)$为样品中铁的含量;

$c(K_2Cr_2O_7)$为重铬酸钾标准溶液的浓度,单位是 mol/L;

$V(K_2Cr_2O_7^-)$为重铬酸钾标准溶液的体积,单位是 L;

m_s 为样品质量,单位是 g;

$M(Fe)$为铁的摩尔质量,单位是 g/mol。

三、训练用品

仪器:酸式滴定管,锥形瓶,小烧杯,试剂瓶,量筒,250 mL 容量瓶,电子天平,25.00 mL 移液管,洗瓶。

试剂:基准物质 $K_2Cr_2O_7$,硫酸亚铁试样,二苯胺磺酸钠指示剂,3 mol/L H_2SO_4 溶液。

四、训练内容

1. 重铬酸钾标准溶液的配制

用电子天平准确称取重铬酸钾 1.3 g(称至小数点后四位),置于小烧杯中,加少量蒸馏水溶解后定量转移入 250 mL 容量瓶中,定容,摇匀,备用。

2. 硫酸亚铁试样溶液的准备

准确称取硫酸亚铁样品 5 g(称至小数点后四位),置于小烧杯中,加入 3 mol/L H_2SO_4 8 mL 以防水解,再加少量蒸馏水,稍加热使之溶解,然后定量转入 250 mL 容量瓶中定容,充分摇匀备用。

3. 滴定

用 25.00 mL 移液管准确吸取硫酸亚铁试样溶液于大烧杯中,加蒸馏水 100 mL 以及 3 mol/L H_2SO_4 20 mL,再加二苯胺磺酸钠指示剂 6～8 滴(加指示剂前后溶液均为无色,需特别注意),用重铬酸钾标准溶液滴定,至溶液出现较深绿色时,加入 85% H_3PO_4 5 mL,继续滴定至溶液恰呈紫色或紫蓝色即为终点。记录读数。平行滴定 3 次。

五、数据记录及处理

滴定次数	1	2	3
称量重铬酸钾的质量/g			
配成重铬酸钾标准溶液的体积/mL			
配成重铬酸钾标准溶液的浓度 c/(mol/L)			
样品质量/g			
样品溶液总体积/mL			
取样品溶液体积/mL			
消耗重铬酸钾标准溶液的体积/mL			
w(Fe)/%			
$\overline{w}$(Fe)/%			
相对平均偏差			

六、拓展训练与思考

(1)为什么可用直接法配制 $K_2Cr_2O_7$ 标准溶液?

(2)加入硫酸和磷酸的目的是什么?

训练 5-5 土壤中腐殖质含量的测定(重铬酸钾法)

一、训练目的

学会用重铬酸钾法测定土壤中腐殖质的含量。

二、知识原理

本实验所指的腐殖质是土壤有机质的总量,包括半分解的动植物残体,微生物生命活动的各种产物及腐殖质,另外还包括少量能通过 0.25 mm 筛孔的未分解的动植物残体。如果要测定土壤腐殖质含量，则样品中的植物根系及其他有机残体应尽可能地去除。

重铬酸钾法测定有机质，是基于在浓硫酸存在下，用已知过量的 $K_2Cr_2O_7$ 溶液在电砂浴加热条件下与土壤共热，使其中的碳被氧化，而多余的 $K_2Cr_2O_7$，以邻菲罗啉为指示剂，用 $(NH_4)_2Fe(SO_4)_2$ 标准溶液滴定，以所消耗的 $K_2Cr_2O_7$ 计算有机碳的含量。再换算成有机质含量。其反应式如下：

$$2K_2Cr_2O_7+8H_2SO_4+3C=2Cr_2(SO_4)_3+2K_2SO_4+3CO_2\uparrow+8H_2O$$

$$K_2Cr_2O_7+6(NH_4)_2Fe(SO_4)_2+7H_2SO_4=Cr_2(SO_4)_3+3Fe_2(SO_4)_3+6(NH_4)_2SO_4+7H_2O$$

土样有机质的质量分数 w，数值以%表示，按下式计算：

$$w=\frac{m(\text{C})}{m(\text{样品})}\times 1.724\times K\times 100\%$$

式中：1.724 为由有机碳换算为有机质的系数（有机质中碳的含量为 58%，故 1 g 碳约等于 1.724 g 有机质）；

K 为有机碳氧化率校正系数。不加硫酸银时，有机碳的氧化率平均只能达到 90%，故测得的有机碳含量要乘以校正系数 1.1，当加入硫酸银时，校正系数为 1.04；

m(样品)为烘干试样质量的数值，单位为 g；

当土壤所含有机质质量分数小于 1%时，平行测定结果相差不得超过 0.05%；质量分数为 1%～4%时，不得超过 0.10%；质量分数为 4%～7%时，不得超过 0.50%。

本方法适用于测定土壤有机质含量在 15%以下的土壤。

三、训练用品

仪器：电子天平，电砂浴，磨口三角瓶（150 mL），磨口简易空气冷凝管（直径 0.9 cm 长 19 cm），定时钟，移液管（10.00 mL、25.00 mL），滴定管，温度计（200～300℃），铜丝筛（孔径 0.25 mm），瓷研钵。

试剂：$K_2Cr_2O_7$（固），H_2SO_4（2 mol/L），$(NH_4)_2Fe(SO_4)_2\cdot 6H_2O$（固），硫酸银（研成粉末），二氧化硅（粉末状）。

邻菲罗啉指示剂的配制：称取邻菲罗琳 1.49 g 溶于含有 1.00 g $(NH_4)_2Fe(SO_4)_2\cdot 6H_2O$ 100 mL 水溶液中。此指示剂易变质，应密闭保存于棕色瓶中备用。

0.066 7 mol/L($K_2Cr_2O_7$)-H_2SO_4 溶液配制：称取 20 g $K_2Cr_2O_7$ 溶于 300～400 mL 蒸馏水中，待完全溶解后加水稀释至 500 mL，必要时可加热溶解。冷却后再缓慢加入 500 mL 化学纯浓 H_2SO_4，不断搅动，每加约 100 mL 硫酸后稍停片刻，并把大烧杯放在盛有冷水的盆内冷却，待溶液的温度降到不烫手时再加另一份硫酸，直到全部加完为止。

四、训练内容

（一）样品的选择和制备

选取有代表性的风干土壤样品（对新采回的水稻土或长期处于渍水条件下的土壤，必须在土壤晾干压碎后，平摊成薄层，每天翻动 1 次，在空气中暴露一周左右后才能磨样），用镊子挑除植物根叶等有机残体，使之通过 1 mm 筛。从中取出试样 10～20 g，磨细，并全部通过 0.25 mm

筛，装入磨口瓶中备用。

(二)标准溶液的配制和标定

1. 配制 0.2 mol/L$(NH_4)_2Fe(SO_4)_2$ 标准溶液

用台秤称取 80 g$(NH_4)_2Fe(SO_4)_2 \cdot 6H_2O$ 溶于 180 mL 2 mol/L H_2SO_4 中，加水稀释至 1 L，贮于棕色瓶中保存。

2. 配制 $c(K_2Cr_2O_7)$＝0.03 mol/L 标准滴定溶液

准确称取 10 g 在 100～105℃下烘 1.5 h 的分析纯 $K_2Cr_2O_7$ 溶于少量水中，转入 1 000 mL 容量瓶中，用水稀释至标线，摇匀并贴上标签。

3. 0.2 mol/L$(NH_4)_2Fe(SO_4)_2$ 标准溶液的标定

用移液管移取 25.00 mL $K_2Cr_2O_7$ 标准溶液于 250 mL 锥形瓶中，加 25 mL 2 mol/L H_2SO_4 溶液，加 3 滴邻菲罗啉指示剂，用$(NH_4)_2Fe(SO_4)_2$ 溶液滴定至绿色恰变成砖红色即为终点。

(三)试样的测定

称取通过 0.25 mm 筛子的风干土样 0.05～0.5 g[视土壤中含腐殖质的质量分数(w)而定]，精确到 0.000 1 g，置入 150 mL 三角瓶中，加粉末状的硫酸银 0.1 g，准确加入 10.00 mL 0.066 7 mol/L$(K_2Cr_2O_7)$-H_2SO_4 溶液，摇匀。将盛有试样的三角瓶装——简易空气冷凝管，移置已预热到 200～230℃的电砂浴上加热。当简易简易空气冷凝管下端落下第一滴冷凝液，开始记时，消煮(5±0.5) min。

消煮完毕后，将三角瓶从电砂浴上取下，冷却片刻，用水冲洗冷凝管内壁及其底瑞外壁，使洗涤液流入原三角瓶，瓶内溶液的总体积应控制在 60～80 mL 为宜，加 4 滴邻菲罗琳指示剂，用 0.2 mol/L $(NH_4)_2Fe(SO_4)_2$ 标准滴定溶液滴定剩余的重铬酸钾。溶液的变色过程是先由橙黄变为蓝绿，再变为棕红即达终点。如果试样滴定所用$(NH_4)_2Fe(SO_4)_2$ 标准滴定溶液的毫升数不到空白实验所耗$(NH_4)_2Fe(SO_4)_2$ 标准滴定溶液毫升数的 1/3 时，则应减少土壤称样量，重新测定。

平行测定的结果用算术平均值表示，保留三位有效数字。

每批试样必须同时做 2～3 个空白实验。取 0.500 g 粉末状二氧化硅代替试样，其他步骤与试样测定相同，取其平均值。

五、数据记录及处理

1. $K_2Cr_2O_7$ 标准溶液和$(NH_4)_2Fe(SO_4)_2$ 标准溶液的标定

测定次数	1	2	3
$m(K_2Cr_2O_7)$/g			
$V(K_2Cr_2O_7)$/mL	1 000		
$c(K_2Cr_2O_7)$/(mol/L)			
$V(K_2Cr_2O_7)$/mL	25.00	25.00	25.00
$(NH_4)_2Fe(SO_4)_2$ 溶液终读数/mL			
$(NH_4)_2Fe(SO_4)_2$ 溶液初读数/mL			
$V[(NH_4)_2Fe(SO_4)_2]$/mL			
$c[(NH_4)_2Fe(SO_4)_2]$/(mol/L)			
$\bar{c}[(NH_4)_2Fe(SO_4)_2]$/(mol/L)			
相对平均偏差			

2. 试样的测定

测定次数	1	2	3
m(样品)/g+0.1 g 硫酸银+10.00 mL 0.066 7 mol/L ($K_2Cr_2O_7$)-H_2SO_4 溶液			
$(NH_4)_2Fe(SO_4)_2$ 溶液终读数 /mL			
$(NH_4)_2Fe(SO_4)_2$ 溶液初读数 /mL			
$V[(NH_4)_2Fe(SO_4)_2]$/mL			
V(空白)/mL			
w/%			
$\overline{w}$/%			
相对平均偏差			

【注意事项】

(1)在消煮后,溶液仍须为黄棕色或黄中稍带绿色,如颜色变绿,则表明样品用量过多,重铬酸钾用量不足,有机碳氧化不完全,需要重做。

(2)对于水稻土及一些长期渍水的土壤,由于土壤中含有亚铁,会使测定结果偏高,因为在这种情况下,重铬酸钾不仅氧化了有机碳,而且也氧化了土壤中的亚铁,须将土磨碎后摊平风干 10 d,使亚铁充分氧化为高铁后再测定。

(3)在含氯化物的盐渍土中,测定结果也较高,因氯离子被氧化成氯分子。可加入硫酸银 0.1 g,使氯离子沉淀为氯化银,避免氯离子的干扰作用。

(4)对于石灰性土样,须慢慢加入浓硫酸,以防由于碳酸钙的分解而引起剧烈发泡。

(5)取样量大小直接影响测定:有机质质量分数(以%表示)2 %以下时 试样质量取 0.4~0.5 g;2%~7%时,取 0.2~0.3 g;7%~10%时,取 0.1 g;10%~15%时,取 0.05 g。

(6)消化煮沸时,必须严格控制时间和温度。

六、拓展训练与思考

本实验所用的 $c(K_2Cr_2O_7\text{-}H_2SO_4)=0.066\ 7$ mol/L 溶液,其浓度为什么不需要很准确,而标定用的 $c(K_2Cr_2O_7)=0.03$ mol/L 标准滴定溶液,其浓度却要求很准确?

训练 5-6 维生素 C 定量测定(2,6-二氯酚靛酚法)

一、训练目的

(1)学习 2,6-二氯酚靛酚法来测定橘皮和橘肉维生素 C 含量的原理和方法;

(2)掌握微量滴定法的基本操作技术;

(3)了解蔬菜水果中维生素 C 的含量。

二、知识原理

维生素C又叫抗坏血酸，在所有维生素中，维生素C是最不稳定的。在贮藏、加工和烹调时，容易被破坏。它还易被氧化和分解。维生素C属于水溶性维生素，分布广泛，其化学本质为不饱和的己糖内酯化合物，有L型和D型两种异构体，只有L型有生理作用。新鲜的水果和蔬菜中含有丰富的维生素C，如橙子、西红柿、猕猴桃、辣椒等尤为丰富。植物中含有抗坏血酸氧化酶，能将维生素C氧化为二酮古洛糖酸而失去活性，所以贮存久的蔬菜水果中含量会大量减少。如果人缺少维生素C将会患坏血病，如皮肤损伤及血管变脆等引起的出血等。

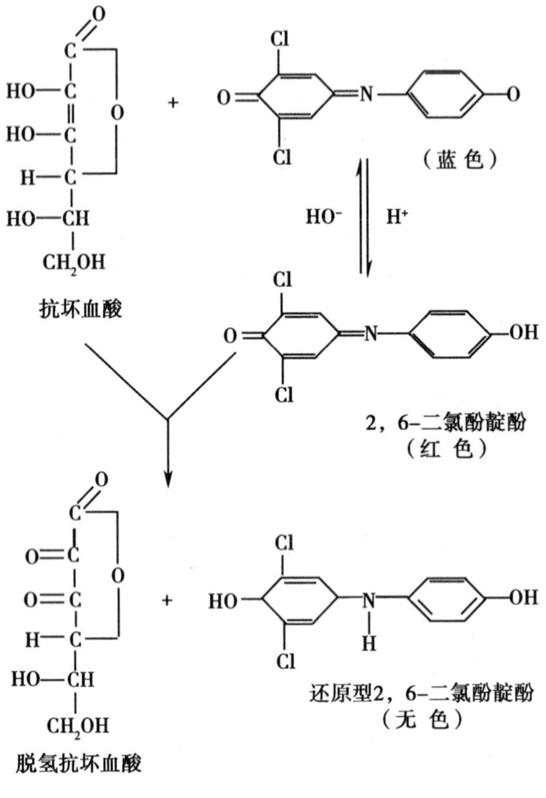

维生素C具有很强的还原性。它可分为还原性和脱氢型，还原型抗坏血酸能还原染料2,6-二氯酚靛酚(DCPIP)，本身则氧化为脱氢型抗坏血酸。在酸性溶液中，2,6-二氯酚靛酚呈红色，还原后变为无色 。一旦溶液中的维生素C已全部被氧化时，则滴下的染料立即使溶液变成粉红色。所以，当溶液从无色变成微红色时即表示溶液中的维生素C刚刚全部被氧化，此时即为滴定终点。根据染料消耗量即可计算出样品中还原型抗坏血酸的含量。

计算公式如下：

$$K=\frac{0.2\times 2}{V_0-V_2}$$

$$\text{维生素 C 含量(mg/100 g 样品)}=\frac{(V_1-V_2)\times K\times V\times 100}{V_3\times W}$$

式中：

W 为称取样品的质量，单位是 g；

V_0 为标定染料时滴定标准维生素 C 时所消耗的染料，单位是 mL；

V_1 为滴定样品所用染料，单位是 mL；

V_2 为滴定空白所用染料，单位是 mL；

V_3 为样品测定时所用样品，单位是 mL；

V 为样品提取液稀释的总体积，单位是 mL；

K 为 1 mL 染料液所能氧化维生素 C 的质量，单位 mg。

三、训练用品

仪器：捣碎机，纱布，托盘天平（含砝码），移液枪，容量瓶（100 mL），玻璃棒，烧杯（50 mL）3 个，吸管一支，研钵，三角瓶，微量滴定管一支。

试剂：①2％草酸溶液；②标准抗坏血酸溶液（0.2 mg/mL）：取抗坏血酸 50 mg 溶于 2％草酸稀释至 250 mL，冰箱保存；③0.001 mol/L 的 2,6-二氯酚靛酚钠溶液：称取干燥的 2,6-二氯酚靛酚钠 60 mg，加蒸馏水 100～150 mL，滴加 0.01 mol/L NaOH 溶液 4～5 滴，放入 200 mL 容量瓶中，强烈震摇 10 min，冷却后加水至刻度，摇匀后用滤纸过滤于棕色瓶中，贮于冰箱中备用；④样品橘子（用橘皮及橘肉）。

四、训练内容

1. 样品的准备

用托盘天平称取橘肉（去掉皮膜）10 g，加入 20～30 mL 2％草酸溶液，然后迅速放入捣碎机中搅碎，用纱布过滤，并用少许草酸溶液冲洗，将清液转入 100 mL 容量瓶中，并用 2％草酸溶液定容，制成样品溶液。另一组同学制成橘皮做的样品液，两组交换使用，并作对照维生素 C 含量。

2. 标准溶液测定

向微量滴定管中加入 2,6-二氯酚靛酚钠溶液并调零。取 2 mL 标准抗坏血酸溶液加入 8 mL 2％草酸溶液置于 50 mL 三角瓶中，用 2,6-二氯酚靛酚钠溶液滴定至粉红色，并在 15 s 内不褪色，即为滴定终点，记下用的染料量。平行滴定 3 次。

3. 样品的测定

吸取橘肉样品溶液 10 mL，放入 50 mL 三角瓶中，立即用 2,6-二氯酚靛酚钠溶液滴定至出现明显的粉红色并在 15 s 内不褪色为止。记录所用的染料体积。重复 3 次取平均值。用同样的方法测定橘皮样品液，重复 3 次取平均值。测定过程必须迅速，不能超过 2 min，因为在本滴定条件下，一些非维生素的还原物质还原作用较迟缓，快速滴定可以避免或减少它们的影响。

4. 空白测定

吸取 2％草酸溶液 10 mL，放入 50 mL 三角瓶中，用 2,6-二氯酚靛酚钠溶液滴定至终点，记录所用的染料体积，重复 3 次取平均值。

五、数据记录及处理

项目	平行测定			平均值
	1	2	3	
滴定空白所消耗的染料/mL				
滴定标准液所消耗的染料/mL				
滴定橘皮样液所消耗的染料/mL				
滴定橘肉样液所消耗的染料/mL				

六、拓展训练与思考

(1)通过查询资料指出3～4种维生素C含量丰富的物质,维生素C有何生理意义?

(2)分析本实验方法的优缺点;比较滴定法和分光光度法在物质含量测定上的应用特点。

训练5-7　水中溶氧的测定

一、训练目的

(1)了解水中溶氧测定原理和方法;

(2)掌握碘量法测定溶解氧的实际应用。

二、知识原理

水中溶解的氧将硫酸锰低价锰元素氧化成高价锰元素,生成四价锰的氢氧化物棕色沉淀。加酸后,氢氧化物沉淀溶解并与碘化钾溶液中碘离子反应释放出游离碘。以淀粉作指标剂,用硫代硫酸钠溶液滴定释放出的碘,可计算溶解氧的含量。反应式如下:

$$MnSO_4 + 2NaOH = Na_2SO_4 + Mn(OH)_2 \downarrow$$

$$Mn(OH)_2 + O_2 = 2MnO(OH)_2 \downarrow \text{(棕色沉淀)}$$

$$MnO(OH)_2 + 2H_2SO_4 = Mn(SO_4)_2 + 3H_2O$$

$$Mn(SO_4)_2 + 2KI = MnSO_4 + K_2SO_4 + I_2$$

$$2Na_2S_2O_3 + I_2 = Na_2S_4O_6 + 2NaI$$

取一定量的反应完毕的水样,以淀粉作指示剂,用标准溶液滴定,计算出水样中溶解氧的含量,按下式计算:

$$c_{DO} = \frac{8\,000cV}{100}$$

式中:c_{DO} 为水中溶解氧浓度,单位是mg/L;

c 为硫代硫酸钠溶液浓度,单位是 mol/L;

V 为滴定时消耗硫代硫酸钠溶液体积,单位是 mL。

三、训练用品

仪器:溶解氧瓶(250 mL),碘量瓶(250 mL),酸式滴定管(25 mL),移液管(50.00 mL),洗耳球。

试剂:(1)硫酸锰溶液　称取 480 g 硫酸锰($MnSO_4 \cdot 4H_2O$)或 364 g $MnSO_4 \cdot H_2O$ 溶于水,用水稀释至 1 000 mL。此溶液加至酸化过的碘化钾溶液中,遇淀粉不得产生蓝色。

(2)碱性碘化钾溶液　称取 500 g 氢氧化钠溶解于 300～400 mL 水中,另称取 150 g 碘化钾(或 135 g NaI)溶于 200 mL 水中,待氢氧化钠溶液冷却后,将两溶液合并,混匀,用水稀释至 1 000 mL。如有沉淀,则放置过夜后,倾出上清液,贮于棕色瓶中。用橡皮塞塞紧,避光保存。此溶液酸化后,遇淀粉不应呈蓝色。

(3)(1∶5)硫酸溶液。

(4)1%淀粉溶液　称取 1 g 可溶性淀粉,用少量水调成糊状,再用刚煮沸的水冲稀至 100 mL。冷却后,加入 0.1 g 水杨酸或 0.4 g 氯化锌防腐。

(5)重铬酸钾标准溶液 $c(1/6K_2Cr_2O_7)$0.025 0 mol/L　称取于 105～110℃烘干 2 h 并冷却的优级纯重铬酸钾 1.225 8 g,溶于水,移入 1 000 mL 容量瓶中,用水稀释至标线,摇匀。

(6)硫代硫酸钠溶液　称取 3.2 g 硫代硫酸钠($Na_2S_2O_3 \cdot 5H_2O$)溶于煮沸放冷的水中,加入 0.2 g 碳酸钠,用水稀释至 1 000 mL。贮于棕色瓶中,使用前用 0.025 0 mol/L 重铬酸钾标准溶液标定。标定方法如下:

在 250 mL 碘量瓶中,加入 100 mL 水和 1 g 碘化钾,加入 10.00 mL 0.025 0 mol/L 重铬酸钾标准溶液、5 mL(1∶5)硫酸溶液,密塞,摇匀。于暗处静置 5 min 后,用硫代硫酸钠溶液滴定至溶液呈淡黄色,加入 1 mL 淀粉溶液,继续滴定至蓝色刚好褪去为止,记录用量。计算硫代硫酸钠溶液的浓度。

$$c=\frac{10.00\times 0.025\ 0}{V}$$

式中:c 为硫代硫酸钠溶液浓度,单位是 mol/L;

V 为滴定时消耗硫代硫酸钠溶液的体积,单位是 mL。

四、训练内容

1.溶解氧的固定

用吸管插入溶解氧瓶的液面下,加入 1 mL 硫酸锰溶液、2 mL 碱性碘化钾溶液,盖好瓶塞,颠倒混合数次,静置。待棕色沉淀物降至瓶内一半时,再颠倒混合一次,待沉淀物下降到瓶底。一般在取样现场固定。

2.析出碘

轻轻打开瓶塞,立即用吸管插入液面下加入 2.0 mL 硫酸。小心盖好瓶塞,颠倒混合摇匀至沉淀物全部溶解为止,放置暗处 5 min。

3.滴定

移取 100.0 mL 上述溶液于 250 mL 碘量瓶中,用硫代硫酸钠溶液滴定至溶液呈淡黄色,加入 1 mL 淀粉溶液，继续滴定至蓝色刚好褪去为止，记录硫代硫酸钠溶液用量。

【注意事项】

(1)如果水样中含有氧化性物质(如游离氯大于 0.1 mg/L 时)，应预先于水样中加入硫代硫酸钠去除。即用两个溶解氧瓶各取一瓶水样，在其中一瓶加入 5 mL(1∶5)硫酸和 1 g 碘化钾，摇匀，此时游离出碘。以淀粉作指示剂，用硫代硫酸钠溶液滴定至蓝色刚褪，记下用量(相当于去除游离氯的量)。于另一瓶水样中，加入同样量的硫代硫酸钠溶液，摇匀后，按操作步骤测定。

(2)如果水样呈强酸性或强碱性，可用氢氧化钠或硫酸溶液调至中性后测定。

(3)如果水样中亚硝酸盐氮含量高于 0.05 mg/L，二价铁低于 1 mg/L 时，采用叠氮化钠修正法。此法实用于多数污水及生化处理水。叠氮化钠修正法与碘量法不同之处是：

①试剂中，将碱性碘化钾溶液改配成碱性碘化钾-叠氮化钠溶液：溶解 500 g 氢氧化钠于 300～400 mL 水中；溶解 150 g 碘化钾(或 135 g NaI)于 200 mL 水中；溶解 10 g 叠氮化钠于 40 mL 水中。待氢氧化钠溶液冷却后，将上述 3 种溶液混合，加水稀释至 1 000 mL，贮于棕色瓶中。用橡皮塞塞紧，避光保存。

②配制 40%氟化钾溶液：称取 40 g 氟化钾($KF \cdot 2H_2O$)溶于水中，用水稀释至 100 mL，贮于聚乙烯瓶中。

③实验步骤中，将试剂碱性碘化钾溶液改为碱性碘化钾-叠氮化钠溶液。如水样中含有 Fe^{3+} 干扰测定，则在水样采集后，用吸管插入液面下加入 1 mL 40%氟化钾溶液，1 mL 硫酸锰溶液和 2 mL 碱性碘化钾-叠氮化钠溶液，盖好瓶盖，摇匀。其他步骤同碘量法。

④叠氮化钠是一种剧毒、易爆试剂，不能将碱性碘化钾-叠氮化钠溶液直接酸化，否则可能产生有毒的叠氮酸雾。

五、数据记录及处理

1. 硫代硫酸钠溶液的标定

测定次数	重铬酸钾溶液的浓度/(mol/L)	重铬酸钾溶液的体积/mL	硫代硫酸钠溶液的体积/mL	硫代硫酸钠溶液的浓度/(mol/L)
1				
2				
3				
平均值				

2. 水样中溶解氧的测定

测定次数	硫代硫酸钠溶液的浓度/(mol/L)	硫代硫酸钠溶液的体积/mL	DO
1			
2			
3			
平均值			

六、拓展训练与思考

(1)为什么往溶解氧瓶内加入溶液时要将吸管插入液面下?

(2)为什么在测定前要将水样调至中性?

【实战提升】

ICS 71.040.40
G 76

GB

中华人民共和国国家标准

GB/T 15456—2019
代替 GB/T 15456—2008

工业循环冷却水中化学需氧量(COD)的测定 高锰酸盐指数法

Determination of the chemical oxygen demand in industrial circulating cooling water—Permanganate index method

1 范围

本标准规定了工业循环冷却水中使用高锰酸盐指数法测定化学需氧量(COD)的方法。

本标准适用于工业循环冷却水中化学需氧量(COD_{Mn})含量为 0.5～10 mg/L(以 O_2 计)的测定。其中,容量法适用于 COD_{Mn} 为 2～10 mg/L(以 O_2 计)的测定;电位滴定法适用于 COD_{Mn} 为 0.5～10 mg/L(以 O_2 计)的测定。浓度超出范围上限时可稀释后测定。

本标准也适用于原水、锅炉用水和再生水中化学需氧量(COD_{Mn})的测定。

2 规范性引用文件

下列文件对于本文件的应用是必不可少的。凡是注日期的引用文件,仅注日期的版本适用于本文件。凡是不注日期的引用文件,其最新版本(包括所有的修改单)适用于本文件。

GB/T601　化学试剂　标准滴定溶液的制备

GB/T603　化学试剂　试验方法中所用制剂及制品的制备

GB/T6682　分析实验室用水规格和试验方法

3 容量法

3.1 方法提要

水样经酸化处理后，准确加入已知量的高锰酸钾标准溶液，加热使之充分氧化后，加入过量的草酸钠标准溶液还原剩余的高锰酸钾，再用高锰酸钾标准滴定溶液回滴过量的草酸钠，直至氧化还原反应的终点，由消耗的高锰酸钾的量换算成消耗氧的质量浓度。

$$MnO_4^- + 8H^+ + 5e^- = Mn^{2+} + 4H_2O$$

$$2MnO_4^- + 5C_2O_4^{2-} + 16H^+ = 2Mn^{2+} + 10CO_2\uparrow + 8H_2O$$

3.2 试剂或材料

警示——本标准所使用的强酸具有腐蚀性，使用时应避免吸入或接触皮肤。溅到身上应立即用大量水冲洗，严重时应立即就医。

3.2.1 本标准所用试剂和水，除非另有规定，应使用分析纯试剂和符合 GB/T 6682 三级水的规定。

3.2.2 试验中所用标准滴定溶液、制剂及制品，在没有注明其他要求时，均按 GB/T 601、GB/T 603 的规定制备。

3.2.3 硫酸溶液：1+3。

3.2.4 硝酸银溶液：200 g/L，贮存于棕色瓶中。

3.2.5 草酸钠标准溶液：$c(1/2Na_2C_2O_4)$约 0.01 mol/L，其使用浓度应大于高锰酸钾标准滴定溶液。

3.2.6 高锰酸钾标准滴定溶液：$c(1/5KMnO_4)$约 0.01 mol/L。

3.3 试验步骤

用移液管量取 25～100 mL 现场水样于 250 mL 锥形瓶中，加水至约 100 mL，加入 5 mL 硫酸溶液、10～15 滴硝酸银溶液，再加入 10.00 mL 高锰酸钾标准滴定溶液。在电炉或电热板上加热并保持微沸 5 min。水样应为粉红色或红色。若为无色，则减少取样量或将水样稀释后，重新按上述过程进行。趁热用移液管加入 10.00 mL 草酸钠标准溶液，保持溶液温度为 60～80℃，用高锰酸钾标准滴定溶液滴至粉红色为终点。同时做空白试验。

注：当试样溶液中氯离子浓度小于 200 mg/L 时，可不加硝酸银溶液。

3.4 结果计算

水样中化学需氧量(COD_{Mn})含量(以 O_2 计)以质量浓度 ρ_1 计，按式(1)计算：

$$\rho_1 = \frac{(V_1 - V_0)cM/4}{V} \times 10^3 \quad \cdots\cdots (1)$$

式中：ρ_1 为水样中化学需氧量含量，单位是 mg/L；

V_1 为测定水样时消耗的高锰酸钾标准滴定溶液的体积，单位是 mL；

V_0 为空白试验时消耗的高锰酸钾标准滴定溶液的体积的数值，单位是 mL；

c 为高锰酸钾标准滴定溶液的浓度，单位是 mol/L；

M 为氧(O_2)的摩尔质量，单位是 g/mol(M=32.00)；

V 为水样的体积，单位是 mL。

3.5 允许差

取平行测定结果的算术平均值为测定结果。平行测定结果的绝对差值不大于 0.1 mg/L。

4 电位滴定法

4.1 方法提要

水样经酸化处理后，准确加入已知量的高锰酸钾标准溶液，置于沸水浴中加热使之充分氧化后，加入过量的草酸钠标准溶液还原剩余的高锰酸钾，置于自动电位滴定仪上，用高锰酸钾标准滴定溶液回滴过量的草酸钠，直至出现电位突跃，由消耗的高锰酸钾的量换算成消耗氧的质量浓度。

4.2 试剂或材料

同 3.2。

4.3 仪器设备

4.3.1 水浴或相当的加热装置：温度可达到(98 ± 2) ℃。

4.3.2 自动电位滴定仪：配有铂环复合电极和温度探头。也可使用性能相当的测量电极和参比电极。

4.4 试验步骤

用移液管量取 25～50 mL 试样置于滴定杯中，加水至约 50 mL，加入 3 mL 硫酸溶液、10～15 滴硝酸银溶液，再加入 5.00 mL 高锰酸钾标准滴定溶液，摇匀后加盖表面皿，置于沸水浴中加热并保持微沸 25 min。趁热用移液管加入 5.00 mL 草酸钠标准溶液，保持溶液温度为 60～80℃，置于自动电位滴定仪上用高锰酸钾标准滴定溶液进行滴定，直到出现电位突跃，同时做空白试验。

注：当试样溶液中氯离子浓度小于 200 mg/L 时，可不加硝酸银溶液。

4.5 结果计算

水样中化学需氧量(COD_{Mn})含量(以 O_2 计)以质量浓度 ρ_2 计，按式(2)计算：

$$\rho_2=\frac{(V_1-V_0)cM/4}{V}\times 10^3 \qquad (2)$$

式中：ρ_2 为水样中化学需氧量含量，单位是 mg/L；

V_1 为测定水样时消耗的高锰酸钾标准滴定溶液的体积，单位是 mL；

V_0 为空白试验时消耗的高锰酸钾标准滴定溶液的体积，单位是 mL；

c 为高锰酸钾标准滴定溶液的浓度，单位是 mol/L；

M 为氧(O_2)的摩尔质量，单位是 g/mol(M=32.00)；

V 为水样的体积，单位是 mL。

4.6 允许差

取平行测定结果的算术平均值为测定结果。平行测定结果的绝对差值不大于 0.2 mg/L。

2019-08-30 发布　　2020-07-01 实施

国家市场监督管理总局
中国国家标准化管理委员会　发布

项目六

沉淀溶解平衡和沉淀滴定法

【技能目标】

1. 熟练掌握莫尔法和佛尔哈德法的滴定方法、操作和计算；
2. 学会银量法的应用。

【知识目标】

1. 理解沉淀溶解平衡和沉淀滴定法；
2. 了解溶度积和溶度积规则；
3. 掌握莫尔法和佛尔哈德法等沉淀滴定法。

【知识学习】

任务一　沉淀溶解平衡

电解质按溶解度的大小分为易溶和难溶两大类。习惯上把溶解度小于 0.01 g 的物质称为难溶物质。难溶电解质是指在水中难于溶解的电解质，它可以是强电解质，如 $BaSO_4$、AgCl 等，也可以是弱电解质，如 $Mg(OH)_2$、$Fe(OH)_3$ 等，但由于它们的溶解度很小，故溶解的极少部分，在溶液中可以认为是完全电离，所以不论其强弱，统称为难溶电解质。

一、溶度积常数

在难溶电解质的饱和溶液中存在固相（难溶电解质）与液相离子间的平衡，称之为沉淀溶解平衡。

将难溶化合物 A_mB_n 与水混合，A_mB_n 固体表面的 A^{n+} 及 B^{m-} 在水分子的作用下，一部分进入水中形成水合离子 $A^{n+}(aq)$ 和 $B^{m-}(aq)$，同时这些水合离子在运动中受到固体表面的吸附又可以重新回到固体表面，最终可达成沉淀溶解平衡。

$$A_mB_n(s) \rightleftharpoons mA^{n+}(aq) + nB^{m-}(aq)$$

若忽略离子强度的影响，上述平衡中离子的浓度关系表示为

$$K_{sp}=c^m(A^{n+})\cdot c^n(B^{m-})$$

在饱和溶液中，难溶电解质离子浓度幂次的乘积，称为溶度积常数，简称为溶度积。例如难溶化合物 AgCl 的沉淀溶解平衡为

$$AgCl(s) \rightleftharpoons Ag^+(aq)+Cl^-(aq)$$

$$K_{sp}=c(Ag^+)c(Cl^-)$$

K_{sp} 称为 AgCl 的溶度积常数，简称溶度积。

在一定温度下，K_{sp} 的大小主要决定于难溶电解质的本性，而与离子浓度改变无关；K_{sp} 的大小可以反映物质的溶解能力和生成沉淀的难易程度。溶度积是难溶电解质沉淀溶解平衡的平衡常数，可以通过热力学计算获得，也可以通过实验方法测定。部分难溶电解质的溶度积常数见附录。

二、溶度积与溶解度的相互换算

溶度积与溶解度都可以表示难溶电解质的溶解情况，但二者概念不同，溶度积是平衡常数的一种形式，溶解度是浓度的一种表示形式，溶解度和溶度积都反映了物质的溶解能力，二者之间必然存在着联系，单位统一时，可以相互换算。

需要清楚的是，溶度积大的难溶电解质其溶解度不一定大，这与其结构类型有关。

三、溶度积规则

在某难溶电解质的溶液中，有关离子浓度幂次方的乘积称为离子积，用符号 Q_i 表示，

$$A_mB_n(s) \rightleftharpoons mA^{n+}+nB^{m-}$$

$$Q_i=c^m(A^{n+})\cdot c^n(B^{m-})$$

①$Q_i<K_{sp}$ 时，为不饱和溶液，若体系中有固体存在，固体将溶解直至饱和为止。所以 $Q_i<K_{sp}$ 是沉淀溶解的条件。

②$Q_i=K_{sp}$ 时，是饱和溶液，处于动态平衡状态。

③$Q_i>K_{sp}$ 时，为过饱和溶液，有沉淀析出，直至饱和。所以 $Q_i>K_{sp}$ 是沉淀生成的条件。

四、影响沉淀溶解平衡的因素

根据化学平衡的原理，对已经达成沉淀溶解平衡的饱和溶液，改变条件时平衡发生移动，即可改变难溶电解质的溶解度。

1. 同离子效应

在难溶电解质的饱和溶液中，加入含有相同离子的强电解质，会使平衡向着生成沉淀的方向移动，使难溶电解质的溶解度减小，这种现象称为难溶电解质的同离子效应。如 AgCl 在 NaCl 溶液中溶解度小于其在水溶液中的溶解度。

2. 盐效应

在难溶电解质的饱和溶液中，加入含有与难溶电解质不相同离子的强电解质，会使平衡向着沉淀溶解的方向移动，使难溶电解质的溶解度增加，这种现象称为难溶电解质的盐效应。如

$BaSO_4$ 在 NaCl 溶液中的溶解度大于其在水溶液的溶解度。因为强电解质的加入，离子增多使溶液中的离子强度增加，可以形成沉淀的正负离子结合成沉淀的机会减少，故难溶电解质的溶解度会增加。当加入的物质对难溶电解质同时存在同离子效应和盐效应时，同离子效应对难溶电解质的溶解度的影响要大于盐效应。

3. 酸效应

对于 $CaCO_3$、$Fe(OH)_3$ 等难溶化合物，当溶液 pH 降低时，会使沉淀溶解平衡向沉淀溶解的方向移动，使难溶化合物的溶解度增加，这种现象称为酸效应。

4. 配位效应

在难溶电解质的饱和溶液中，加入含有与难溶电解质的离子形成配合物的物质，会使平衡向着沉淀溶解的方向移动。如在 AgCl 饱和溶液中加入 $NH_3 \cdot H_2O$，会增大 AgCl 沉淀的溶解度。

任务二　沉淀滴定法

沉淀滴定法是基于沉淀反应为基础的滴定分析方法。生成沉淀的反应很多，但能用于滴定分析的沉淀反应却不多。能用于沉淀滴定的化学反应必须符合以下四点要求：

(1)沉淀的溶解度足够小(一般小于 10^{-6} g/mL)。

(2)沉淀反应必须迅速、定量地完成，没有副反应。

(3)沉淀的吸附现象不影响滴定结果和终点的确定。

(4)有适当方法确定滴定终点。

二维码 6-1
沉淀滴定法

实际上符合上述条件的沉淀反应的沉淀并不多，而能用于沉淀滴定的主要是一类能生成难溶性银盐的反应：

$$Ag^+ + X^- = AgX\downarrow \quad (\text{X 代表 } Cl^-、Br^-、I^-、CN^-、SCN^- \text{等})$$

利用生成难溶性银盐反应来进行滴定分析的方法又称银量法。

银量法可用于测定 Cl^-、Br^-、I^-、CN^-、SCN^- 和 Ag^+ 等，也可以测定含有这些离子的化合物(测定前，须经过处理)。银量法根据指示剂的不同，按创立者的名字命名为三种方法：莫尔法、佛尔哈德法、法扬斯法。

一、莫尔法

1. 基本原理

莫尔法是以铬酸钾(K_2CrO_4)作指示剂，在中性或弱碱性溶液中用 $AgNO_3$ 标准溶液直接测定含 Cl^-(或 Br^-)溶液的银量法，也称铬酸钾指示剂法。现以滴定 Cl^- 说明其测定原理。

用 $AgNO_3$ 标准溶液滴定加有少量 K_2CrO_4 指示剂的 Cl^- 被测溶液时，滴定过程中，由于 K_2CrO_4 与 Cl^- 形成的沉淀溶解度较大，且 K_2CrO_4 浓度较小，故首先析出 AgCl 沉淀，当 AgCl 定量沉淀后，过量的 Ag^+ 与 CrO_4^{2-} 生成砖红色的 Ag_2CrO_4 沉淀，从而指示滴定到达终点。滴定反应和指示剂的反应分别为：

计量点前：$Ag^+ + Cl^- \rightleftharpoons AgCl\downarrow$(白)　　　　$K_{sp}(AgCl) = 1.8 \times 10^{-10}$

计量点时：$2Ag^{+}+CrO_4^{2-} \rightleftharpoons Ag_2CrO_4\downarrow$（砖红） $K_{sp}(Ag_2CrO_4)=1.1\times10^{-12}$

2.滴定条件和应用范围

(1)指示剂用量

为了使溶液中的 Cl^- 完全沉淀为 AgCl 以后立即析出 Ag_2CrO_4 沉淀，并使滴定终点与理论终点相符合，关键在于溶液中 K_2CrO_4 的浓度是否恰当。若溶液中 K_2CrO_4 浓度过高，溶液颜色过深，终点出现过早，影响终点的观察。如果溶液中 K_2CrO_4 浓度过低，则终点出现过迟，也会影响滴定的准确度。K_2CrO_4 的浓度一般采用 5×10^{-3} mol/L 为宜。

(2)溶液酸度

滴定适宜在中性或弱碱性（pH 在 6.5～10.5 范围）溶液中进行。

在酸性溶液中，因在酸性溶液中 Ag_2CrO_4 要溶解。会发生如下反应：

$$Ag_2CrO_4+H^{+} \rightleftharpoons 2Ag^{+}+HCrO_4^{-}$$

$$2HCrO_4^{-} \rightleftharpoons Cr_2O_7^{2-}+H_2O$$

降低了 CrO_4^{2-} 浓度，出现终点拖后的现象，影响滴定分析。因此，滴定时溶液的 pH 不能小于 6.5。

如果溶液的碱性太强，Ag^+ 将以 Ag_2O 沉淀析出：

$$Ag^{+}+OH^{-} \rightleftharpoons AgOH\downarrow$$

$$2AgOH \longrightarrow Ag_2O\downarrow+H_2O$$

因此，滴定时溶液的 pH 不能大于 10.5。通常，莫尔法测定要求的 pH 为 6.5～10.5。若溶液碱性过强，可先用稀 HNO_3 中和至甲基红变橙，再滴加稀 NaOH 溶液至橙色变黄；若溶液酸性太强，则用碳酸氢钠、碳酸钙或硼砂中和。

(3)滴定中不应含有氨

因为 NH_3 易与 Ag^+ 生成$[Ag(NH_3)_2]^+$配离子，而使 AgCl 和 Ag_2CrO_4 溶解。如果溶液中有氨存在时，必须用酸中和成铵盐并且使溶液的 pH 控制在 6.5～7.2。

(4)莫尔法不能反过来用 NaCl 标准溶液滴定 Ag^+

因为试液加入指示剂 K_2CrO_4 后即与 Ag^+ 先生成 Ag_2CrO_4 沉淀，且沉淀很难转化成 AgCl 沉淀而从砖红色转变为黄色，容易滴过终点，影响滴定结果。如果要测定 Ag^+，可先加过量的 NaCl 溶液，再用 $AgNO_3$ 溶液返滴定过量的 Cl^-。

(5)莫尔法的选择性较差

凡能与 Ag^+ 或 CrO_4^{2-} 生成沉淀的离子均干扰测定，如 PO_4^{3-}、AsO_4^{3-}、S^{2-}、$C_2O_4^{2-}$、Ba^{2+}、Pb^{2+}、Hg^{2+} 等；大量存在的有色离子如 MnO_4^-、Fe^{3+}、Cu^{2+}、Ni^{2+}、Co^{2+} 等也干扰终点的观察，应预先分离。

(6)反应中生成的 AgCl 易吸附 Cl^-，使被测离子浓度降低，因此滴定过程中应剧烈摇动溶液，以破坏吸附过程，在用莫尔法测定 Br^- 时更要如此，否则会使终点提前到达而产生误差。AgI 和 AgSCN 沉淀对 I^- 和 SCN^- 的吸附更为严重，不能通过剧烈摇动溶液来解吸，会造成较大的误差，所以该法不适合于测定 I^- 和 SCN^-。

二、佛尔哈德法

佛尔哈德法是用铁铵矾$(NH_4)Fe(SO_4)_2$ 作指示剂，以 NH_4SCN 或 KSCN 标准溶液滴定含有 Ag^+离子试液的银量法称为佛尔哈德法。可分为直接滴定法和返滴定法。

1.基本原理

(1)直接滴定法

在含有 Ag^+ 的硝酸溶液中,以铁铵矾作指示剂,用 NH_4SCN(或 KSCN、NaSCN)的标准溶液滴定。滴定过程中溶液首先析出 AgSCN 的白色沉淀。当 Ag^+ 沉淀完全后,稍过量的 SCN^- 与 Fe^{3+} 生成红色配合物 $[Fe(SCN)]^{2+}$,指示终点到达。有关反应为:

$$Ag^+ + SCN^- \rightleftharpoons AgSCN\downarrow(白) \quad K_{sp}(AgSCN)=1.0\times10^{-12}$$

$$Fe^{3+} + SCN^- \rightleftharpoons [Fe(SCN)]^{2+}(红) \quad K_f=1.38\times10^{2}$$

(2)返滴定法

在含有卤化物的酸性溶液中,以铁铵矾作指示剂,先加入过量的 $AgNO_3$ 标准溶液将待测阴离子定量沉淀后,再用 KSCN 标准溶液回滴剩余的 Ag^+。例如,测 Cl^- 时,有关反应为:

终点前:$Ag^+(准确过量) + Cl^- \rightleftharpoons AgCl\downarrow(白) \quad Ag^+(剩余)$

$Ag^+(剩余) + SCN^- \rightleftharpoons AgSCN\downarrow(白)$

终点时:$Fe^{3+} + SCN^- \rightleftharpoons [Fe(SCN)]^{2+}(红)$

此时,两种标准溶液所用量的差值与被测试液中的 Cl^- 的物质的量相对应,从而计算出被测物质的浓度(或含量)。

应注意的是,由于 AgCl 的溶解度较大,易转化为 AgSCN 沉淀,从而产生很大的误差,需采用些措施避免已沉淀的 AgCl 转化。例如,可在沉淀后加入数毫升硝基苯,用力振摇,使硝基苯包裹在 AgCl 沉淀表面上,减少与 SCN^- 的接触,防止沉淀转化,或将 AgCl 沉淀滤去后再滴定溶液中剩余的 Ag^+。返滴定 I^-、Br^- 时,由于 AgI、AgBr 的溶解度比 AgSCN 小,不会发生沉淀转化,所以不必加入硝基苯。

2.滴定条件和应用范围

(1)溶液的酸度

滴定一般在硝酸溶液中进行,酸度控制在 0.1~1 mol/L。这时,Fe^{3+} 主要以 $[Fe(H_2O)_6]^{3+}$ 的形式存在,颜色较浅。酸度较低时,Fe^{3+} 水解,形成颜色较深的棕色物质,影响终点的观察。酸度更低时,则可能析出氢氧化铁沉淀。

(2)铁铵矾的用量

在滴定分析中指示剂的用量是保证滴定分析准确的重要条件。Fe^{3+} 的浓度应保持在 0.015 mol/L,科学计算表明,这时引起的误差很小,滴定误差不会超过 0.1%,可以忽略不计。

(3)直接滴定法时应充分摇动溶液

滴定中生成的 AgSCN 白色沉淀,具有强烈的吸附作用,吸附溶液中的 Ag^+,而使 Ag^+ 浓度降低,造成未到化学计量点,指示剂提前显色,使结果偏低。因此滴定时,需剧烈振荡溶液使吸附的 Ag^+ 及时地释放出来。

(4)强氧化剂和氮的低价氧化物以及铜盐、汞盐都与 SCN^- 作用,因而干扰测定,必须预先除去。

(5)用返滴定法测定 I^- 时,应首先加入过量 $AgNO_3$,再加铁铵矾指示剂,否则 Fe^{3+} 将氧化 I^- 为 I_2,影响分析结果的准确度。

(6)滴定不宜在高温条件下进行,否则会使红色的 $[Fe(SCN)]^{2+}$ 颜色褪去。

(7)佛尔哈德法的最大优点是在酸性溶液中进行滴定。许多弱酸根离子,如 PO_4^{3-}、

AsO_4^{3-}、S^{2-}、$C_2O_4^{2-}$ 等在酸性溶液中与 Ag^+ 不生成沉淀，不干扰测定，故此法的选择性较高。该法比莫尔法应用广泛，但莫尔法具有操作简便和准确度较高的优点。

三、法扬司法

1. 基本原理

法扬司法是利用吸附指示剂指示终点的银量法。吸附指示剂是一些有机染料，它们的阴离子在溶液中很容易被带正电荷的胶态沉淀吸附，使结构变形引起颜色变化，从而指示终点。

例如，用 $AgNO_3$ 滴定 Cl^- 时，用荧光黄（以 HFn 表示）作指示剂，它在水溶液中离解为黄绿色的阴离子：

$$HFn \rightleftharpoons H^+ + Fln^-（黄绿色）$$

在理论终点前，溶液中的 Cl^- 剩余，滴定反应产物 AgCl 沉淀胶粒优先吸附 Cl^- 而带负电荷：

$$AgCl + Cl^- \rightleftharpoons AgCl \cdot Cl^-$$

由于静电排斥作用，Fln^- 不被沉淀吸附，溶液仍显现 Fln^- 的黄绿色。稍滴过理论终点，溶液中就有过量的 Ag^+，根据吸附规律，AgCl 沉淀胶粒将吸附 Ag^+：

$$AgCl + Ag^+ \rightleftharpoons AgCl \cdot Ag^+$$

使 AgCl 沉淀带正电荷，因静电引力而立即吸附指示剂的阴离子 Fln^-，使结构变形而呈现粉红色，指示终点的到达。

$$AgCl \cdot Ag^+ + Fln^- \rightleftharpoons AgCl \cdot Ag^+ \cdot Fln^-（粉红色）$$

这就是利用荧光黄指示理论终点的原理，其他吸附指示剂的变色原理与此基本相同。若用 Cl^- 返滴上述终点溶液，则溶液的颜色又可变为 Fln^- 的黄绿色，说明在理论终点时荧光黄颜色的转变是可逆的。在银量法中常用的几种吸附指示剂见表 1-6-1。

表 1-6-1 几种常用吸附指示剂

指示剂	被测定的离子	pH
荧光黄	Cl^-	7～10（一般为 7～8）
二氯荧光黄	Cl^-	4～10（一般为 5～8）
曙红	Br^-、I^-、SCN^-	2～10（一般为 3～9）
溴甲酚绿	SCN^-	4～5

2. 滴定条件和应用范围

（1）由于吸附指示剂是吸附在沉淀表面上而变色，为了使终点的颜色变得更明显，就必须使沉淀有较大表面，这就需要把 AgCl 沉淀保持胶体状态。为此，滴定时一般都先加入糊精或淀粉溶液等胶体保护剂。

（2）滴定必须在中性、弱碱性或很弱的酸性（如 HAc）溶液中进行。这是因为酸度较大时，指示剂的阴离子与 H^+ 结合，形成不带电荷的荧光黄分子（$K_a \approx 10^{-7}$）而不被吸附。因此一般滴定是在 pH 7～10 范围内进行。对于酸性稍强一些的吸附指示剂（即电离常数大一些），溶液的酸性也可稍大一些，如二氯荧光黄（$K_a \approx 10^{-4}$）可在 pH 4～10 范围内进行滴定。曙红（四

溴荧光黄 $K_a \approx 10^{-2}$)的酸性更强些,在 pH=2 时仍可应用。

(3)因卤化银易感光变灰,影响终点观察,所以应避免在强光下滴定。

(4)用荧光黄指示剂适于测定高含量的氯化物。如果氯化物的浓度小于 0.005 mol/L 时,就不能用荧光黄作指示剂进行滴定。

测定 Br^-、I^-、SCN^- 时,用曙红作指示剂,可以得到满意的结果。但不能用它测定 Cl^-,这是由于 AgCl 沉淀对曙红阴离子吸附能力很强,比荧光黄阴离子要强得多。

四、沉淀滴定法的应用

1. 罐头食品(或调味品如味精)中氯化钠的测定(莫尔法)

将一定量的罐头样品捣碎均匀(颜色深的要炭化),用蒸馏水溶解后移入 250 mL 容量瓶中,加蒸馏水定容、摇匀,用干燥的滤纸滤入干燥的烧杯中,用移液管吸取 50 mL 滤液,加酚酞指示剂 3~5 滴,用 NaOH 中和至淡红色,调节溶液近中性,加入铬酸钾指示剂,用硝酸银标准溶液滴定至砖红色,摇动后不褪色为终点。

2. 蔬菜产品中氯化物含量的测定(佛尔哈德法)

蔬菜在生长过程中常会遇到喷施含有氯化物的农药和化肥等,可采用佛尔哈德法测定氯化物含量。样品磨碎或捣碎均匀,准确称取适量样品于烧杯中,加入 100 mL 蒸馏水混匀加热至沸并保持 1 min,冷却后转入 250 mL 容量瓶中加硝酸定容,静置 15 min 过滤去渣,用移液管吸取滤液,加入 5 mL 硝酸和 5 mL 硫酸,加入铁铵矾指示剂,加入过量的硝酸银标准溶液,再加入 3 mL 硝基苯并用力摇动,促使沉淀凝聚,再用 NHASCN 溶液滴定至出现红色保持 5 min 不褪色为终点。

五、沉淀滴定法计算

【例 1】 精密称取待测氯化钠样品 m_s g,于锥形瓶中,加蒸馏水 50 mL 溶解,再加 5% 铬酸钾指示剂 1 mL,用 c mol/L $AgNO_3$ 标准溶液滴定至混悬液恰好呈浅砖红色,即为终点。记下消耗的 $AgNO_3$ 滴定液的体积 $V(AgNO_3)$,即可按下式计算 NaCl 的质量分数。

$$w(\mathrm{NaCl})=\frac{c(\mathrm{AgNO_3})V(\mathrm{AgNO_3})M(\mathrm{NaCl})\times 10^{-3}}{m_s}\times 100\%$$

【例 2】 准确吸取 V mL 血清,除去蛋白质后保留血滤液,以 K_2CrO_4 为指示剂,用 $AgNO_3$ 标准溶液($T_{AgNO_3/NaCl}=1.00\times 10^{-3}$ g/mL)滴定,当溶液呈浅砖红色即为终点,根据 $AgNO_3$ 的用量可以计算出血清 Cl^- 的含量。按下式计算 Cl^- 的百分含量。

$$w(\mathrm{Cl^-})=\frac{T(\mathrm{AgNO_3/Cl^-})\times V(\mathrm{AgNO_3})}{V_s}\times 100\%$$

【例 3】 精密称取碘化钾样品 $m_s g$,置于 250 mL 锥形瓶中,加纯化水 30 mL 使溶解,加稀醋酸 10 mL,曙红指示剂 10 滴,用 $c(AgNO_3)$mol/L 滴定液滴定至沉淀由黄色变成深红色为终点。记下消耗的 $AgNO_3$ 滴定液的体积 V($AgNO_3$),即可按下式计算 KI 的百分含量。

$$w(\mathrm{KI})=\frac{c(\mathrm{AgNO_3})V(\mathrm{AgNO_3})M(\mathrm{KI})\times 10^{-3}}{m_s}\times 100\%$$

【知识巩固】

一、选择题

1. 下列离子不宜用铬酸钾指示剂法测定的是(　　)。

A. Cl^-　　B. Br^-　　C. I^-　　D. CN^-

2. 铬酸钾指示剂法测定溴化钾的终点颜色是(　　)。

A. 白色　　B. 浅红色　　C. 黄色　　D. 浅蓝色

3. 用铬酸钾指示剂法测定 Cl^-，指示剂用量过少会产生(　　)。

A. 正误差　　B. 负误差

C. 使终点变色更敏锐　　D. 无影响

4. 用铁铵矾指示剂法测定 Cl^- 时，为防止沉淀发生转化，在滴加 KSCN(或 NH_4SCN)滴定液前，应先加入一定量的(　　)。

A. $NaHCO_3$　　B. HNO_3　　C. NaOH　　D. 硝基苯

5. 用吸附指示剂法测定 I^-，应选用的最佳指示剂是(　　)。

A. 荧光黄　　B. 曙红　　C. 甲基紫　　D. 二甲基二碘荧光黄

6. 铬酸钾指示剂法适用于下列何种条件？(　　)

A. 强酸性　　B. 强碱性

C. 中性或弱碱性　　D. 以上条件均可

7. 荧光黄指示剂法测 Cl^- 时，最适宜的酸性条件(　　)。

A. pH 7～10　　B. pH 4～6　　C. pH 2～10　　D. pH>10

8. 用铬酸钾指示法的滴定方式是(　　)。

A. 直接滴定　　B. 回滴定　　C. 置换滴定　　D. 间接滴定

9. 铬酸钾指示法要求 pH 6.5～10.5 测定 Cl^-，若碱性太强会(　　)。

A. AgCl 沉淀溶解　　B. Ag_2CrO_4 沉淀溶解

C. 生成 Ag_2O 沉淀　　D. AgCl 沉淀强力吸附 Cl^-

10. 铁铵矾指示剂法调节溶液的酸度常用的是(　　)。

A. HCl　　B. H_2SO_4　　C. HNO_3　　D. H_3PO_4

11. 铁铵矾指示剂法的直接滴定法常用来测定(　　)。

A. Ba^{2+}　　B. Ag^+　　C. X^-　　D. SCN^-

12. 吸附指示剂法中，加入淀粉和糊精的作用无关的是(　　)。

A. 保持沉淀为溶胶状态　　B. 调节溶液酸度

C. 增强沉淀的吸附能力　　D. 防止卤化银沉淀凝聚

13. 吸附指示剂法测定粗盐中 NaCl 含量时，在化学计量点前 AgCl 沉淀优先吸附的是(　　)。

A. Ag^+　　B. Cl^-

C. 荧光黄阴离子 FI^-　　D. Na^+

14. 在银量法中，同时要用到 $AgNO_3$ 和 NH_4SCN 两种滴定液的方法是(　　)。

A. 铬酸钾指示剂法　　B. 铁铵矾指示剂法

C. 吸附指示剂法　　D. NaOH 水解法

15. 吸附指示剂法不能滴定的离子是(　　)。

A. I^-　　B. Cl^-　　C. Br^-　　D. CN^-

二、填空题

1. 银量法根据指示剂的不同，可分为(　　　　)、(　　　　)和(　　　　)。

2. 莫尔法中，指示剂用量过多，会导致终点(　　　　)，产生(　　　　)误差；若指示剂用量过小，会使终点(　　　　)，产生(　　　　)误差。莫尔法只能在(　　　　)或(　　　　)溶液中进行。

三、计算题

1. 精密称取 0.120 3 g 基准 NaCl 于 250 mL 锥形瓶，用 30 mL 蒸馏水溶解后，加入 25.00 mL $AgNO_3$ 标准溶液，然后用 NH_4SCN 标准溶液返滴定，到终点时消耗 2.90 mL。已知 20.00 mL $AgNO_3$ 标准溶液与 20.80 mL NH_4SCN 标准溶液完全作用，计算 $AgNO_3$ 和 NH_4SCN 标准溶液的浓度分别为多少？[已知 $M(NaCl)=58.44$ g/mol]

2. 精密称取仅含有纯 NaBr 和 NaCl 的混合物 0.310 8 g 于 250 mL 锥形瓶，加入 25 mL 蒸馏水溶解后，加入 1 mL 铬酸钾作指示剂，用 0.100 0 mol/L $AgNO_3$ 标准溶液滴定，终点时共消耗 20.08 mL，计算混合物中 NaBr 和 NaCl 的各自的质量分数。[已知 $M(NaCl)=58.44$ g/mol、$M(NaBr)=102.89$ g/mol]

【技能训练】

训练 6-1　生理盐水中氯化钠含量的测定(莫尔法)

一、训练目的

(1)进一步巩固电子天平以及酸式滴定管的操作；

(2)学会 $AgNO_3$ 滴定液的配制和标定；

(3)掌握莫尔法测定生理盐水中氯化钠含量的原理和方法；

(4)熟悉莫尔法确定终点的条件。

二、知识原理

生理盐水中氯化钠的含量测定，莫尔法是比较常用的方法之一，此方法是在中性或弱碱性(pH 6.5～10.5)溶液中，以 K_2CrO_4 为指示剂，用 $AgNO_3$ 滴定液进行滴定。Ag^+ 首先与 Cl^- 生成 AgCl 白色沉淀，接近终点时过量 1 滴 $AgNO_3$ 滴定液即与指示剂中的 CrO_4^{2-} 生成 Ag_2CrO_4 砖红色沉淀，指示终点。

滴定反应：$Ag^+ + Cl^- = AgCl\downarrow$(白色)　　$K_{sp}=1.8\times10^{-10}$

终点反应：$2Ag^+ + CrO_4^{2-} = Ag_2CrO_4\downarrow$(砖红色)　　$K_{sp}=2.0\times10^{-12}$

如有铵盐存在时 pH 6.5～7.2 最适宜。

三、训练用品

仪器：电子天平，酸式滴定管（50 mL），移液管（25.00 mL），锥形瓶（250 mL），洗耳球，洗瓶，500 mL 烧杯。

试剂：NaCl 基准试剂（在 110℃ 条件下干燥至恒重后置于干燥器中冷却备用），固体 $AgNO_3$（AR），5% K_2CrO_4 溶液，样品生理盐水。

四、训练内容

1. 0.1 mol/L $AgNO_3$ 滴定液的配制

称取 8.5 g 固体 $AgNO_3$ 于大烧杯，加适量的蒸馏水搅拌溶解后用蒸馏水稀释至 500 mL 刻线，混匀后贮存于棕色试剂瓶中，放置暗处保存备用。

2. 0.1 mol/L $AgNO_3$ 滴定液的标定

称取 NaCl 基准试剂 0.11～0.13 g 于 250 mL 锥形瓶中，加 50 mL 蒸馏水和 5% K_2CrO_4 溶液 1 mL，在不断摇动下，用 $AgNO_3$ 滴定液滴定至溶液呈砖红色即为终点。平行测定 3 份，计算 $AgNO_3$ 滴定液的准确浓度。

3. 生理盐水中氯化钠含量的测定

精确吸取 25.00 mL 生理盐水于 250 mL 锥形瓶中，加 25 mL 蒸馏水和 5% K_2CrO_4 溶液 1 mL，在不断摇动下，用 $AgNO_3$ 滴定液滴定至溶液呈砖红色即为终点。平行测定 3 份，计算生理盐水中氯化钠含量。

五、数据记录及处理

1. $AgNO_3$ 滴定液标定的数据记录

实验次数	1	2	3
NaCl 基准试剂的质量/g			
$AgNO_3$ 滴定液体积/mL			
$AgNO_3$ 滴定液浓度/(mol/L)			
平均浓度($\bar{c}$)			
相对平均偏差($\overline{Rd}$)			

2. 生理盐水中氯化钠含量测定的数据记录

实验次数	1	2	3
生理盐水体积/mL			
$AgNO_3$ 滴定液体积/mL			
生理盐水中氯化钠含量(NaCl%)			
生理盐水中氯化钠平均含量($\overline{NaCl\%}$)			
相对平均偏差($\overline{Rd}$)			

六、拓展训练与思考

(1)K_2CrO_4 为指示剂的浓度太大或太小,对测定 Cl^- 有何影响?
(2)莫尔法测定 Cl^- 时,溶液的 pH 应控制在什么范围? 为什么?
(3)滴定过程中为什么要充分摇动溶液? 否则,会对结果有什么影响?
(4)滴定过程中为什么终点前出现 AgCl 沉淀,终点时出现 Ag_2CrO_4 沉淀?

训练 6-2　食品中氯化钠的测定 (GB/T 12457—2008)

一、训练目的

(1)了解食品中氯化钠的测定方法;
(2)掌握直接沉淀滴定法测定氯化钠的操作技能。

二、知识原理

样品经处理后,以铬酸钾为指示剂(摩尔法),用硝酸银标准滴定溶液滴定试液中的氯化钠,根据硝酸银标准滴定溶液的消耗量,计算食品氯化钠的含量。

食品中氯化钠的含量以质量分数 X 计,数值以%表示。

$$X=\frac{c(V_0-V_1)M(\text{NaCl})}{m}\times100\%$$

式中:c 为硝酸银标准滴定溶液浓度,单位是 mol/L;
　　V_0 为空白试验消耗标准滴定溶液的体积,单位是 mL;
　　V_1 为消耗标准滴定溶液的体积,单位是 mL;
　　m 为样品的测定质量,单位是 g;
　　M 为氯化钠的摩尔质量,单位是 g/mol。

标定:称取 0.05～0.10 g 基准试剂氯化钠(或经 500～600℃灼烧至恒重的分析纯氯化钠),精确至 0.000 2 g,于 250 mL 锥形瓶中,用约 70 mL 水溶解,加入 1 mL 5%的铬酸钾溶液。剧烈摇动时,用硝酸银标准滴定溶液滴定至红黄色(保持 1 min 不褪色)。记录消耗硝酸银标准滴定溶液的体积 V。

硝酸银标准滴定溶液的浓度 c,单位是 mol/L,按下式计算:

$$c=\frac{m}{0.05844V}$$

式中:0.058 44 为与 1.00 mL 硝酸银标准滴定溶液[$c(AgNO_3)=1.000$ mol/L]相当的氯化钠的质量,单位是 g;

V 为滴定试液时消耗硝酸银标准滴定溶液的体积，单位是 mL；

m 为氯化钠的质量，单位是 g。

三、训练用品

1. 材料　蘑菇

2. 试剂

(1)分析用水　除非另有规定，所有试剂均使用分析纯试剂；分析用水应符合 GB/T6682 规定的二级水规格。

(2)蛋白质沉淀剂

① 沉淀剂Ⅰ：称取 106 g 亚铁氯化钾，溶于水中，转移到 1 000 mL 容量瓶中，用水稀释至刻度。

② 沉淀剂Ⅱ：称取 220 g 乙酸锌，溶于水中，加入 30 mL 冰乙酸，转移到 1 000 mL 容量瓶中，用水稀释至刻度。

(3)乙醇溶液(80%)　80 mL 95%乙醇与 15 mL 水混匀。

(4)5%铬酸钾溶液　称取 5 g 铬酸钾，溶于 95 mL 水中。

(5)0.1 mol/L 硝酸银标准滴定溶液的配置　称取 17 g 硝酸银，溶于水中，转移到 1 000 mL 容量瓶中，用水稀释至刻度，摇匀，置于避光处。

(6)0.1%氢氧化钠溶液　称取 1 g 氢氧化钠，溶于 1 000 mL 水中。

(7)1%酚酞乙醇溶液　称取 1 g 酚酞，溶于 60 mL 95%乙醇中，用水稀释至 100 mL。

3. 仪器

组织捣碎机，粉碎机，研钵，振荡器，水浴锅，电子天平(感量 0.000 1 g)。

4. 试样的制备

(1)块状或颗粒状样品　取有代表性的样品至少 200 g，用粉碎机粉碎或用研钵研细，置于密闭的玻璃容器内。

(2)粉末状、糊状或液体样品　取有代表性的样品至少 200 g，充分混匀，置于密闭的玻璃容器内。

(3)固、液体样品　取有代表性的样品至少 200 g，用组织捣碎机捣碎，置于密闭的玻璃容器内。

5. 试液的制备

(1)肉禽及水产制品　称取 20 g 试样，精确至 0.001 g，于 250 mL 锥形瓶中，加入 100 mL 70℃热水，煮沸 15 min，并不断摇动。冷却至室温，依次加入 4 mL 沉淀剂Ⅰ、4 mL 沉淀剂Ⅱ，每次加入沉淀剂充分摇匀。在室温静置 30 min。将锥形瓶中的内容物全部转移到 200 mL 容量瓶中，用水稀释至刻度，摇匀。用滤纸过滤，弃去最初滤液。

(2)蛋白质、淀粉含量较高的蔬菜制品(如蘑菇、青豆)　称取 10 g 试样，精确至 0.001 g，于 100 mL 烧杯中。用乙醇溶液将试样转移到 100 mL 容量瓶中。稀释至刻度，振摇 15 min，用滤纸过滤，弃去最初滤液。

(3)一般蔬菜制品　称取 20 g 试样，精确至 0.001 g，于 250 mL 锥形瓶中，加入 100 mL 70℃热水，振摇 15 min。将锥形瓶中的内容物转移到 200 mL 容量瓶中，用水稀释至刻度，摇匀。用滤纸过滤，弃去最初滤液。

(4)腌制品　称取 10 g 试样，精确至 0.001 g，于 250 mL 锥形瓶中，加入 100 mL 70℃热水，振摇 15 min。将锥形瓶中的内容物转移到 200 mL 容量瓶中，用水稀释至刻度，摇匀。用滤纸过滤，弃去最初滤液。

(5)调味品　称取 5 g 试样，精确至 0.001 g，于 100 mL 烧杯中。加入适量水，搅拌均匀。将烧杯中的内容物转移到 200 mL 容量瓶中，用水稀释至刻度，摇匀。用滤纸过滤，弃去最初滤液。

(6)淀粉制品　称取 20 g 试样，精确至 0.001 g，于 250 mL 锥形瓶中，加入 100 mL 70℃热水，振摇 15 min。将锥形瓶中的内容物转移到 200 mL 容量瓶中，用水稀释至刻度，摇匀。用滤纸过滤，弃去最初滤液。

四、训练内容

1. 样品预处理

称取 10 g 试样，精确至 0.001 g，于 100 mL 烧杯中。用乙醇溶液将试样转移到 100 mL 容量瓶中，稀释至刻度，振荡 15 min，用滤纸过滤，弃去最初滤液。并调节 pH 至 6.5～10.5。

2. pH6.5～10.5 的试液

取含 25～50 mg 氯化钠的试液，于 250 mL 锥形瓶中。加 50 mL 水及 1 mL 5%铬酸钾溶液。以下逐条操作，记录消耗 0.1 mol/L 硝酸银标准滴定溶液的体积。

3. pH＜6.5 的试液

取含有 25～50 mg 氯化钠的试液，于 250 mL 锥形瓶中。加 50 mL 水及 0.2 mL 1%酚酞乙醇溶液，用 0.1%氢氧化钠溶液滴定至微红色。再加 1 mL 5%铬酸钾溶液，剧烈摇动时，用硝酸银标准滴定溶液滴定至红黄色(保持 1 min 不褪色)。记录消耗 0.1 mol/L 硝酸银标准滴定溶液的体积。

4. 空白试验

用 50 mL 水代替试液。加 1 mL 5%铬酸钾溶液，剧烈振荡时，用硝酸银标准滴定溶液滴定至红黄色(保持 1 min 不褪色)。记录消耗 0.1 mol/L 硝酸银标准滴定溶液的体积。

五、数据记录及处理

1. $AgNO_3$ 滴定液标定的数据记录

实验次数	1	2	3
NaCl 基准试剂的质量/g			
$AgNO_3$ 滴定液体积/mL			
$AgNO_3$ 滴定液浓度/(mol/L)			
平均浓度($\bar{c}$)			
相对平均偏差($\overline{Rd}$)			

2. 食品中氯化钠的测定

实验次数	1	2	3
样品质量/g			
$AgNO_3$ 滴定液体积/mL			
食品中氯化钠的含量(NaCl%)			
食品中氯化钠的平均含量($\overline{NaCl\%}$)			
相对平均偏差($\overline{Rd}$)			

五、拓展训练与思考

按着 GB/T 12457-2008 原理，请自己完成一个样品的测定。

训练 6-3 复混肥中氯离子含量的测定

一、训练目的

1. 学会复混肥中氯离子含量测定的方法；
2. 了解复混肥中氯离子对植物的影响。

二、知识原理

此实验采用返滴定法。测定氯离子时，先加入准确过量的 $AgNO_3$ 标准溶液，使氯离子生成氯化银沉淀，然后再以铁铵矾作指示剂，用 NH_4SCN 标准溶液滴定剩余的 $AgNO_3$。

其反应为：

$$Cl^- + Ag^+ = AgCl\downarrow$$
$$Ag^+ + SCN^- = AgSCN\downarrow$$
$$Fe^{3+} + SCN^- = FeSCN^{2+}$$

必须指出，在这种情况下，经摇动之后红色即褪去，终点很难确定。产生这种现象的原因是由于 AgSCN 的溶解度(1.0×10^{-6} mol/L)小于 AgCl 的溶解度(1.3×10^{-5} mol/L)，因此，在计量点时，易引起转化反应：

$$AgCl + SCN^- = AgSCN\downarrow + Cl^-$$

需要注意：

(1)用铁铵矾作指示剂的沉淀滴定法，必须在酸性溶液中进行，而不能在中性或碱性中进行。因为在碱性或中性溶液内 Fe^{3+} 将产生 $Fe(OH)^{2+}$ 沉淀，而影响终点的确定。

(2)用直接法滴定 Ag^+ 时，为防止 AgSCN 对 Ag^+ 的吸附，临近终点时必须剧烈摇动；而

用返滴定法滴定 Cl^- 时，为了避免 AgCl 沉淀发生转化，应轻轻摇动。

(3)强氧化剂、氮的低价氧化物、铜盐、汞盐等能与 SCN^- 起反应，干扰测定，必须预先除去。

三、训练用品

仪器：500 mL 容量瓶三个，250 mL 容量瓶一个，100 mL 容量瓶一个，酸式滴定管一支，20 mL 量筒一个，过滤装置一套，250 mL 锥形瓶三个。

试剂：邻苯二甲酸二丁酯 1∶1 的硝酸溶液，氯化钠基准物质。

硝酸银溶液[$c(AgNO_3)=0.5$ mol/L]：称取 4.35 g 硝酸银，溶解于水中，稀释至 500 mL，贮存于棕色瓶中。

硫酸铁铵指示液(80 g/L)：溶解 8.0 g 硫酸铁铵于 75 mL 水中，过滤，加几滴硫酸，使棕色消失，稀释至 100 mL。

硫氰酸铵标准滴定溶液[$c(NH_4SCN)=0.05$ mol/L]：称取 1.9 g 硫氰酸铵溶解于水中，稀释至 500 mL。

四、训练内容

1. 氯离子标准溶液的配制

将氯化钠经 2 700～3 000℃烘干至恒重，准确称取 0.8 g 氯化钠于烧杯中，用水溶解后定容到 500 mL 容量瓶中，混匀并计算出准确浓度。

2. 硫氰酸铵标准溶液的标定

准确吸取 25.00 mL 氯化钠标准溶液于 250 mL 锥形瓶中，加入 5 mL 硝酸溶液和 25.00 mL 硝酸银溶液，摇动至沉淀分层，加入 5 mL 邻苯二甲酸二丁酯，摇动片刻。加入水，使溶液总体积约为 100 mL，加入 2 mL 硫酸铁铵指示液，用硫氰酸铵标准滴定溶液滴定剩余的硝酸银，至出现浅橙红色或浅砖红色为止。同时进行空白试验。

硫氰酸铵标准滴定溶液的浓度 c(mol/L) 按下式计算：

$$c=\frac{m_1}{0.035\ 45(V_0-V_1)}$$

式中：V_0 为空白试验(25.00 mL 硝酸银溶液)所消耗硫氰酸铵标准滴定溶液的体积，单位是 mL；

V_1 为滴定剩余的硝酸银所消耗硫氰酸铵标准滴定溶液的体积，单位是 mL；

m_1 为所取氯化钠标准溶液中氯离子的质量，单位是 g。

3. 样品的测定

称取试样 1～10 g(称样范围见下表)，研磨后置于 250 mL 烧杯中，加 100 mL 水，缓慢加热至沸，继续微沸 10 min，冷却至室温，溶液转移到 250 mL 容量瓶中，稀释至刻度，混匀。干过滤，弃去最初的部分滤液。

氯离子含量 w/%	$w<5$	$5\leqslant w\leqslant 25$	$w>25$
称量样量/g	10～5	5～1	1

准确吸取一定量的滤液于 250 mL 锥形瓶中，加入 5 mL 硝酸溶液，加入 25.00 mL 硝酸银溶液，摇动至沉淀分层，加入 5 mL 邻苯二钾酸二丁酯，摇动片刻。加入水，使溶液总体积约为 100 mL，加入 2 mL 硫酸铁铵指示剂，用硫氰酸铵标准溶液滴定剩余的硝酸银，至出现浅橙红色或浅砖红色为止。同时进行空白实验。

氯离子的质量分数 w(%)按下式计算：

$$w\% = \frac{0.035\,45(V_0 - V_2)c}{Dm_2}$$

式中：V_0 为空白试验(25.00 mL 硝酸银溶液)所消耗硫氰酸铵标准滴定溶液的体积，单位是 mL；

V_2 为滴定试液时所消耗硫氰酸铵标准溶液的体积，单位是 mL；

c 为硫氰酸铵标准溶溶液的浓度，单位是 mol/L；

m_2 为样品的质量，单位是 g；

D 为测定时吸取试液体积与试液的总体积之比。

取平行测定结果的算术平均值为测定结果。

五、数据记录及处理

1. 硫氰酸铵标准溶液的标定

实验次数	1	2	3	空白试验
m(NaCl)/g				
c(NaCl)/(mg/mL)				
V(NaCl)/mL	25.00	25.00	25.00	00.00
V(NH_4SCN)/mL				
c(NH_4SCN)/(mol/L)				
$\bar{c}$(NH_4SCN)/(mol/L)				
相对平均偏差				

2. 样品的测定

实验次数	1	2	3	空白试验
样品	$M=$ g			
	$V=$ mL			
V(样品)/mL	25.00	25.00	25.00	00.00
V(NH_4SCN)/mL				
w/%				
$\overline{w}$/%				
相对平均偏差				

六、拓展训练与思考

(1)硫氰酸铵标准溶液的标定过程中加入邻苯二甲酸二丁酯的作用。

(2)干过滤时,为什么把开始的滤液弃掉?

【实战提升】

ICS 65.080
G 20

中华人民共和国国家标准

GB/T 24890—2010

复混肥料中氯离子含量的测定

Determination of chloride content for compound fertilizers

本标准是复混肥料试验方法系列标准之一,下面列出了这些系列国家标准:

——GB/T 8571—2008《复混肥料　实验室样品制备》;

——GB/T 8572—2010《复混肥料中总氮含量的测定　蒸馏后滴定法》;

——GB/T 8573—2010《复混肥料中有效磷含量的测定　磷钼酸喹啉重量法》;

——GB/T 8574—2010《复混肥料中钾含量的测定　四苯硼酸钾重量法》;

——GB/T 8576—2010《复混肥料中游离水含量的测定　真空烘箱法》;

——GB/T 8577—2010《复混肥料中游离水含量的测定　卡尔·费休法》;

——GB/T 24890—2010《复混肥料中氯离子含量的测定》;

——GB/T 24891—2010《复混肥料粒度的测定》。

本标准由中国石油和化学工业协会提出。

本标准由全国肥料和土壤调理剂标准化技术委员会(SAC/TC 105)归口。

本标准起草单位:国家化肥质量监督检验中心(上海)、黑龙江省谷粮复合肥料有限公司。本标准主要起草人:李崇明、朱涛、苏刚。

1　范围

本标准规定了复混肥料(复合肥料)中氯离子含量的测定。

本标准适用于复混肥料(复合肥料)中氯离子含量的测定。

2 规范性引用文件

下列文件中的条款通过本标准的引用而成为本标准的条款。凡是注日期的引用文件，其随后所有的修改单(不包括勘误的内容)或修订版均不适用于本标准，然而，鼓励根据本标准达成协议的各方研究是否可使用这些文件的最新版本。凡是不注日期的引用文件，其最新版本适用于本标准。

GB/T 8571 复混肥料　实验室样品制备

HG/T 2843 化肥产品　化学分析常用标准滴定溶液、标准溶液、试剂溶液和指示剂溶液

3 原理

试料在微酸性溶液中，加入过量的硝酸银溶液，使氯离子转化成为氯化银沉淀，用邻苯二甲酸二丁酯包裹沉淀，以硫酸铁铵为指示剂，用硫氰酸铵标准溶液滴定剩余的硝酸银。

4 试剂和材料

本方法中所用试剂、溶液和水，在未注明规格和配制方法时，均应符合 HG/T 2843 的规定。

4.1　邻苯二甲酸二丁酯。

4.2　硝酸溶液：1+1。

4.3　硝酸银溶液[$c(AgNO_3)=0.05$ mol/L]：称取 8.7 g 硝酸银，溶解于水中，稀释至 1 000 mL，贮存于棕色瓶中。

4.4　氯离子标准溶液(1 mg/mL)：准确称取 1.6487 g 经 270～300 ℃烘干至质量恒定的基准氯化钠于烧杯中，用水溶解后，移入 1 000 mL 量瓶中，稀释至刻度，混匀，贮存于塑料瓶中。此溶液 1 mL 含 1 mg 氯离子(Cl^-)。

4.5　硫酸铁铵指示液(80 g/L)：溶解 8.0 g 硫酸铁铵于 75 mL 水中，过滤，加几滴硫酸，使棕色消失，稀释至 100 mL。

4.6　硫氰酸铵标准滴定溶液[$c(NH_4SCN)=0.05$ mol/L]：称取 3.8 g 硫氰酸铵溶解于水中，稀释至 1 000 mL。

标定方法如下：准确吸取 25.0 mL 氯离子标准溶液于 250 mL 锥形瓶中，加入 5 mL 硝酸溶液和 25.0 mL 硝酸银溶液，摇动至沉淀分层，加入 5 mL 邻苯二甲酸二丁酯，摇动片刻。加入水，使溶液总体积约为 100 mL，加入 2 mL 硫酸铁铵指示液，用硫氰酸铵标准滴定溶液滴定剩余的硝酸银，至出现浅橙红色或浅砖红色为止。同时进行空白试验。

硫氰酸铵标准滴定溶液的浓度 c(mol/L)按式(1)计算：

$$c=\frac{m_1}{0.035\ 45\times(V_0-V_1)} \quad\quad (1)$$

式中：V_0 为空白试剂(25.0 mL 硝酸银溶液)所消耗硫氰酸铵标准滴定溶液的体积，单位是 mL；

V_1 为滴定剩余的硝酸银所消耗硫氰酸铵标准滴定溶液的体积，单位是 mL；

m_1 为所取氯离子标准溶液中氯离子的质量，单位是 g；

0.035 45 为氯离子的毫摩尔质量，单位是 g/mmol。

计算结果保留到小数点后四位。

5　分析步骤

做两份试料的平行测定。

按 GB/T 8571 规定制备实验室样品。

称取试样 1～10 g(精确至 0.001 g)(称样量范围见表 1)于 250 mL 烧杯中，加 100 mL 水，缓慢加热至沸，继续微沸 10 min，冷却至室温，溶液转移到 250 mL 量瓶中，稀释至刻度，混匀。干过滤，弃去最初的部分滤液。

表 1　称样量范围

氯离子含量(w_1)/%	$w_1<5$	$5\leqslant w_1\leqslant 25$	$w_1>25$
称样量/g	10～5	5～1	1

准确吸取一定量的滤液(含氯离子约 25 mg)于 250 mL 锥形瓶中，加入 5 mL 硝酸溶液，加入 25.0 mL 硝酸银溶液，摇动至沉淀分层，加入 5 mL 邻苯二甲酸二丁酯，摇动片刻。

加入水，使溶液总体积约为 100 mL，加入 2 mL 硫酸铁铵指示液，用硫氰酸铵标准溶液滴定剩余的硝酸银，至出现浅橙红色或浅砖红色为止。同时进行空白试验。

6　分析结果的表述

6.1　分析结果的计算。

氯离子的质量分数 w_1，数值以%表示，按式(2)计算：

$$w_1=\frac{(V_0-V_2)\times c\times 0.035\,45}{m_2\times D}\times 100 \quad\cdots\cdots\cdots\cdots (2)$$

式中：V_0 为空白试验(25.0 mL 硝酸银溶液)所消耗硫氰酸铵标准滴定溶液的体积，单位是 mL；

V_2 为滴定试液时所消耗硫氰酸铵标准滴定溶液的体积，单位是 mL；

c 为硫氰酸铵标准滴定溶液的浓度的数值，单位是 mol/L；

m_2 为试料质量的数值，单位是 g；

D 为测定时吸取试液体积与试液的总体积的比值；

0.035 45 为氯离子的毫摩尔质量，单位是 g/mmol。

计算结果表示到小数点后两位。取平行测定结果的算术平均值作为测定结果。

6.2　允许差

氯离子含量测定的允许差应符合表 2 的要求。

表 2　氯离子含量测定的允许差

氯离子含量(w_1)/%	$w_1<5$	$5\leqslant w_1\leqslant 25$	$w_1>25$
平行测定结果的绝对差值/%≤	0.20	0.30	0.40
不同实验室测定结果的绝对差值/%≤	0.30	0.40	0.60

2010-06-30 发布　　　　2011-01-01 实施

中华人民共和国国家质量监督检验检疫总局
中国国家标准化管理委员会　发 布

项目七

配位平衡和配位滴定法

【技能目标】

1. 学会 EDTA 标准溶液的配制和标定方法；
2. 掌握常见的配位滴定分析方法及结果计算。

【知识目标】

1. 了解配位化合物的概念、结构和命名等基础知识；
2. 理解配位平衡概念及影响因素；
3. 掌握配位滴定法原理；
4. 掌握金属指示剂的变色原理以及常见金属指示剂的使用。

【知识学习】

任务一　配 位 平 衡

一、配位化合物的概论

(一)配位化合物的定义

在硫酸铜溶液中加入 Ba^{2+} 离子，会有白色 $BaSO_4$ 沉淀生成，加入稀 NaOH 溶液则有浅蓝色 $Cu(OH)_2$ 沉淀生成，这说明在硫酸铜溶液中存在着游离的 Cu^{2+} 离子和 SO_4^{2-} 离子。

在硫酸铜溶液中加入过量氨水，可得到深蓝色溶液，再向溶液中加入稀 NaOH 溶液后得不到浅蓝色 $Cu(OH)_2$ 沉淀，但加入 Ba^{2+} 则有白色 $BaSO_4$ 沉淀生成。

上述现象的产生是由于过量氨水的加入，氨分子(NH_3)与 Cu^{2+} 发生反应，生成了一种新物质，使溶液中几乎没有游离的 Cu^{2+} 离子存在。如果在上述深蓝色溶液中加入适量乙醇，便有深蓝色的结晶析出。经分析知道深蓝色结晶物质的化学式为$[Cu(NH_3)_4]SO_4$，说明 $CuSO_4$ 溶液与过量的氨水发生了下列反应：

$$CuSO_4 + 4NH_3 = [Cu(NH_3)_4]SO_4$$

如果用离子方程式表示，则为：

$$Cu^{2+} + 4NH_3 = [Cu(NH_3)_4]^{2+}$$

在溶液中，$[Cu(NH_3)_4]SO_4$ 按如下形式离解：

$$[Cu(NH_3)_4]SO_4 = [Cu(NH_3)_4]^{2+} + SO_4^{2-}$$

在纯的$[Cu(NH_3)_4]SO_4$ 溶液中，除了硫酸根离子和深蓝色的$[Cu(NH_3)_4]^{2+}$ 离子外，几乎检测不出 Cu^{2+} 离子和 NH_3 分子的存在。经 X 射线衍射实验证实，该晶体中有$[Cu(NH_3)_4]^{2+}$ 复杂离子存在，它与 SO_4^{2-} 离子以离子键相结合。根据现代价键理论，Cu^{2+} 离子的价电子层具有空轨道，NH_3 分子中 N 原子上有孤对电子，它们之间可以配位键相结合。$[Cu(NH_3)_4]^{2+}$ 中，Cu^{2+} 离子分别与四个 NH_3 分子中的 N 原子形成四个配位键，$[Cu(NH_3)_4]^{2+}$ 是 Cu^{2+} 与 4 个 NH_3 分子以配位键结合形成的难离解的复杂离子。

溶液中$[Cu(NH_3)_4]^{2+}$ 离子是大量的，它和弱电解质一样是难电离的。若向此溶液中滴加 NaOH 溶液，没有蓝色的 $Cu(OH)_2$ 沉淀析出；若滴加 Na_2S 溶液，有黑色的 CuS 沉淀析出，这说明溶液中有 Cu^{2+} 离子，但浓度很低。NH_3 分子中氮原子有未成键的孤对电子，Cu^{2+} 离子的外层具有能接受孤对电子的空轨道，它们以配位键结合形成$[Cu(NH_3)_4]^{2+}$ 配离子。像这样由一个金属阳离子或原子与一定数目的中性分子或阴离子通过配位键结合，并按一定的组成和空间构型所形成的复杂离子叫配位离子，若形成的不是复杂离子而是复杂分子，则这类分子称为配位分子，如$[Pt(NH_3)_2Cl_2]$。含有配位离子的化合物或配位分子称为配位化合物，简称配合物。例如：$[Ag(NH_3)_2]NO_3$、$[Co(NH_3)_5(H_2O)]Cl_3$ 等都是配合物。

配合物与复盐的组成都很复杂，但性质不同，我们应该把配合物与复盐区分开。配合物与复盐的重要区别在于：配合物在晶体和水溶液中都存在很难离解的配位离子（或配位分子），即配合物在水溶液中只能电离出配离子和其他简单的反电荷离子；而复盐在水溶液中能完全电离成简单离子。例如复盐硫酸铝钾和配合物硫酸四氨合铜（Ⅱ）的电离方程式分别为：

$$KAl(SO_4)_2 = K^+ + Al^{3+} + 2SO_4{}^{2-}$$

$$[Cu(NH_3)_4]SO_4 = [Cu(NH_3)_4]^{2+} + SO_4^{2-}$$

（二）配合物的组成

配合物的结构比较复杂，分为内界和外界两个组成部分。一般用方括号表示内界，方括号以外的部分为外界。内界是配离子，由中心原子（或离子）和配位体组成，它们之间通过配位键结合。外界是与配离子所带电荷相反的离子，内界和外界之间以离子键结合。也有一些配合物只有内界，没有外界，如$[Ni(Co)_4]$。现以硫酸四氨合铜（Ⅱ）为例说明配合物的组成。

$[Cu\ (NH_3)_4]\ SO_4$

中心原子　配位体

内界　　　外界

配合物

1. 中心原子(或离子)

中心原子(或离子)位于配位化合物的中心位置,是配合物的核心,也称为配合物的形成体。中心原子(或离子)必须具有空轨道,可以接受孤对电子。常见的中心原子大多为金属阳离子,少数是高氧化态非金属元素,也有电中性的原子甚至还有极少数的阴离子。如 $[Cu(NH_3)_4]^{2+}$ 中 Cu^{2+} 是金属阳离子,$K_2[SiF_6]$ 中 Si 氧化数是 +4,$[Fe(CO)_5]$ 中 Fe 是中性原子,$HCo(CO)_4$ 中的 Co 的氧化态为 −1。常见的中心原子多为过渡元素金属离子,例如:Ag^+、Zn^{2+}、Fe^{2+}、Fe^{3+}、Co^{3+} 等。

2. 配位体

在配离子中,与中心原子(或离子)以配位键相结合的阴离子或中性分子称为配位体,简称配体。如 $[Cu(NH_3)_4]SO_4$、$K_4[Fe(CN)_6]$ 和 $[Fe(CO)_5]$ 中的 NH_3、CN^- 和 CO 都是配位体。配体中能提供孤对电子且直接与中心原子(或离子)结合的原子是配位原子,如 NH_3 中的 N 原子、CN^- 中的 C 原子、CO 中的 C 原子等都是配位原子,其最外层孤对电子与中心原子共用,以配位键结合成配离子。常见的配位体有 NH_3、F^-、Cl^-、I^-、H_2O、CN^-、SCN^- 等;常见的配位原子有 N、F、Cl、I、O、C 等。

按配位体中配位原子的多少,配体可分为单齿配体和多齿配体。含有一个配位原子的配体为单齿配体,含有两个或两个以上配位原子的配体为多齿配体。如:乙二胺(简称为 en)、乙二胺四乙酸根离子(通常用符号 Y^{4-} 表示)为多齿配位体。

乙二胺

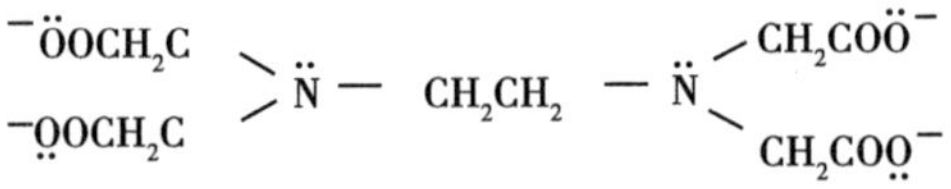
乙二胺四乙酸根离子

3. 配位数

在内界里,一个中心原子所能结合的配位原子的数目,称为该中心原子的配位数,如果配体是单齿的,配位体的数目就是该中心原子的原子数。如 $K_4[Fe(CN)_6]$ 中有 6 个 C 原子与 Fe^{2+} 成键,Fe^{2+} 的配位数是 6。如果配体中有多齿配体,则中心原子的配位数不等于配体的数目。$[Cu(en)_2](OH)_2$ 中配位体 en 是多齿配位体,因此 Cu^{2+} 的配位数是 4 而不是 2。影响配合物配位数的因素是很复杂的,但一般情况下,某一中心离子有一个特征的配位数。一般中心原子的配位数为 2、4、6、8 等,其中最常见的是 4 和 6。

4. 配离子的电荷数

配离子的电荷数等于中心原子与配位体电荷数的代数和。例如,在 $[Cu(NH_3)_4]SO_4$ 中,配离子的电荷数为 +2,写作 $[Cu(NH_3)_4]^{2+}$。在 $K_4[Fe(CN)_6]$ 中,配离子的电荷数为 −4,写作 $[Fe(CN)_6]^{4-}$。如表 1-7-1 所示,为常见配合物的组成。

表 1-7-1 常见配合物的组成

配合物	内界(配离子)	中心原子	配位体	配位数	外界
$[Ag(NH_3)_2]Cl$	$[Ag(NH_3)_2]^+$	Ag^+	NH_3	2	Cl^-
$[Zn(NH_3)_4]SO_4$	$[Zn(NH_3)_4]^{2+}$	Zn^{2+}	NH_3	4	SO_4^{2-}
$K_3[Fe(CN)_6]$	$[Fe(CN)_6]^{3+}$	Fe^{3+}	CN^-	6	K^+

由于配合物是电中性的，因此，外界离子的电荷总数和配离子的电荷总数相等，符号相反，所以配离子的电荷数也可以根据外界离子来确定。

(三)配合物的命名

通过下面的例子很容易掌握配合物命名的主要规则。例如：配合物$[Cu(NH_3)_4]SO_4$的名称是硫酸四氨合铜(Ⅱ)、配合物$[Cu(NH_3)_4]Cl_2$的名称是氯化四氨合铜(Ⅱ)与无机化合物$CuSO_4$硫酸铜、$CuCl_2$氯化铜命名原则对比发现：配合物的命名与一般无机化合物的命名原则相同。即阴离子在前，阳离子在后，称“某化某”“某酸某”“某酸”“氢氧化某”等。

配离子命名时，将配体名称列在中心原子之前，配体的数目用二、三、四……等数字表示，不同配体之间用圆点(·)分开，在最后一个配体名称后缀以“合”字，在中心原子或离子名称之后用加括号的罗马数字表示出中心原子或离子的氧化数。配合物命名比一般无机化合物复杂的地方在于配合物的内界要按下列顺序依次命名：即配位体数→配位体名称→合→中心原子名称→中心原子的氧化数；阴离子配离子命名顺序为：阴离子配体→中性分子配体→合→中心离子→酸；阳离子配离子的命名顺序为：外界阴离子→化→酸性原子团→中性分子配体→中心离子；中性配合物的命名顺序为：酸性原子团→中性分子配体→中心离子。有的配离子可用简称。例如：

$[Cu(NH_3)_4]Cl_2$	氯化四氨合铜(Ⅱ)
$H_2[PtCl_6]$	六氯合铂(Ⅳ)酸
$K_3[Fe(CN)_6]$	六氰合铁(Ⅲ)酸钾（铁氰化钾或赤血盐）
$K_4[Fe(SCN)_6]$	六硫氰合铁(Ⅱ)酸钾
$[Ni(CO)_4]$	四羰基合镍(0)
$[Ag(NH_3)_2]^+$	二氨合银(Ⅰ)配离子(银氨配离子)
$[Cu(NH_3)_4]^{2+}$	四氨合铜(Ⅱ)配离子(铜氨配离子)

含有多种配体的配合物命名时：先无机后有机(复杂配体写在括号内)；先阴离子后中性分子；不同中性原子的配位体，则按配位原子元素符号的英文字母顺序排列。例如：

$[Pt(NO_2)_2(NH_3)_4]^{2+}$	二硝基·四氨合铂(Ⅳ)配离子
$[Cr(NH_3)_5H_2O]^{3+}$	五氨·一水合铬(Ⅲ)配离子
$[Co(NH_3)_2(en)_2]^{3+}$	二氨·二(乙二胺)合钴(Ⅲ)配离子
$[Co(NH_3)_5H_2O]Cl_3$	三氯化五氨·一水合钴(Ⅲ)

还有更多的顺序规则，而且不乏例外。其实较特殊和复杂的配合物不一定都按复杂的命名规则给出名称，直接写出化学式既简单又明了。

二、配位平衡

(一)配位平衡及稳定常数

在配合物中，配合物的内界和外界之间是靠离子键结合的，它在水溶液中可解离成配离子和简单离子，而配离子在水溶液中却是难电离的，存在着解离平衡。配合物在水溶液中的稳定性就是指配离子或配位分子在水溶液中解离的程度。其解离程度越小，配合物在水溶液中的稳定性越高。

将氨水加到硝酸银溶液中，则有$[Ag(NH_3)_2]^+$配离子生成，反应式为：

$$Ag^+ + 2NH_3 \rightleftharpoons [Ag(NH_3)_2]^+$$

该反应称为配位反应。它的逆反应为解离反应。在一定条件下,当配位反应和解离反应的速率相等时,达到的动态平衡称为配位平衡。配位平衡的平衡常数称为配位平衡常数,用 Ks 表示。

$$Ag^{+}+2NH_{3} \underset{\text{解离}}{\overset{\text{配位}}{\rightleftharpoons}} [Ag(NH_{3})_{2}]^{+}$$

$$Ks=\frac{c[Ag(NH_{3})_{2}^{+}]}{c(Ag^{+})c^{2}(NH_{3})}$$

式中:$c(Ag^{+})$、$c(NH_{3})$和 $c[Ag(NH_{3})_{2}{}^{+}]$分别为 Ag^{+}、NH_{3} 和$[Ag(NH_{3})_{2}]^{+}$的平衡浓度。

Ks 越大,说明生成配离子的倾向越大,配离子解离的越少,配离子的稳定性也越大,因此,Ks 又称为配离子或配合物的稳定常数,配合物稳定常数是配合物在水溶液中稳定程度的量度。

同一类型的配合物,Ks 越大,配合物越稳定。例如,298.15K 时,$[Ag(CN)_{2}]^{-}$ 和$[Ag(NH_{3})_{2}]^{+}$的 Ks 分别为 1.3×10^{21} 和 1.1×10^{7},所以,$[Ag(CN)_{2}]^{-}$离子比$[Ag(NH_{3})_{2}]^{+}$离子更稳定。对不同类型的配合物,不能简单地由 Ks 的大小来比较它们的稳定性,应通过计算来比较。例如$[FeY]^{-}$和$[Fe(CN)_{6}]^{3-}$的 Ks 值分别为 1.7×10^{24} 和 1.0×10^{42},事实上前者比后者稳定得多。

通常配合物的稳定常数都比较大,为了便于书写,常用它的对数值 $\lg Ks$ 来表示,常见配离子的 Ks 和 $\lg Ks$ 值见表 1-7-2。

表 1-7-2 常见配离子的 lg*Ks* 值

配离子	Ks	$\lg Ks$	配离子	Ks	$\lg Ks$
$[Ag(NH_{3})_{2}]^{+}$	1.1×0^{7}	7.05	$[Ag(CN)_{2}]^{-}$	1.3×0^{21}	21.1
$[Fe(CN)_{6}]^{4-}$	1.0×0^{35}	35.0	$[Fe(CN)_{6}]^{3-}$	1.0×0^{42}	42.0
$[Zn(NH_{3})_{4}]^{2+}$	2.9×10^{9}	9.46	$[Zn(CN)_{4}]^{2-}$	5.0×0^{16}	16.7
$[Cu(NH_{3})_{4}]^{2+}$	2.1×0^{13}	13.32	$[Co(NH_{3})_{6}]^{3+}$	2.0×10^{35}	5.30

(二)配位平衡的移动

配位平衡与其他化学平衡一样,也是一种有条件的动态平衡。若改变了平衡体系的条件,平衡就会移动,在新的条件下达到新的平衡。下面分别讨论溶液 pH、沉淀的生成和溶解、氧化还原反应以及其他配体对配位平衡移动或转化的影响。

1. 溶液 pH 的影响

(1)酸效应

很多配体都是碱,可以接受质子生成共轭酸。我们把溶液 pH 减小时,配体与 H^{+}结合生成弱酸,使配离子稳定性降低的现象称为配体的酸效应。例如:$[Ag(NH_{3})_{2}]^{+}$配离子中配体 NH_{3} 分子在酸性介质中容易接受 H^{+}形成 NH_{4}^{+},降低了$[Ag(NH_{3})_{2}]^{+}$配离子的稳定性。

$$[Ag(NH_{3})_{2}]^{+} \rightleftharpoons Ag^{+}+2NH_{3}$$

$$+$$

$$2H^{+}$$

$$\Updownarrow$$

$$2NH_{4}^{+}$$

可见，溶液的酸性越强，配离子越不稳定。

(2)水解效应

配合物的中心离子大多是过渡金属离子，它们在水溶液中往往存在着不同程度的水解作用。溶液的碱性越强，水解作用越明显。这种因溶液酸度减小，导致金属离子水解，而使配离子稳定性降低的现象称为金属离子的水解效应。例如：Fe^{3+} 在碱性介质中容易发生水解反应，溶液的碱性愈强，水解愈彻底[生成 $Fe(OH)_3$ 沉淀]。

$$
\begin{array}{ccc}
[FeF_6]^{3-} & \rightleftharpoons & Fe^{3+} + 6F^- \\
 & & + \\
 & & 3OH^- \\
 & & \Downarrow\Uparrow \\
 & & Fe(OH)_3\downarrow
\end{array}
$$

在水溶液中，酸效应和水解效应同时存在，究竟以哪种效应为主，将取决于溶液的 pH、配离子的稳定常数、配体的碱性强弱以及中心原子的氢氧化物的溶解度等因素。一般采取在不生成氢氧化物沉淀的前提下提高溶液 pH 的办法，以保证配离子的稳定性。

2.沉淀平衡的影响

沉淀溶解平衡和配位平衡的相互转化，就是沉淀剂与配位体之间争夺金属离子的过程。配离子的稳定性越差，生成的难溶电解质的溶解度越小，配离子越容易解离；难溶电解质的溶解度越大，生成的配离子的稳定性越高，平衡越容易向生成配离子的方向移动。

当向含有氯化银沉淀的溶液中加入氨水时，沉淀即溶解。

$$
\begin{array}{ccc}
AgCl(s) & \rightleftharpoons & Ag^+ + Cl^- \\
 & & + \\
 & & 2NH_3 \\
 & & \Downarrow\Uparrow \\
 & & [Ag(NH_3)_2]^+
\end{array}
$$

当在上述溶液中加入溴化钠溶液时，又有淡黄色的沉淀生成。

$$
\begin{array}{ccc}
[Ag(NH_3)_2]^+ & \rightleftharpoons & Ag^+ + 2NH_3 \\
 & & + \\
 & & Br^- \\
 & & \Downarrow\Uparrow \\
 & & AgBr\downarrow
\end{array}
$$

由于 AgBr 的溶解度比 AgCl 的溶解度小得多，因而 Br^- 争夺 Ag^+ 的能力比 Cl^- 的大，所以能产生 AgBr 沉淀而不能产生 AgCl 沉淀。沉淀剂与金属离子生成沉淀的溶解度愈小，愈能使配离子破坏而生成沉淀。

3.氧化还原平衡的影响

溶液中的氧化还原平衡可以影响配位平衡，使配位平衡移动，配离子发生解离。例如在

$[Fe(SCN)_6]^{3-}$ 溶液中加入 $SnCl_2$ 溶液，由于 Sn^{2+} 具有还原性，可以把$[Fe(SCN)_6]^{3-}$ 配离子解离出的 Fe^{3+} 还原为 Fe^{2+}，配离子因 Fe^{3+} 的浓度降低而向解离的方向移动，因而红色逐渐褪去，反应如下：

$$2[Fe(SCN)_6]^{3-} \rightleftharpoons 2Fe^{3+} + 12SCN^-$$

$$+$$

$$Sn^{2+}$$

$$\Updownarrow$$

$$2Fe^{2+} + Sn^{4+}$$

4. 配位平衡的相互转化

向一种配离子溶液中，加入另一种能与该中心原子形成更稳定配离子的配位剂时，原来的配位平衡将发生转化。

$$[Ag(NH_3)_2]^+ + 2CN^- \rightleftharpoons [Ag(CN)_2]^- + 2NH_3$$

$$K = \frac{c[Ag(CN)_2^-] \cdot c^2(NH_3)}{c[Ag(NH_3)_2^+] \cdot c^2(CN)^-}$$

$$K = \frac{c[Ag(CN)_2^-] \cdot c^2(NH_3)}{c[Ag(NH_3)_2^+] \cdot c^2(CN)^-} \times \frac{c(Ag^+)}{c(Ag^+)}$$

$$K = \frac{Ks[Ag(CN)_2^-]}{Ks[Ag(NH_3)_2^+]} = \frac{1.3\times 10^{21}}{1.1\times 10^{7}} = 1.2\times 10^{14}$$

上述配位反应向右进行的趋势很大，体现了由一种配离子转化为另一种配离子的可能性。

任务二　配位滴定法

一、概述

配位滴定法是以生成配位化合物的反应为基础的滴定分析方法。例如：用 $AgNO_3$ 溶液滴定 CN^-（又称氰量法）时，Ag^+ 与 CN^- 发生配位反应，生成配离子$[Ag(CN)_2]^-$，其反应式如下：

$$Ag^+ + 2CN^- \rightleftharpoons [Ag(CN)_2]^-$$

二维码 7-1
配位滴定法

当滴定到达化学计量点后，稍过量的 Ag^+ 与$[Ag(CN)_2]^-$ 结合生成 $Ag[Ag(CN)_2]$白色沉淀，使溶液变浑浊，指示终点的到达。

能用于配位滴定的配位反应必须具备一定的条件：

(1)配位反应必须完全，即生成的配合物的稳定常数足够大。

(2)反应应按一定的反应式定量进行，即金属离子与配位剂的比例（即配位比）要恒定。

(3)反应速度快。

(4)有适当的方法检出终点。

配位反应具有极大的普遍性，但不是所有的配位反应及其生成的配合物均可满足上述条件。

无机配位剂能与金属离子配位的无机配位剂很多，但多数的无机配位剂只有一个配位原子（通常称此类配位剂为单齿配位体，如 F^-、Cl^-、CN^-、NH_3 等），与金属离子配位时分级配位，常形成 MLn 型的简单配合物。例如，在 Cd^{2+} 与 CN^- 的配位反应中，分级生成了 $[Cd(CN)]^+$、$[Cd(CN)_2]$、$[Cd(CN)_3]^-$、$[Cd(CN)_4]^{2-}$ 等四种配位化合物或配离子。它们的稳定常数分别为：$10^{5.5}$、$10^{5.1}$、$10^{4.7}$、$10^{3.6}$。可见，各级配合物的稳定常数都不大，彼此相差也很小。因此，除个别反应（例如 Ag^+ 与 CN^-、Hg^{2+} 与 Cl^- 等反应）外，无机配位剂大多数不能用于配位滴定，它在分析化学中一般多用作掩蔽剂、辅助配位剂和显色剂。

有机配位剂则可与金属离子形成很稳定而且组成固定的配合物，克服了无机配位剂的缺点，因而在分析化学中的应用得到迅速的发展。目前在配位滴定中应用最多的是氨羧配位剂。

有机配位剂分子中常含有两个以上的配位原子，与金属离子配位时形成低配位比的具有环状结构的螯合物，它比同种配位原子所形成的简单配合物稳定得多。表 1-7-3 中 Cu^{2+} 与氨、乙二胺、三乙醇四胺所形成的配合物的比较清楚地说明了这一点。

表 1-7-3 Cu^{2+} 与氨、乙二胺、三乙醇四胺所形成的配合物的比较

配合物	配位比	螯环数	$\lg K_{稳}$
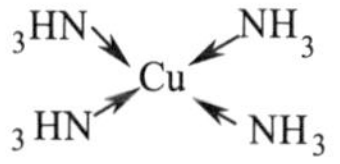	1∶4	0	12.6
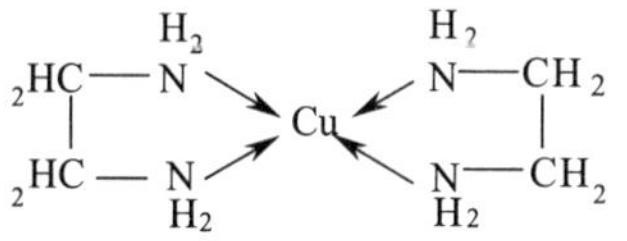	1∶2	2	19.6
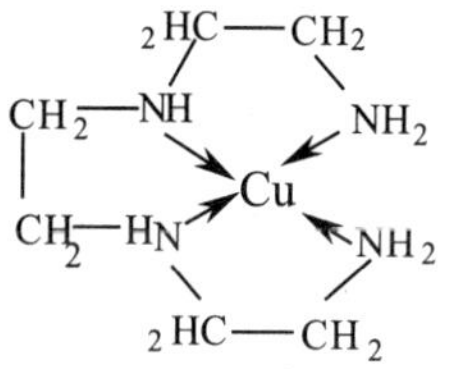	1∶1	3	20.6

有机配位剂中由于含有多个配位原子，因而减少甚至消除了分级配位现象，特别是生成的螯合物的稳定性好，使这类配位反应有可能用于滴定。

在配位滴定中最常用的氨羧配位剂主要有以下几种：EDTA（乙二胺四乙酸）；CyDTA（或 DCTA，环己烷二胺基四乙酸）；EDTP（乙二胺四丙酸）；TTHA（三乙基四胺六乙酸）。氨羧配位剂中 EDTA 是目前应用最广泛的一种，用 EDTA 标准溶液可以滴定几十种金属离子。通常所谓的配位滴定法，主要是指 EDTA 滴定法。

二、乙二胺四乙酸

乙二胺四乙酸其结构式如下：

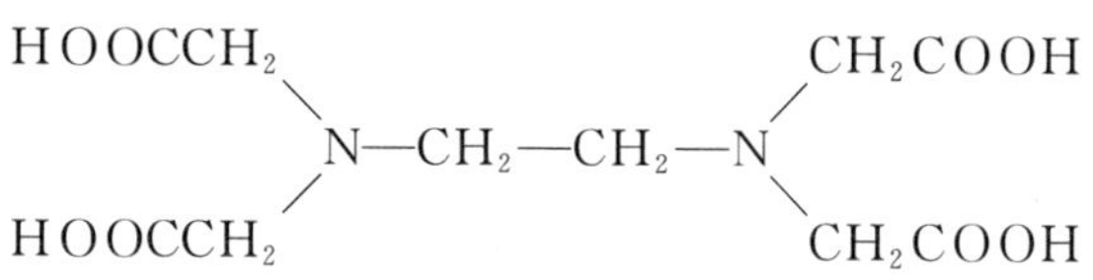

通常用 H_4Y 表示，简称 EDTA。乙二胺四乙酸为白色无水结晶粉末，室温时溶解度较小（22℃时溶解度为 0.02 g/100 mLH_2O），难溶于酸和有机溶剂，易溶于碱或氨水中形成相应的盐。由于乙二胺四乙酸溶解度小，因而不适用作滴定剂。

EDTA 二钠盐（$Na_2H_2Y \cdot 2H_2O$，也简称为 EDTA，相对分子质量为 372.26）为白色结晶粉末，室温下可吸附水分 0.3%，80℃时可烘干除去。在 100～140℃时将失去结晶水而成为无水的 EDTA 二钠盐（相对分子质量为 336.24）。EDTA 二钠盐易溶于水（22℃时溶解度为 11.1 g/100 mL H_2O，浓度约 0.3 mol/L，pH 约 4.4），因此通常使用 EDTA 二钠盐作滴定剂。

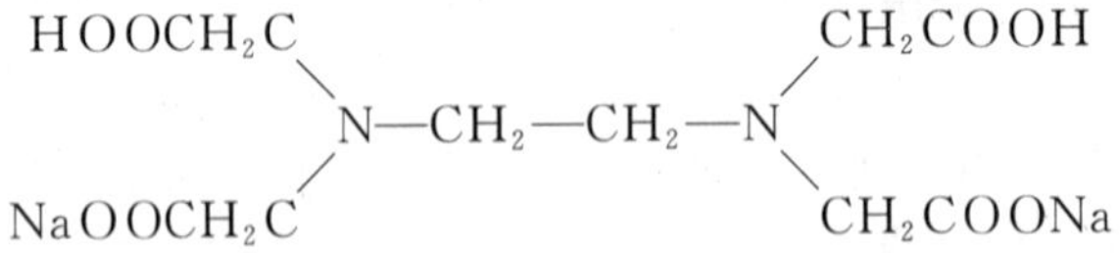

EDTA 分子中有六个配位原子，此六个配位原子恰能满足它们的配位数，在空间位置上均能与同一金属离子形成环状化合物，即螯合物。图 1-7-1 所示的是 EDTA 与 Ca^{2+} 形成的螯合物的立方构型。

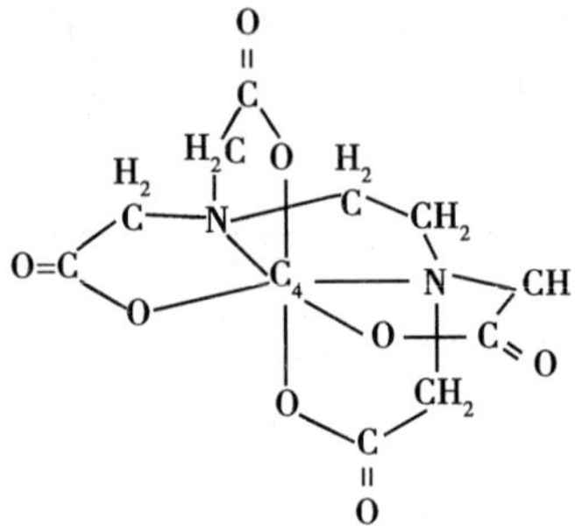

图 1-7-1　EDTA 与 Ca^{2+} 形成的螯合物的立方构型

EDTA 与金属离子的配合物有如下特点：

（1）EDTA 具有广泛的配位性能，几乎能与所有金属离子成配合物，因而配位滴定应用很广泛。但如何提高滴定的选择性便成为配位滴定中的一个重要问题。

（2）EDTA 配合物的配位比简单，多数情况下都形成 1∶1 配合物。个别离子如 Mo(Ⅴ)与 EDTA 配合物的配位比为 2∶1。

（3）EDTA 配合物的稳定性高，能与金属离子形成具有多个五元环结构的螯合物。表 1-7-4 是部分金属-EDTA 配位化合物的 lgKs。

表 1-7-4　部分金属-EDTA 配位化合物的 lgKs

阳离子	$\lg K_{MY}$	阳离子	$\lg K_{MY}$	阳离子	$\lg K_{MY}$
Na^+	1.66	Ce^{4+}	15.98	Cu^{2+}	18.80
Li^+	2.79	Al^{3+}	16.3	Ga^{2+}	20.3
Ag^+	7.32	Co^{2+}	16.31	Ti^{3+}	21.3
Ba^{2+}	7.86	Pt^{2+}	16.31	Hg^{2+}	21.8
Mg^{2+}	8.69	Cd^{2+}	16.49	Sn^{2+}	22.1
Sr^{2+}	8.73	Zn^{2+}	16.50	Th^{4+}	23.2
Be^{2+}	9.20	Pb^{2+}	18.04	Cr^{3+}	23.4
Ca^{2+}	10.69	Y^{3+}	18.09	Fe^{3+}	25.1
Mn^{2+}	13.87	VO^+	18.1	U^{4+}	25.8
Fe^{2+}	14.33	Ni^{2+}	18.60	Bi^{3+}	27.94
La^{3+}	15.50	VO^{2+}	18.8	Co^{3+}	36.0

(4)EDTA 配合物易溶于水，使配位反应较迅速。

(5)大多数金属-EDTA 配合物无色，这有利于指示剂确定终点。但 EDTA 与有色金属离子配位生成的螯合物颜色则加深。例如：

CuY^{2-}	NiY^{2-}	CoY^{2-}	MnY^{2-}	CrY^{-}	FeY^{-}
深蓝	蓝色	紫红	紫红	深紫	黄

因此滴定这些离子时，要控制其浓度不要过大，否则，使用指示剂确定终点将发生困难。

三、金属离子指示剂

在配位滴定中，通常利用一种能与金属离子生成有色配合物的显色剂来指示滴定过程中金属离子浓度的变化，这种显色剂称为金属离子指示剂，简称金属指示剂。

1. 金属指示剂的作用原理

金属指示剂是一种有机染料，也是一种配位剂，能与某些金属离子发生配位反应，生成与其本身颜色显著不同的配合物以指示终点。

在滴定前加入金属指示剂(用 In 表示金属指示剂的配位基团)，则 In 与待测金属离子 M 有如下反应(省略电荷)：

$$\underset{\text{甲色}}{M+In} \rightleftharpoons \underset{\text{乙色}}{MIn}$$

这时溶液呈 MIn(乙色)的颜色。当滴入 EDTA 溶液后，EDTA 先与游离的 M 结合。至化学计量点附近，EDTA 夺取 MIn 中的 M：

$$\underset{\text{乙色}}{MIn}+EDTA \rightleftharpoons M\text{-}EDTA+\underset{\text{甲色}}{In}$$

使指示剂 In 游离出来，溶液由乙色变为甲色，指示滴定终点的到达。

例如，铬黑 T 在 pH=10 的水溶液中呈蓝色，与 Mg^{2+} 的配合物的颜色为酒红色。若在 pH=10 时用 EDTA 滴定 Mg^{2+}，滴定开始前加入指示剂铬黑 T，则铬黑 T 与溶液中部分的 Mg^{2+} 反应，此时溶液呈现配合物 Mg-铬黑 T 的红色。随着 EDTA 的加入，EDTA 逐渐与 Mg^{2+} 反应。在化学计量点附近，Mg^{2+} 的浓度降至很低，加入的 EDTA 进而夺取了 Mg-铬黑 T 中的 Mg^{2+}，使铬黑 T 游离出来，此时溶液呈现出蓝色，指示滴定终点到达。

2. 金属指示剂应具备的条件

作为金属指示剂必须具备以下条件：

(1)金属指示剂与金属离子形成的配合物的颜色，应与金属指示剂本身的颜色有明显的不同，这样才能借助颜色的明显变化来判断终点的到达。

(2)金属指示剂与金属离子形成的配合物 MIn 要有适当的稳定性。如果 MIn 稳定性过高[K(MIn)太大]，则在化学计量点附近，EDTA 不易与 MIn 中的 M 结合，终点推迟，甚至不变色，得不到终点。通常要求 $K(M\text{-}EDTA)/K(MIn)\geqslant 10^2$；如果稳定性过低，则未到达化学计量点时 MIn 就会分解，变色不敏锐，影响滴定的准确度。一般要求 $K(MIn)\geqslant 10^4$。

(3)金属指示剂与金属离子之间的反应要迅速、变色可逆，这样才便于滴定。

(4)金属指示剂应易溶于水，不易变质，便于使用和保存。

(5)金属指示剂应具有一定的选择性,即在一定条件下,只对一种或几种离子发生显色反应。同时,指示剂应比较稳定,便于贮存和使用。

3. 常用金属指示剂

(1)铬黑 T(EBT)

铬黑 T 在溶液中有如下平衡:

$$\begin{array}{ccccc} & pK_{a_2}=6.3 & & pK_{a_3}=11.6 & \\ H_2In^{-} & \rightleftharpoons & HIn^{2-} & \rightleftharpoons & In^{3-} \\ 紫红 & & 蓝 & & 橙 \end{array}$$

因此在 pH<6.3 时,EBT 在水溶液中呈紫红色;pH>11.6 时 EBT 呈橙色,而 EBT 与二价离子形成的配合物颜色为红色或紫红色,所以只有在 pH 为 7~11 范围内使用,指示剂才有明显的颜色,实验表明最适宜的酸度是 pH 为 9~10.5。

铬黑 T 固体相当稳定,但其水溶液仅能保存几天,这是由于聚合反应的缘故。聚合后的铬黑 T 不能再与金属离子显色。pH<6.5 的溶液中聚合更为严重,加入三乙醇胺可以防止聚合。故一般与 NaC1(1∶100)粉末混合后使用。

铬黑 T 是在弱碱性溶液中滴定 Mg^{2+}、Zn^{2+}、Pb^{2+} 等离子的常用指示剂。

对铬黑 T 指示剂封闭离子有 Co^{2+}、Ni^{2+}、Cu^{2+}、Fe^{3+}、Al^{3+}、Ti(Ⅳ)。

(2)二甲酚橙(XO)

二甲酚橙为多元酸。在 pH 为 0~6.0 之间,二甲酚橙呈黄色,它与金属离子形成的配合物为红色,是酸性溶液中许多离子配位滴定所使用的极好指示剂。常用于锆、铪、钍、钪、铟、钇、铋、铅、锌、镉、汞的直接滴定法中。

(3)钙指示剂

钙指示剂又称 NN 指示剂或钙红。化学名称是 2-羟基-1(2-羟基-4-磺酸基-1-萘偶氮基)-3-萘甲酸。

钙指示剂为紫黑色粉末,很稳定,但其水溶液不稳定,一般与 NaC1(1∶100)粉末混合后使用。与 Ca^{2+} 的显色反应灵敏。在溶液中钙指示剂有如下平衡:

$$\begin{array}{ccccc} H_2In & \rightleftharpoons & HIn^{2-} & \rightleftharpoons & In^{3-} \\ pH<8.0 & & pH=8\sim13.0 & & pH>13.0 \\ 酒红色 & & 蓝色 & & 浅粉红色 \end{array}$$

钙指示剂自身呈现纯蓝色。因此,在 pH 为 12~13 时,用 EDTA 滴定 Ca^{2+} 时,终点时溶液由酒红色变为蓝色,颜色变化敏锐。

对钙指示剂封闭离子有 Co^{2+}、Ni^{2+}、Cu^{2+}、Fe^{3+}、Al^{3+}、Ti^{4+}。

常用金属指示剂的使用 pH 条件、可直接滴定的金属离子和颜色变化及配制方法列于表 1-7-5 中。

表 1-7-5 常用的金属指示剂

指示剂	离解常数	滴定元素	颜色变化	配制方法
酸性铬蓝 K	$pK_{a_1}=6.7$ $pK_{a_2}=10.2$ $pK_{a_3}=14.6$	Mg(pH 10) Ca(pH 12)	红→蓝	0.1%乙醇溶液
钙指示剂	$pK_{a_2}=3.8$ $pK_{a_3}=9.4$ $pK_{a_4}=13\sim14$	Ca(pH 12～13)	酒红→蓝	与 NaCl 按 1∶100 的质量比混合
铬黑 T	$pK_{a_1}=3.9$ $pK_{a_2}=6.4$ $pK_3=11.5$	Ca(pH 10,加入 EDTA-Mg) Mg(pH 10) Pb(pH 10,加入酒石酸钾) Zn(pH 6.8～10)	红→蓝 红→蓝 红→蓝 红→蓝	与 NaCl 按 1∶100 的质量比混合
紫脲酸胺	$pK_{a_1}=1.6$ $pK_{a_2}=8.7$ $pK_{a_3}=10.3$ $pK_{a_4}=13.5$ $pK_{a_5}=14$	Ca(pH>10,$\varphi=25\%$乙醇) Cu(pH 7～8) Ni(pH 8.5～11.5)	红→紫 黄→紫 黄→紫红	与 NaCl 按 1∶100 的质量比混合
o-PAN	$pK_{a_1}=2.9$ $pK_{a_2}=11.2$	Cu(pH 6) Zn(pH 5～7)	红→黄 粉红→黄	1 g/L 乙醇溶液
磺基水杨酸	$pK_{a_1}=2.6$ $pK_{a_2}=11.7$	Fe(Ⅲ) (pH 1.5～3)。	红紫→黄	10～20 g/L 水溶液

四、EDTA 标准溶液的配制与标定

乙二胺四乙酸二钠盐经提纯后可作基准物质,直接配制标准溶液,但提纯方法较复杂。配制溶液时,蒸馏水的质量不高也会引入杂质,因此实验室中使用的标准溶液一般采用间接法配制。

1. EDTA 标准溶液的配制

(1)配制方法

常用的 EDTA 标准溶液的浓度为 0.01～0.05 mol/L。称取一定量(按所需浓度和体积计算)EDTA[$Na_2H_2Y\cdot 2H_2O$,$M(Na_2H_2Y\cdot 2H_2O)=372.2$ g/mol],用适量蒸馏水溶解(必要时可加热),溶解后稀释至所需体积,并充分混匀,转移至试剂瓶中待标定。

EDTA 二钠盐溶液的 pH 正常值为 4.8,市售的试剂如果不纯,pH 常低于 2。当室温较低时易析出难溶于水的乙二胺四乙酸,使溶液变混浊,并且溶液的浓度也发生变化。因此配制溶液时,可用 pH 试纸检查,若溶液 pH 较低,可加几滴 0.1 mol/L NaOH 溶液,使溶液的 pH 在 5～6.5 之间直至变清为止。

(2)对蒸馏水要求

在配位滴定中,使用的蒸馏水质量要符合 GB 6682—92 中分析实验室用水规格。若配制溶液的蒸馏水中含有 Al^{3+}、Fe^{3+}、Cu^{2+} 等,会使指示剂封闭,影响终点观察。若蒸馏水中含有 Ca^{2+}、Mg^{2+}、Pb^{2+} 等,在滴定中会消耗一定量的 EDTA,对结果产生影响。因此在配位滴定

中，所用蒸馏水一定要进行质量检查。为了保证水的质量常用二次蒸馏水或去离子水来配制溶液。

（3）EDTA 溶液的贮存

配制好的 EDTA 溶液应贮存在聚乙烯塑料瓶或硬质玻璃瓶中。若贮存在软质玻璃瓶中，EDTA 会不断地溶解玻璃中的 Ca^{2+}、Mg^{2+} 等离子，形成配合物，使其浓度不断降低。

2. EDTA 标准滴定溶液的标定

（1）标定 EDTA 常用的基准试剂

用于标定 EDTA 溶液的基准试剂很多，常用的基准试剂如表 1-7-6 所示。表中所列的纯金属如：Bi、Cd、Cu、Zn、Mg、Ni、Pb 等，要求纯度在 99.99%以上。金属表面如有一层氧化膜，应先用酸洗去，再用水或乙醇洗涤，并在 105℃烘干数分钟后再称量。金属氧化物或其盐类如：Bi_2O_3、$CaCO_3$、MgO、$MgSO_4 \cdot 7H_2O$、ZnO、$ZnSO_4$ 等试剂，在使用前应预先处理。

表 1-7-6　标定 EDTA 的常用基准试剂

基准试剂	基准试剂处理	滴定条件		终点颜色变化
		pH	指示剂	
铜片	稀 HNO_3 溶解，除去氧化膜，用水或无水乙醇充分洗涤，在 105℃烘箱中，烘 3 min，冷却后称量，以 1∶1 的 HNO_3 溶液溶解，再以 H_2SO_4 蒸发除去 NO_2。	4.3 HAc-Ac^- 缓冲溶液	PAN	红→黄
铅	稀 HNO_3 溶解，除去氧化膜，用水或无水乙醇充分洗涤，在 105℃烘箱中烘 3 min，冷却后称量，以 1∶2 的 HNO_3 溶液溶解，加热除去 NO_2。	10 NH_3-NH_4^+ 缓冲溶液	铬黑 T	红→蓝
		5～6 六次甲基四胺	二甲酚橙	红→黄
锌片	用 1∶5 HCl 溶液溶解，除去氧化膜，用水或无水乙醇充分洗涤，在 105℃烘箱中，烘 3 min，冷却后称量，以 1∶1 HCl 溶液溶解。	10 NH_3-NH_4^+ 缓冲溶液	铬黑 T	红→蓝
		5～6 六次甲基四胺	二甲酚橙	红→黄
$CaCO_3$	在 105℃烘箱中，烘 120 min，冷却后称量，以 1∶1 HCl 溶液溶解。	12.5～12.9 KOH≥12.5	甲基百里酚蓝 钙指示剂	蓝→灰 酒红→蓝
MgO	在 1 000℃灼烧后，以 1∶1 HCl 溶液溶解。	10 NH_3-NH_4^+ 缓冲溶液	铬黑 T K-B	红→蓝

实验室中常用金属锌或氧化锌为基准物，由于它们的摩尔质量不大，标定时通常采用“称大样”法，即先准确称取基准物，溶解后定量转入一定体积的容量瓶中配制，然后再移取一定量溶液标定。

（2）标定方法

在 pH＝4～12 时，Zn^{2+} 均能与 EDTA 定量配位，多采用在 pH＝10 的 NH_3-NH_4Cl 缓冲溶液中以铬黑 T 为指示剂，直接标定；也可以在 pH＝5 的六次甲基四胺缓冲溶液中以二甲酚橙为指示剂，直接标定。

五、配位滴定方法的应用

水中钙离子、镁离子及其总硬度可以用直接配位滴定法测定：先在 pH＝10 的氨性溶液中，以铬黑 T 为指示剂，用 EDTA 滴定。由于 CaY 比 MgY 稳定，故先滴定的是 Ca^{2+}。但它们与铬黑 T 配位化合物的稳定性则相反[$\lg K(CaIn)=5.4$、$\lg K(MgIn)=7.0$]，因此当溶液由紫红变为蓝色时，表示 Mg^{2+} 已定量滴定。而此时 Ca^{2+} 早已定量反应，故由此测得的是 Ca^{2+}、Mg^{2+} 总量。另取同量试液，加入 NaOH 调节溶液酸度至 pH＞12。此时镁以 $Mg(OH)_2$ 沉淀形式被掩蔽，选用钙指示剂为指示剂，用 EDTA 滴定 Ca^{2+}。由前后两次测定之差即得到镁含量。

六、配位滴定方法计算

【例 1】用纯 Zn 标定 EDTA 溶液，若称取的纯 Zn 粒为 0.594 2 g，用 HCl 溶液溶解后转入 500 mL 容量瓶中，稀释至标线。吸取该锌标准溶液 25.00 mL，用 EDTA 溶液滴定，消耗 24.05 mL，计算 EDTA 溶液的准确浓度。

解：依题意　$n(Zn^{2+})=n(EDTA)$

$$c(EDTA)'=\frac{m\times\frac{25.00}{500}}{MV}=\frac{0.594\,2\times0.05}{24.05\times10^{-3}\times54.38}=0.018\,89\ \text{mol/L}$$

【例 2】称取含钙试样 0.200 0 g，溶解后转入 100 mL 容量瓶中，稀释至标线。吸取此溶液 25.00 mL，以钙指示剂为指示剂，在 pH＝12 时用 0.020 00 mol/L EDTA 标准溶液滴定，消耗 EDTA 19.86 mL，求试样中 $CaCO_3$ 的质量分数。

解：依题意　$n(CaCO_3)=n(Ca^{2+})=n(EDTA)$

$$w(CaCO_3)=\frac{0.020\,00\times19.86\times10^{-3}\times100.01}{0.200\,0\times\frac{25.00}{100.0}}\times100\%=79.45\%$$

【例 3】称取含硫试样 0.301 0 g，处理为可溶性硫酸盐，溶于适量水中，加入 $BaCl_2$ 溶液 30.00 mL，形成 $BaSO_4$ 沉淀，然后用 $c(EDTA)=0.020\,10$ mol/L 的 EDTA 标准滴定溶液滴定过量的 Ba^{2+}，消耗 10.02 mL。在相同条件下，以 30.00 mL $BaCl_2$ 溶液做空白试验，消耗 25.00 mL 的 EDTA 溶液。计算试样中硫含量的质量分数。

解：依题意　$n(BaCl_2)=n(BaSO_4)+n(EDTA)$

而测定样品所用的 $BaCl_2$ 溶液与空白试验相同，故

$$w_S=\frac{(25.00-10.02)\times0.201\,0\times\frac{32.00}{1\,000}}{0.301\,0}\times100\%=3.20\%$$

【知识巩固】

一、选择题

1. 一般情况下，EDTA与金属离子形成的络合物的络合比是(　　)。

A. 1∶1　　B. 2∶1　　C. 1∶3　　D. 1∶2

2. 铝盐药物的测定常用配位滴定法。加入过量EDTA，加热煮沸片刻后，再用标准锌溶液滴定。该滴定方式是(　　)。

A. 直接滴定法　　B. 置换滴定法

C. 返滴定法　　D. 间接滴定法

3. 用EDTA直接滴定有色金属离子M，终点所呈现的颜色是(　　)。

A. 游离指示剂的颜色　　B. EDTA-M络合物的颜色

C. 指示剂-M络合物的颜色　　D. 上述A+B的混合色

4. 测定水中钙离子时，Mg^{2+}的干扰用的是(　　)消除的。

A. 控制酸度法　　B. 配位掩蔽法

C. 氧化还原掩蔽法　　D. 沉淀掩蔽法

5. 已知M_{ZnO}=81.38 g/mol，用它来标定0.02 mol的EDTA溶液，宜称取ZnO为(　　)。

A. 4 g　　B. 1 g　　C. 0.4 g　　D. 0.04 g

6 . 一般情况下，EDTA与金属离子形成的配合物的配位比是(　　)。

A. 1∶1　　B. 2∶1　　C. 1∶3　　D. 1∶2

7. 可用于测定水硬度的方法有(　　)。

A. EDTA法　　B. $K_2Cr_2O_7$法

C. 碘量法　　D. 酸碱滴定法

8. 下列对EDTA描述正确的是(　　)。

A. EDTA属于4齿配体，与Ca^{2+}形成配位比为1∶1的螯合物

B. EDTA属于6齿配体，与Ca^{2+}形成配位比为1∶2的螯合物

C. EDTA属于6齿配体，与Ca^{2+}形成配位比为1∶1的螯合物

D. EDTA属于4齿配体，与Ca^{2+}形成配位比为1∶2的螯合物

9. 以$FeCl_3$溶液滴定0.020 00 mol/L EDTA溶液至计量点时它们的体积比是V(EDTA)/V($FeCl_3$)=2.000，则$FeCl_3$溶液的浓度(单位：mol/L)为(　　)。

A. 0.005 000　　B. 0.040 00　　C. 0.015 00　　D. 0.020 00

二、填空题

1. EDTA是(　　　　)的英文缩写，配制EDTA标准溶液时，常用(　　　　)。

2. 溶液的酸度越大，Y^{4-}的分布分数越(　　　)，EDTA的配位能力越(　　　)。

3. EDTA与金属离子之间发生的主反应为(　　　　　　)，配合物的稳定常数表达式为(　　　　　　)。

4. 指示剂与金属离子的反应：In(蓝)+M=MIn(红)，滴定前，向含有金属离子的溶液中加入指示剂时，溶液呈(　　　)色；随着EDTA的加入，当到达滴定终点时，溶液呈(　　　)色。

5. 水中(　　　　)含量是计算硬度的主要指标。水的总硬度包括暂时硬度和永久硬

度。由 HCO_3^- 引起的硬度称为(　　　　　),由 SO_4^{2-} 引起的硬度称(　　　　　)。

三、计算题

1. 分析铜锌合金,称取 0.500 0 g 试样,处理成溶液后定容至 100 mL。取 25.00 mL,调至 pH=6,以 PAN 为指示剂,用 0.050 00 mol/L EDTA 溶液滴定 Cu^{2+} 和 Zn^{2+} 用去了 37.30 mL。另取一份 25.00 mL 试样溶液用 KCN 以掩蔽 Cu^{2+} 和 Zn^{2+},用同浓度的 EDTA 溶液滴定 Mg^{2+},用去 4.10 mL。然后再加甲醛以解蔽 Zn^{2+},用同浓度的 EDTA 溶液滴定,用去 13.40 mL。计算试样中铜、锌、镁的质量分数。

2. 用 0.010 60 mol/L EDTA 标准溶液滴定水中钙和镁的含量,取 100.00 mL 水样,以铬黑 T 为指示剂,在 pH 10 时滴定,消耗 EDTA 标准溶液 31.30 mL。另取一份 100.00 mL 水样,加入 NaOH 呈强碱性,使 Mg^{2+} 生成 $Mg(OH)_2$ 沉淀,以钙指示剂指示终点,用 EDTA 标准溶液滴定,用去 19.20 mL,试计算:

(1)水的总硬度(以 $CaCO_3$ mg/L 表示)。

(2)水中钙和镁的含量(以 $CaCO_3$ mg/L 和 $MgCO_3$ mg/L 表示)。

3. 分析含铜、锌、镁合金时,称取 0.500 0 g 试样,溶解后用容量瓶配成 100 mL 试液。吸取 25.00 mL,调至 pH=6,用 PAN 作指示剂,用 0.050 00 mol/L EDTA 标准溶液滴定铜和锌,用去 37.20 mL。另外又吸取 25.00 mL 试液,调至 pH=10,加 KCN,以掩蔽铜和锌。用同浓度的 EDTA 溶液滴定镁,用去 4.20 mL。然后再滴加甲醛以解蔽,又用同浓度 EDTA 溶液滴定,用去 14.30 mL。计算试样中含铜、锌、镁的百分率。[M(Cu)=63.55,M(Zn)=65.39,M(Mg)=24.30]

【技能训练】

训练 7-1　EDTA 标准溶液的配制和标定

一、训练目的

(1)学习 EDTA 标准溶液的配制和标定方法;

(2)掌握配位滴定的原理,了解配位滴定的特点;

(3)熟悉金属指示剂的使用及其终点的变化。

二、知识原理

标定 EDTA 溶液常用的基准物有 Zn、ZnO、$CaCO_3$、Bi、Cu、$MgSO_4\cdot 7H_2O$、Hg、Ni、Pb 等。本实验采用锌作基准物质。在 pH=10 条件下:

滴定前　$Zn^{2+} + In \rightleftharpoons ZnIn$

纯蓝色　酒红色

滴定中　$Zn^{2+} + EDTA \rightleftharpoons Zn-EDTA$

终点时　$ZnIn + EDTA \rightleftharpoons Zn-EDTA + In$

酒红色　　　纯蓝色

通过下式求出 EDTA 溶液的浓度：

$$c(\text{EDTA})=\frac{m\times\frac{25.00}{250}}{M(\text{Zn})V(\text{EDTA})\times10^{-3}}$$

式中：c(EDTA)为 EDTA 溶液的浓度，单位是 mol/L；

m 为基准物质锌的质量，单位是 g；

M(Zn)为锌的摩尔质量，单位是 g/mol；

V(EDTA)为 EDTA 溶液的体积，单位是 mL。

三、训练用品

仪器：酸式滴定管，容量瓶，25.00 mL 移液管，锥形瓶，电子天平，洗瓶。

试剂：乙二胺四乙酸二钠，氨水(10%)，氨水-氯化铵缓冲溶液，基准物质锌，铬黑 T 指示剂(固体指示剂)，1∶1 盐酸。

四、训练内容

1. 0.01 mol/L EDTA 溶液的配制

称取分析纯 EDTA 二钠盐 0.95 g，溶于 50～200 mL 温水中，如混浊应过滤，冷却后，用蒸馏水稀释至 250 mL，摇匀，移入细口试剂瓶中，贴上标签，待标定。避免溶液与橡皮塞、橡皮管接触。

2. EDTA 溶液的标定

称取金属 Zn 0.15～0.20 g，置于 250 mL 烧杯中，加 1∶1 HCl 溶液 5 mL，盖好表面皿，必要时微微加热，使锌完全溶解。用水冲洗表面皿及烧杯内壁，然后将溶液移入 250 mL 容量瓶中，再加水至刻度，摇匀。用移液管吸取 25.00 mL 上述锌溶液置于 250 mL 锥形瓶中，(用 10%的氨水溶液调节溶液 pH 至 7～8。再加 pH＝10 的 $NH_3\cdot H_2O\text{-}NH_4Cl$ 缓冲溶液 10 mL，加水稀释至约 100 mL，加少许(约 0.1 g)铬黑 T 指示剂，用待标定的 EDTA 溶液滴定至溶液由酒红色变为纯蓝色。记录所消耗的 EDTA 溶液体积 V。平行标定 3 次。

五、数据记录及处理

测定次数	1	2	3
锌的质量/g			
配制锌溶液的体积/mL			
吸取锌溶液的体积/mL			
消耗 EDTA 溶液的体积/mL			
c(EDTA)/(mol/L)			
$\bar{c}$(EDTA)/(mol/L)			
相对平均偏差			

六、拓展训练与思考

(1)为什么不用乙二胺四乙酸而用其二钠盐配制 EDTA 标准溶液?

(2)标定 EDTA 溶液时为什么要在调节溶液 pH 至 7～8 再加入缓冲溶液?加 $NH_3 \cdot H_2O$-NH_4Cl 缓冲液的作用是什么?

(3)金属指示剂有哪些特点?铬黑 T 指示剂适用的 pH 范围是多少?

训练 7-2 水的总硬度及水中钙、镁离子含量测定

一、训练目的

1. 进一步熟悉 EDTA 标准溶液的配制和标定方法及操作;
2. 学会判断配位滴定的终点;
3. 了解缓冲溶液的应用;
4. 掌握配位滴定的基本原理、方法和计算;
5. 掌握铬黑 T、钙指示剂的使用条件和终点变化。

二、知识原理

水中硬度决定于钙、镁离子的总量。硬度的表示方法各国不统一,我国也不一致,在《生活饮用水的水质标准》中规定总硬度以每升水中含有 10 mg 碳酸钙表示;还有一种是将所测得的钙、镁折算成氧化钙的质量,即每升水中含有 10 mg 氧化钙或 7.2 mg 氧化镁,表示 1 个德国度。现以折算成碳酸钙浓度(mg/L)表示的硬度大致分为:

极软水	软水	中硬水	硬水	高硬水	超高硬水	特硬水
0～75	75～150	150～300	300～450	450～700	700～1 000	>1 000

测定自来水的硬度,一般采用配位滴定法,用 EDTA 标准溶液滴定水中的 Ca^{2+}、Mg^{2+} 总量然后换算为相应的硬度单位。

用 EDTA 滴定 Ca^{2+}、Mg^{2+} 总量时,一般是在 pH=10 的氨性缓冲溶液进行,用 EBT 作指示剂。化学计量点前,Ca^{2+}、Mg^{2+} 和 EBT 生成紫红色配合物,当用 EDTA 溶液滴定至化学计量点时,游离出指示剂,溶液呈现纯蓝色。

由于 EBT 与 Mg^{2+} 显色灵敏度高,与 Ca^{2+} 显色灵敏度低,所以当水样中 Mg^{2+} 含量较低时,用 EBT 作指示剂往往得不到敏锐的终点。这时可在 EDTA 标准溶液中加入适量的 Mg^{2+}(标定前加入 Mg^{2+} 对终点没有影响)或者在缓冲溶液中加入一定量 Mg^{2+}-EDTA 盐,利用置换滴定法的原理来提高终点变色的敏锐性,也可采用酸性铬蓝 K-萘酚绿 B 混合指示剂,此时终点颜色由紫红色变为蓝绿色。

滴定时,Fe^{3+}、Al^{3+} 等干扰离子,用三乙醇胺掩蔽;Cu^{2+}、Pb^{2+}、Zn^{2+} 等重金属离子则可用

KCN、Na_2S 或硫基乙酸等掩蔽。

本实验以 $CaCO_3$ 的质量浓度(mg/L)表示水的硬度。我国生活饮用水规定,总硬度以 $CaCO_3$ 计,不得超过 450 mg/L。

计算公式:

$$水的硬度(mg/L)=\frac{1\,000\,c(EDTA)V_1}{50.00}\times 100.09$$

$$\rho(Ca)(mg/L)=\frac{1\,000\,c(EDTA)V_2}{50.00}\times 40.08$$

$$\rho(Mg)(mg/L)=\frac{1\,000\,c(EDTA)(V_1-V_2)}{50.00}\times 24.31$$

式中:c 为 EDTA 的浓度,单位是 mol/L;

V_1 为钙、镁离子消耗 EDTA 的体积,单位是 mL;

V_2 为钙离子消耗 EDTA 的体积,单位是 mL;

40.08 为 Ca 的摩尔质量,单位是 g/mol;

24.31 为 Mg 的摩尔质量,单位是 g/mol;

100.09 为 $CaCO_3$ 的摩尔质量,单位是 g/mol。

三、训练用品

仪器:酸式滴定管,容量瓶,25.00 mL、50.00 mL 移液管,锥形瓶,电子天平,洗瓶。

试剂:(1)EDTA 标准溶液(0.01 mo/L)　称取 2 g 乙二胺四乙酸二钠盐($Na_2H_2Y\cdot 2H_2O$)于 250 mL 烧杯中,用水溶解稀释至 500 mL。如溶液需保存,最好将溶液贮存在聚乙烯塑料瓶中。

(2)氨性缓冲溶液(pH=10)　称取 20 g NH_4Cl 固体溶解于水中,加 100 mL 浓氨水,用水稀释至 1L。

(3)EBT 指示剂　与 NaCl 按 1∶100 的质量比混合,NN 指示剂与 NaCl 按 1∶100 的质量比混合。

(4)NN 指示剂　与 NaCl 按 1∶100 的质量比混合。

(5)盐酸(1+1)。

(6)氨水(1+2)。

(7)金属锌(99.99%)　取适量锌片或锌粒置于小烧杯中,用 0.1 mol/L HCl 清洗 1 min,以除去表面的氧化物,再用自来水和蒸馏水洗净,将水沥干,放入干燥箱中 100℃烘干(不要过分烘烤)冷却。

四、训练内容

1. EDTA 的标定

标定 EDTA 的基准物较多,可用纯金属锌标定,其方法如下:

金属锌为基准物质:称取 0.17~0.20 g 金属锌置于 100 mL 烧杯中,加入 1∶1 HCl 5 mL,立即盖上干净的表面皿,待反应完全后,用水吹洗表面皿及烧杯壁,将溶液转入 250 mL 容量瓶中,用水稀释至刻度,摇匀。

用移液管平行移取 25.00 mL Zn^{2+} 的标准溶液 3 份分别于 250 mL 锥形瓶中，加甲基红 1 滴，滴加(1＋2)的氨水至溶液呈现为黄色，再加蒸馏水 25 mL，氨性缓冲溶液 10 mL，摇匀，加 EBT 指示剂 2～3 滴，摇匀，用 EDTA 溶液滴至溶液由紫红色变为纯蓝色即为终点。计算 EDTA 溶液的准确浓度。

2. 自来水样的分析

打开水龙头，先放数分钟，用已洗净的试剂瓶承接水样 500～1 000 mL，盖好瓶塞备用。

移取 50.00 mL 水样于 250 mL 锥形瓶中，加氨性缓冲溶液 5 mL，加 EBT 指示剂适量，立即用 EDTA 标准溶液滴至溶液由红色变为纯蓝色即为终点，记录数据 V_1，平行 3 份，计算水的总硬度，以 $CaCO_3$ 表示。

重新移取 50.00 mL 水样于 250 mL 锥形瓶中，加 10％氢氧化钠溶液 5 mL，加钙指示剂适量，立即用 EDTA 标准溶液滴至溶液由红色变为纯蓝色即为终点，记录数据 V_2，平行 3 份，计算水中的钙、镁离子浓度(mg/L)。

五、数据记录及处理

1. EDTA 标准溶液的标定

测定次数	1	2	3
锌的质量/g			
配制锌溶液的体积/mL			
吸取锌溶液的体积/mL			
消耗 EDTA 溶液的体积/mL			
c(EDTA)/(mol/L)			
平均 c(EDTA)/(mol/L)			
相对平均偏差			

2. 自来水样的分析

测定次数	1	2	3
水样体积/mL			
V_1/mL			
V_2/mL			
水的硬度/(mg/L)			
水的硬度平均值/(mg/L)			
ρ(Ca)/(mg/L)			
$\bar{\rho}$(Ca)/(mg/L)			
ρ(Mg)/(mg/L)			
$\bar{\rho}$(Mg)/(mg/L)			
相对平均偏差			

六、拓展训练与思考

(1)EDTA、铬黑 T 分别与 Ca^{2+}、Mg^{2+} 形成的配合物稳定性顺序如何？

(2)为什么滴定 Ca^{2+}、Mg^{2+} 总量时要控制溶液 pH=10、滴定 Ca^{2+} 时要控制 pH=12？

训练 7-3　钙片中钙含量的测定

一、训练目的

(1)学会用碳酸钙标定 EDTA 的方法；

(2)根据所学知识，提出补钙药物中钙含量测定的实验方法。

二、知识原理

EDTA 的标定本实验中选用 $CaCO_3$ 作基准物质，$CaCO_3$ 和 HCl 反应转变成 Ca^{2+}，EDTA(H_4Y)与 Ca^{2+} 的反应如下：

$$Ca^{2+} + Y^{4-} \rightleftharpoons CaY^{2-}$$

用钙指示剂(H_3Ind)确定终点，在 pH≥12 时，$HInd^{2-}$ 离子(纯蓝色)与 Ca^{2+} 形成较稳定的 $CaInd^-$ 配离子(酒红色)，所以在钙标准溶液中加入钙指示剂时，溶液呈酒红色。当用 EDTA 溶液滴定时，EDTA 与 Ca^{2+} 形成比 $CaInd^-$ 配离子更稳定的 CaY^{2-} 配离子，所以在滴定终点附近 $CaInd^-$ 不断转化为 CaY^{2-}，而该指示剂被游离出，所以终点时溶液由酒红色转变为纯蓝色。若有 Mg^{2+} 共存，调节 pH≥12，让 Mg^{2+} 生产 $Mg(OH)_2$ 沉淀，并且 $Mg(OH)_2$ 沉淀会使终点颜色更敏锐。

新盖中盖高钙片中钙是以 $CaCO_3$ 的形式存在的，理论上每片中含钙 500 mg，一片一般是 2.5 g。$CaCO_3$ 用盐酸溶解后，钙以 Ca^{2+} 形式存在于溶液中。然后加入 NaOH 溶液，调节溶液的 pH≥12，Mg^{2+} 便以沉淀被除去。从而减少 Mg^{2+} 的干扰。然后加入钙指示剂(H_3Ind)为指示剂，指示剂与钙离子生成酒红色配合物，用 EDTA 滴定，钙离子与 EDTA 结合，游离出指示剂，溶液呈现蓝色(即为滴定终点)，记录数据。

通过下式求出 EDTA 溶液的浓度：

$$c(\text{EDTA}) = \frac{m \times \frac{25.00}{250}}{M(\text{CaCO}_3)V(\text{EDTA}) \times 10^{-3}}$$

式中：c(EDTA)为 EDTA 溶液的浓度，单位是 mol/L；

m 为基准物质碳酸钙的质量，单位是 g；

$M(CaCO_3)$为碳酸钙的摩尔质量，单位是 g/mol；

V(EDTA)为 EDTA 溶液的体积，单位是 mL。

通过下式求出样品钙片中含钙的质量：

$$m(Ca)=\frac{c(EDTA)V(EDTA)M(Ca)}{m\times\frac{25.00}{250}}\times 2.500$$

式中：c(EDTA)为 EDTA 溶液的浓度，单位是 mol/L；

m 为称量样品钙片的质量，单位是 g；

M(Ca)为钙的摩尔质量，单位是 g/mol；

V(EDTA)为 EDTA 溶液的体积，单位是 mL；

m(Ca)为每片钙片中含钙的质量，单位是 mg/片。

三、训练用品

仪器：酸式滴定管，锥形瓶，容量瓶，移液管(25.00 mL)，电子天平，称量瓶。

试剂：EDTA(0.01 mol/L)；NaOH (2 mol/L)；HCl (2 mol/L)，$CaCO_3$(固体、GR 或 AR)，钙指示剂，镁溶液，新盖中盖高钙片。

四、训练内容

1. EDTA(0.01 mol/L)溶液的配制

称取 2 g EDTA 二钠盐于 250 mL 的烧杯中，加水溶解后稀释至 500 mL，贮于聚乙烯瓶中备用。

2. $CaCO_3$ 标准溶液(0.010 00 mol/L)的配制

准确称取基准物质 $CaCO_3$ 0.250 0 g，先用少量水润湿，再逐滴加入 2 mol/L HCl 至恰好完全溶解，转移到 250 mL 容量瓶中，加水稀释至刻度。

3. EDTA 浓度的标定

准确移取 25.00 mL $CaCO_3$ 标准溶液 3 份，分别置于 250 mL 锥形瓶中，加 5 mL NaOH 溶液，钙指示剂 30 mg，EDTA 滴定至蓝色。

4. 钙制剂中钙含量的测定

称取钙片样品 0.2～0.4 g，逐滴滴加 2 mol/L HCl 至刚好溶解完全(溶解时注意用玻璃棒捣碎钙片)。加蒸馏水继续蒸发除去过量的酸至 pH=6～7，转移到 250 mL 容量瓶中，蒸馏水定容，摇匀。准确移取上述溶液 25.00 mL 于 250 mL 锥形瓶中，加入 NaOH 溶液 10 mL，蒸馏水 25 mL，摇匀，加入钙指示剂 30 mg，用标定的 EDTA 标准溶液滴至由酒红色变为蓝色。平行滴定 3 次。

五、数据记录及处理

1. EDTA 浓度的标定及基准物碳酸钙称量结果

<table>
<tr><th colspan="2">实验次数</th><th>1</th><th>2</th><th>3</th></tr>
<tr><td colspan="2">基准物 $m(CaCO_3)$/g</td><td colspan="3"></td></tr>
<tr><td colspan="2">V(EDTA)终读数(V_2)/mL</td><td></td><td></td><td></td></tr>
<tr><td colspan="2">V(EDTA)初读数(V_1)/mL</td><td></td><td></td><td></td></tr>
<tr><td colspan="2">V(标准 EDTA 溶液的用量)/mL</td><td></td><td></td><td></td></tr>
<tr><td rowspan="2">c(EDTA)/(mol/L)</td><td>测定值</td><td></td><td></td><td></td></tr>
<tr><td>平均值</td><td colspan="3"></td></tr>
</table>

2. 钙片中钙含量的测定

测定次数	1	2	3
钙片重/g			
c(EDTA)/(mol/L)			
V(EDTA)终读数(V_2)/mL			
V(EDTA)初读数(V_1) /mL			
V(EDTA)(V_2-V_1)/mL			
m(Ca)/(mg/片)			
$\overline{m}$(Ca)			

六、拓展训练与思考

了解人们对补钙药物的认识，提出一些好的建议。

训练 7-4　蛋壳中钙含量的测定

一、训练目的

(1)掌握用 ZnO 基准物质标定 EDTA 溶液的方法；

(2)掌握用 EDTA 法测定鸡蛋壳中钙含量的测定方法和操作。

二、知识原理

鸡蛋壳中的主要成分是 $CaCO_3$，其次是 $MgCO_3$，蛋白质，色素以及少量的 Fe 和 Al。

在 pH>12 的介质中，Mg^{2+} 会形成 $Mg(OH)_2$ 沉淀，从而掩蔽 Mg^{2+} 可以直接滴定测出 Ca^{2+}，以钙指示剂为指示剂，用 EDTA 标准溶液滴定测定，鸡蛋壳试液中钙的含量。由于钙离子与 EDTA 形成的络合物比与钙指示剂形成的要稳定，可以通过置换反应来进行滴定和观察滴定终点，即溶液由酒红色变为蓝色。

Zn^{2+} 标准溶液浓度　　$c(Zn^{2+})=\dfrac{m(ZnO)}{M(ZnO)V(Zn)}$

EDTA 标准溶液浓度　　$c(EDTA)=\dfrac{c(Zn^{2+})\times V(Zn^{2+})}{V_{终}-V_{初}}$

钙含量

$$w(Ca)=\frac{\overline{c}(EDTA)\times(V_{终}-V_{初})\times M(Ca)}{m(鸡蛋壳)\times\frac{25.00}{250}\times 1\,000}\times 100\%$$

式中：$m(ZnO)$为氧化锌的质量，单位是 g；
$M(ZnO)$为氧化锌的摩尔质量，单位是 g/mol；
$c(Zn^{2+})$为标准锌溶液的浓度，单位是 mol/L；
$V(Zn^{2+})$为标准锌溶液的体积，单位是 mL；
$c(EDTA)$为 EDTA 的浓度，单位是 mol/L；
V 为消耗 EDTA 的体积，单位是 mL；
$M(Ca)$为 Ca 的摩尔质量，单位是 g/mol；
m(鸡蛋壳)为鸡蛋壳的质量，单位是 g；
$w(Ca)$为蛋壳中钙的含量。

三、训练用品

仪器：酸式滴定管，锥形瓶，250 mL 容量瓶，移液管(25.00 mL)，电子天平，称量瓶，洗瓶。

试剂：ZnO 基准物质，EDTA 标准溶液，pH＝10 的氨性缓冲溶液，6 mol/L 的 HCl 溶液，1 mol/L 的 HCl 溶液，0.1 mol/L 的 NaOH 溶液，EBT 指示剂，NN 指示剂，样品蛋壳。

四、训练内容

1. Zn^{2+} 标准溶液的配制

准确称量 0.3～0.4 g ZnO 于烧杯中，加入 2～3 mL 6 mol/L 的 HCl 溶液，使 ZnO 全部溶解后定量地转移到 250 mL 容量瓶中，定容。

2. 0.02 mol/L 的 EDTA 标准溶液的配制和标定

称取 3.75 g 的 EDTA 二钠盐固体，用适量的水温热溶解，冷却后转移到试剂瓶中稀释至 500 mL。

用移液管移取 25.00 mL 的 Zn^{2+} 标准溶液于 250 mL 锥形瓶中，加入 20～30 mL 水，不断摇动下，滴加 1∶1 $NH_3 \cdot H_2O$ 溶液至产生白色沉淀，然后继续滴加至沉淀恰好溶解。加入 10 mL pH＝10 的氨性缓冲溶液和少量的 EBT 指示剂(此时溶液成酒红色)，用 EDTA 溶液去滴定至溶液由酒红色变为纯蓝色。平行滴定 3 次。

3. 样品的预处理样液的配制

将蛋壳洗干净，在水中煮沸 5～10 min，去除内表层的蛋白质膜，置于烘箱中用 105℃ 烘干，研成粉末，贮存于称量瓶，放入干燥器中。

用减重法称取 0.18～0.19 g 的鸡蛋壳粉末于 100 mL 的烧杯中，加入 4～5 mL 的 1 mol/L 的 HCl，待完全溶解后，定量转移到 250 mL 容量瓶中。

4. 鸡蛋壳中钙含量的测定

用 25.00 mL 移液管移取样品溶液于锥形瓶中，加入 10 mL 的 0.1 mol/L 的 NaOH 溶液，滴入 1～2 滴的钙指示剂，用 EDTA 标准溶液滴定，滴定至溶液由酒红色变为蓝色。平行滴定 3 次。

五、数据记录及处理

1. Zn^{2+} 标准溶液的配制

项目	内容
$m(ZnO)/g$	
$V_{溶液}/mL$	
$c(Zn^{2+})/(mol/L)$	

2. 0.02 mol/L 的 EDTA 标准溶液的配制和标定

测定次数	1	2	3
$c(Zn^{2+})/(mol/L)$			
$V(Zn^{2+})/mL$			
$V_{初}/mL$			
$V_{终}/mL$			
$V_{终}-V_{初}/mL$			
$c(EDTA)/(mol/L)$			
$\overline{c}(EDTA)/(mol/L)$			
相对平均偏差			

3. 鸡蛋壳中钙含量的测定

测定次数	1	2	3
m(鸡蛋壳)/g			
$\overline{c}(EDTA)/(mol/L)$			
$V_{初}/mL$			
$V_{终}/mL$			
$V_{终}-V_{初}/mL$			
$w(Ca)$			
$\overline{w}(Ca)$			
相对平均偏差			

六、拓展训练与思考

(1)了解市场上补钙制剂的种类。

(2)了解生活中含钙较高的农副产品都有哪些。

【实战提升】

UDC 614.777:543
.24:546.41
:546<46
GB 7477—87

中华人民共和国国家标准

水质　钙和镁总量的测定　EDTA滴定法

Water quality—Determination of the sum of calcium and magnesium—EDTA titrimetricmethod

本标准等效采用 ISO 6059—1984《水质　钙与镁总量的测定　EDTA 滴定法》。

1　适用范围

本标准规定用 EDTA 滴定法测定地下水和地面水中钙和镁的总量。本方法不适用于含盐量高的水，诸如海水。本方法测定的最低浓度为 0.05 mmol/L。

2　原理

在 pH=10 的条件下，用 EDTA 溶液络合滴定钙和镁离子。铬黑 T 作指示剂，与钙和镁生成紫红或紫色溶液。滴定中，游离的钙和镁离子首先与 EDTA 反应，跟指示剂络合的钙和镁离子随后与 EDTA 反应，到达终点时溶液的颜色由紫色变为天蓝色。

3　试剂

分析中只使用公认的分析纯试剂和蒸馏水，或纯度与之相当的水。

3.1　缓冲溶液(pH=10)

3.1.1　称取 1.25 g EDTA 二钠镁($C_{10}H_{12}N_2O_8Na_2Mg$)和 16.9 g 氯化铵(NH_4Cl)溶于 143 mL 浓的氨水($NH_3 \cdot H_2O$)中，用水稀释至 250 mL。因各地试剂质量有出入，配好的溶液应按 3.1.2 方法进行检查和调整。

3.1.2　如无 EDTA 二钠镁，可先将 16.9 g 氯化铵溶于 143 mL 氨水。另取 0.78 g 硫酸镁($MgSO_4 \cdot 7H_2O$)和 1.179 g EDTA 二钠二水合物($C_{10}H_{14}N_2O_8Na_2 \cdot 2H_2O$)溶于 50 mL 水，加入 2 mL 配好的氯化铵-氨水溶液和 0.2 g 左右铬黑 T 指示剂干粉(3.4)。此时溶液应显紫红色，如出现天蓝色，应再加入极少量硫酸镁使变为紫红色。逐滴加入 EDTA 二钠溶液(3.2)直至溶液由紫红转变为天蓝色为止(切勿过量)。将两溶液合并，加蒸馏水定容至 250 mL。如果合并后，溶液又转为紫色，在计算结果时应减去试剂空白。

3.2　EDTA 二钠标准溶液：≈10 mmol /L

3.2.1　制备

将一份 EDTA 二钠二水合物在 80℃干燥 2 h，放入干燥器中冷至室温，称取 3.725 g 溶于水，在容量瓶中定容至 1 000 mL，盛放在聚乙烯瓶中，定期校对其浓度。

3.2.2 标定

按第6章的操作方法，用钙标准溶液(3.3)标定EDTA二钠溶液(3.2.1)。取20.0 mL钙标准溶液(3.3)稀释至50 mL。

3.2.3 浓度计算

EDTA二钠溶液的浓度c_1(mmol /L)用式(1)计算：

$$c_1=\frac{c_2V_2}{V_1} \quad \cdots\cdots (1)$$

式中：c_2为钙标准溶液(3.3)的浓度，单位是mmol/L；

V_2为钙标准溶液的体积，单位是mL；

V_1为标定中消耗的EDTA二钠溶液体积，单位是mL。

3.3 钙标准溶液：10 mmol/L

将一份碳酸钙($CaCO_3$)在150℃干燥2 h，取出放在干燥器中冷至室温，称取1.001 g于500 mL锥形瓶中，用水润湿。逐滴加入4 mol/L盐酸至碳酸钙全部溶解，避免滴入过量酸，加200 mL水，煮沸数分钟赶除二氧化碳，冷至室温，加入数滴甲基红指示剂溶液(0.1 g溶于100 mL 60%乙醇)，逐滴加入3 mol/L氨水至变为橙色，在容量瓶中定容至1 000 mL。此溶液1.00 mL含0.400 8 mg(0.01 mmol)钙。

3.4 铬黑T指示剂

将0.5 g铬黑T[$HOC_{10}H_6N:N_{10}H_4(OH)(NO_2)SO_3Na$，又名媒染黑11，学名：1-(1-羟基-2-萘基偶氮)-6-硝基-2-萘酚-4-磺酸酸钠盐，sodium salt of 1-(1-hydroxy-2-naphthyl-azo)-6-nitro-2-naphthol-4-sulfonic acid)溶于100 mL三乙醇胺[$N(CH_2CH_2OH)_3$]，可最多用25 mL乙醇代替三乙醇胺以减少溶液的黏性，盛放在棕色瓶中。或者，配成铬黑T指示剂干粉；称取0.5 g铬黑T与100 g氯化钠(NaCl,GB 1266—77)充分混合，研磨后通过40～50目，盛放在棕色瓶中，紧塞。

3.5 氢氧化钠：2 mol/L溶液

将8 g氢氧化钠(NaOH)溶于100 mL新鲜蒸馏水中。盛放在聚乙烯瓶中，避免空气中二氧化碳的污染。

3.6 氰化钠(NaCN)

注意：氰化钠是剧毒品，取用和处置时必须十分谨慎小心，采取必要的防护。含氰化钠的溶液不可酸化。

3.7 三乙醇胺[$N(CH_2CH_2OH)_3$]。

4 仪器

常用的实验室仪器。

滴定管：50 mL，分刻度至0.10 mL。

5 采样和样品保存

采集水样可用硬质玻璃瓶(或聚乙烯容器)，采样前先将瓶洗净。采样时用水冲洗3次，再采集于瓶中。

采集自来水及有抽水设备的井水时，应先放水数分钟，使积留在水管中的杂质流出，然后将水样收集于瓶中。采集无抽水设备的井水或江、河、湖等地面水时，可将采样设备浸入水中，使采样瓶口位于水面下 20～30 cm，然后拉开瓶塞，使水进入瓶中。

水样采集后（尽快送往实验室），应于 24 h 内完成测定。否则，每升水样中应加 2 mL 浓硝酸作保存剂（使 pH 降至 1.5 左右）。

6　步骤

6.1　试样的制备

一般样品不需预处理。如样品中存在大量微小颗粒物，需在采样后尽快用 0.45 μm 孔径滤器过滤。样品经过滤，可能有少量钙和镁被滤除。

试样中钙和镁总量超出 3.6 mmol/L 时，应稀释至低于此浓度，记录稀释因子 F。

如试样经过酸化保存，可用计算量的氢氧化钠溶液（3.5）中和。计算结果时，应把样品或试样由于加酸或碱的稀释考虑在内。

6.2　测定

用移液管吸取 50.0 mL 试样于 250 mL 锥形瓶中，加 4 mL 缓冲溶液（3.1）和 3 滴铬黑 T 指示剂溶液或 50～100 mg 指示剂干粉（3.4），此时溶液应呈紫红或紫色，其 pH 应为 10.0±0.1。为防止产生沉淀，应立即在不断振摇下，自滴定管加入 EDTA 二钠溶液（3.2），开始滴定时速度宜稍快，接近终点时应稍慢，并充分振摇，最好每滴间隔 2～3 s，溶液的颜色由紫红或紫色逐渐转为蓝色，在最后一点紫的色调消失，刚出现天蓝色时即为终点，整个滴定过程应在 5 min 内完成。记录消耗 EDTA 二钠溶液体积的毫升数。

如试样含铁离子为 30 mg/L 或以下，在临滴定前加入 250 mg 氰化钠（3.6），或数毫升三乙醇胺（3.7）掩蔽。氰化物使锌、铜、钴的干扰减至最小。加氰化物前必须保证溶液呈碱性。

试样如含正磷酸盐和碳酸盐，在滴定的 pH 条件下，可能使钙生成沉淀，一些有机物可能干扰测定。

如上述干扰未能消除，或存在铝、钡、铅、锰等离子干扰时，需改用原子吸收法测定。

7　结果的表示

钙和镁总量 c（mmol/L）用式（2）计算：

$$c=\frac{c_1V_1}{V_0} \qquad (2)$$

式中：c_1 为 EDTA 二钠溶液浓度，单位是 mmol/L；

V_1 为滴定中消耗 EDTA 二钠溶液的体积，单位是 mL；

V_0 为试样体积，单位是 mL。

如试样经过稀释，采用稀释因子 F 修正计算。

关于硬度的计算，见附录 A。1 mmol/L 的钙镁总量相当于 100.1 mg/L 以 $CaCO_3$ 表示的硬度。

8 精度

本方法的重复性为±0.04 mmol/L，约相当于±2滴EDTA二钠溶液。

附录A
水硬度的概念
（参考件）

硬度，不同国家有不同的定义概念，如总硬度、碳酸盐硬度、非碳酸盐硬度。

A.1 定义

A.1.1 总硬度——钙和镁的总浓度。

A.1.2 碳酸盐硬度——总硬度的一部分，相当于跟水中碳酸盐及重碳酸盐结合的钙和镁所形成的硬度。

A.1.3 非碳酸盐硬度——总硬度的另一部分，当水中钙和镁含量超出与它们结合的碳酸盐和重碳酸盐含量时，多余的钙和镁就跟水中氯化物、硫酸盐、硝酸盐结成非碳酸盐硬度。

A.2 硬度的表示方法

A.2.1 德国硬度——1德国硬度相当于CaO含量为10 mg/L或为0.178 mmol/L。

A.2.2 英国硬度——1英国硬度相当于$CaCO_3$含量为1格令/英加仑，或为0.143 mmol/L。

A.2.3 法国硬度——1法国硬度相当于$CaCO_3$含量为10 mg/L或为0.1 mmol /L。

A.2.4 美国硬度——1美国硬度相当于$CaCO_3$含量为1 mg/L或为0.01 mmol /L。

A.3 硬度换算表

		mmol/L	德国	英国	法国	美国
			°DH	°Clark	degreeF	mg/L
	mmol/L	1	5.61	7.02	10	100
德国	°DH	0.178	1	1.25	1.78	17.8
英国	Clark	0.143	0.08	1	1.43	14.3
法国	degreeF	0.1	0.56	0.70	1	10
美国	mg/L	0.01	0.056	0.070	0.1	1

附加说明：

本标准由国家环境保护局规划标准处提出。

本标准由中国预防医学科学院环境卫生与卫生工程研究所负责起草。

本标准主要起草人黄承武。

本标准由中国环境监测总站负责解释。

项目八

样品的前处理

【技能目标】

学会分析试样前处理的操作技术。

【知识目标】

掌握分析试样前处理的原理和方法。

【知识学习】

现代分析化学所面临的样本性质的复杂程度是前所未有的，分析的对象不仅包括气、液、固相中的所有物质，而且往往以多相形式存在；其组成不但复杂，而且测定时往往相互干扰；同时被检测物的浓度要求越来越低，稳定性随时变化，因而给分析带来了一系列困难，尤其是各种环境与生物样本采集后直接进行的可能性很小，一般都要经过样本制备与前处理以后才能测定。样品前处理的目的：

(1)使被测组分从复杂的样品中分离出来，制成便于测定的溶液形式。

(2)除去对分析测定有干扰的物质。

(3)如果被测组分的浓度较低，还需要进行浓缩富集。

(4)如果被测组分用选定的分析方法难以检测，还需要通过样品衍生化处理使其定量地转化成另一种易于检测的化合物。

样品前处理的效果往往是决定分析成功与否的关键。其包括样品的提取、样品提取液的纯化和浓缩三个步骤。

任务一　样品的提取

由于被测物质的性质、所使用的分析方法不同，其提取的方法也不同。常用的提取方法有溶剂提取法、灰化法和蒸馏法三种。

一、溶剂提取法

溶剂提取法是利用有机溶剂将样品中的有机毒物如农药、真菌毒素等提取出来加以纯化、浓缩供检测用的一种分离技术。

为了使毒物尽可能完全地被提取出来，而其他成分则尽可能少地进入提取液中，以便于纯化、浓缩，必须正确地选择合适的提取溶剂和提取方法。

(一)提取溶剂的选择

提取溶剂的选择主要根据相似相溶原理，即根据被测物质的极性大小来选择相应的提取溶剂。常用溶剂的极性顺序为：

氨水＞水＞乙酸＞甲醇＞乙醇＞丙醇＞丙酮＞乙酸乙酯＞氯仿＞二氯甲烷＞乙醚＞苯＞甲苯＞四氯化碳＞环己烷＞正己烷。

其次，应考虑提取溶剂的沸点。一般认为提取溶剂以沸点为40～80℃者为宜。过高，则不易浓缩，在浓缩过程中易引起某些被测物质的破坏；过低则容易挥发，不便于定容。

此外，还需考虑溶剂的稳定性(即溶剂不能与样品发生反应)、价格、毒性以及分析所用的仪器(使用电子捕获检测仪时不能用含氯溶剂)等。

(二)提取方法的选择

提取方法主要有振荡提取法、组织捣碎提取法和索氏提取法三种。

1. 振荡提取法

这是一种最为常用的有机毒物提取法。将样品粉碎，过筛后放入磨口具塞的三角烧瓶中，加入适宜的溶剂，置于电动振荡器中振荡提取30～60 min，然后用过滤的方法将残渣与提取液分开，残渣再用有机溶剂洗涤数次，合并到提取液中。

2. 组织捣碎提取法

本法主要用于新鲜蔬菜、牧草等含水量较多的样品。将样品切碎后放入组织捣碎机，加入适宜的溶剂，快速捣碎3～5 min，然后过滤，残渣用溶剂洗涤数次，合并到提取液中。此法提取效率高，但杂质的溶出也较多，在捣碎过程中所产生的乳化现象，可用离心法除去。

3. 索氏提取法

索氏提取法是一种应用索氏提取器进行连续回流提取的方法。索氏提取器又称脂肪提取器，有烧瓶、抽提筒和冷凝管三部分组成。将样品用滤纸包好，放在抽提筒内，溶剂放在烧瓶内，抽提时，加热下端烧瓶内的溶剂，溶剂不断蒸发，进入冷凝器中，被冷凝成液体进入抽提管中对样品进行抽提，当溶剂达到一定高度后，就借助虹吸管流到烧瓶中，溶剂不断地蒸发、冷凝、抽提、回流，直到样品中的被测物质全部地被抽提出来。此法常用于谷类的提取。优点是溶剂的使用量少，提取完全，回收率高，但较费时，一般每个样品要抽提12 h以上。

二、灰化法

灰化法是利用高温除去样品中的有机质，剩余的灰分用酸溶解，作为样品待测溶液. 该法适用于食品和植物样品等有机物含量多的样品测定。样品中的矿物质如Hg、F、Pb等与有机物结合形成稳定、牢固的难以解离的物质，故不能用一般的化学反应进行检测。在分析样品中的有毒矿物质时，需将样品灰化，破坏有机物质，使结合状态的金属或非金属转变成无机物的形式,以便进行检测。根据分析项目不同,破坏样品中有机物质的方法主要有干灰化法和湿灰化法两类。

(一)干灰化法

简称灰化法或灼烧法,是一种常用的有机物质破坏法,适用于除汞、砷以外的各种金属类金属元素。

1. 干灰化的方法

根据灰化过程中是否加其他试剂,干灰化的方法又分两种。

(1)直接灰化法 将样品放在坩埚中,在高温灼烧下,使样品脱水、焦化,在空气中氧的作用下,使样品中的有机物氧化分解成二氧化碳、水和其他气体而挥发,剩下无机物(盐类或氧化物),用适当溶剂溶解定容,供测定用。

(2)加助灰化剂灰化法 常用的助灰化剂有氧化镁、硝酸镁、氢氧化钠、氢氧化钙等。加入助灰化剂,可使样品呈疏松状态,加速灰化过程,并使灰化完全。此外,助灰化剂还可和被测物质结合成难挥发的盐类,防止灰化过程中被测物质的损失,如氧化镁或硝酸镁能使砷变成难挥发的焦砷酸镁($Mg_2As_2O_7$),氢氧化钙则转变成难挥发的 CaF_2 等。

2. 干灰化法的特点

干灰化法优点:

(1)其他试剂少,减少了操作过程污染的可能性,因而空白值较低。

(2)样品分解彻底,操作简便,仪器设备简单,一次可以处理大量的样品。

干灰化法缺点:

(1)干灰化费时,一般 500～550℃需 4 h,600℃需 1～2 h。

(2)长时间的高温加热易使一些被测物质挥发。

(3)瓷坩埚能吸附金属,可造成结果偏低。

3. 干灰化法操作的注意事项

(1)灰化前应进行样品的预炭化,预炭化系指将坩埚内的样品先放在文火上加热,直至样品变黑,然后转入控温马弗炉内 550℃灰化,预炭化的目的在于防止样品因急剧灼烧引起的残灰飞散。

(2)瓷坩埚对金属有吸附作用,特别是新的瓷坩埚,因此在使用时应选用用过的坩埚。

(3)如果样品在灰化后仍不变白,可在冷却后沿坩埚边缘加入少量蒸馏水湿润,再使其充分干燥后继续灰化。加水的目的是有助于灰分溶解,解除低熔点灰分对炭粒的包裹。

(二)湿灰化法

简称消化法,也是常用的样品无机化方法之一。系利用氧化性强酸,结合加热将有机物质破坏使待测的无机物分解释放出来并形成难挥发的无机化合物供测定用。它适用于易挥发散失的矿物质,除汞外,大多数金属均有良好效果。

1. 常用的氧化性强酸

在消化过程中常用的氧化性强酸有浓硝酸、浓硫酸和高氯酸三种。

(1)浓硝酸 通常使用的浓硝酸,其浓度为 65%～68%,有较强的氧化性,浓 HNO_3 在温热条件下分解成 O_2、NO_2 和 H_2O,NO_2 进一步分解成 O_2 及 NO。

$$2HNO_3 = 2NO_2 + \frac{1}{2}O_2 + H_2O$$

$$2NO_2 = 2NO + O_2$$

硝酸沸点较低,易挥发,因而需要经常放冷补充,消化完成后消化液中常含有较多氮氧化物,必要时需加热或加水加热除去。

(2)高氯酸　冷的高氯酸无氧化能力,但热的高氯酸却是一种极强的氧化剂,氧化能力强于硝酸和硫酸。这是由于高氯酸在加热条件下能产生氧和氯。

$$4HClO_4 = 7O_2 + 2Cl_2 + H_2O$$

应予注意的是,$HClO_4$ 在高温下直接接触还原性较强的物质如酒精、脂肪、糖类、甘油等有发生爆炸的可能,故一般不单独使用,并且勿使消化液烧干,以免发生危险。

(3)硫酸　热的浓硫酸具有一定的氧化作用。受热分解时,放出氧、二氧化硫和水。

$$H_2SO_4 = \frac{1}{2}O_2 + SO_2 + H_2O$$

硫酸较硝酸、高氯酸弱得多,但硫酸沸点高,不易挥发。

在实际工作中,除了单独使用浓硫酸的消化法外,经常采取两种或两种以上氧化性强酸配合使用,利用各种酸的特点,取长补短,以达到安全快速、完全破坏有机物的目的。下面介绍常用的两种湿消化方法。

(1)硝酸-硫酸湿消化法　将 5 g 样品置于 100 mL 的凯氏烧瓶中,随之加入与浓硝酸等体积的蒸馏水,缓缓加热至沸腾,继续加热至容积减半。冷却后逐渐加入 10 mL 硫酸,再加热,待内容物变黑,即加入少量浓硝酸,为防止过度炭化,加热必须适度,整个消化过程必须存在少量的硝酸,加热至发烟而不再变黑,最后至溶液无色,冷却,用蒸馏水稀释至一定体积备用。

本法可缩短炭化过程,减少消化时间,反应速度适中。但因消化过程中使用硫酸,而碱土金属的硫酸盐溶解度较小,故本法不宜作碱土金属的分析。

(2)硝酸-高氯酸湿消化法　将含有不超过 2 g 干物质的样品置于 200 mL 的凯氏烧瓶中,加入 25 mL 硝酸(相对密度为 1.42)缓慢煮沸 30 min,冷却,加 15 mL 高氯酸(60%)。缓慢煮沸至无色或近乎无色,继续沸腾 1 h(注意防止瓶中内容物蒸干)。冷却,用蒸馏水稀释至适当体积备用。

本法氧化能力强,反映速度快,炭化过程不明显;消化温度较低,挥发损失少。但由于硝酸和高氯酸加热后均容易挥发,故如温度过高、加热时间过长,容易烧干,并可能引起残余物燃烧或爆炸。本法对某些还原性较强的样品,如酒精、甘油、油脂和大量磷酸盐存在时,不宜采用。

2.湿消化法的特点

湿消化法的优点:所用时间短,温度较低,因而挥发损失较少,同时应用玻璃仪器(凯氏烧瓶),吸附损失也较少;湿消化法的缺点:使用试剂较多,易造成高的试剂空白值,操作较复杂,危险性大,不便于大量样品的处理。为此,美国分析化学家协会推荐一种湿消化法和干灰化法相结合的消化方法,其过程如下:

1 g 样品置于上釉的高形陶瓷坩埚内,500℃灰化 2 h,冷却,用 10 滴蒸馏水湿润,然后小心加入 3～4 mL 硝酸(1∶1),100～200℃下蒸发除去多余的硝酸,将坩埚转至马弗炉内,500℃灰化 1 h,冷却,用 100 mL 盐酸(1∶1)溶解并定量转至 50 mL 的容量瓶中定容。

3. 湿消化法的注意事项

(1)消化所用试剂要纯,同时必须做空白试验,以扣除消化试剂对测定数据的影响。

(2)样品中加入硫酸、硝酸后应先用文火加热,以防反应过于剧烈而产生大量泡沫,待反应平稳后方可加大火力,但整个消化过程的温度仍应严格控制,以防溶液溅出或消化不完全。

(3)消化过程中一定要保证瓶中有少量的液体,以防发生危险。在补充氧化剂时要先停止加热,并稍微放冷后,然后沿瓶壁缓缓加入,以防反应过于剧烈而造成喷溅。

三、蒸馏法

蒸馏法是处理含挥发性毒物的样品的常用方法,兼有提取和纯化的双重作用。常用蒸馏法有通气蒸馏法和水蒸气蒸馏法。通气蒸馏法是使样品中的挥发性成分在一定条件下(加热或反应成气体)挥发,随通入的洁净气体(如二氧化碳、氧气或空气等)蒸馏出来,被吸收液固定下来。水蒸气蒸馏法是用水蒸气代替洁净气体将有毒成分蒸馏出来,并被冷凝管冷凝进入接收器。

蒸馏时由于有毒成分变成气体被蒸馏出来,因而需注意整个蒸馏装置的密封性,以防有毒气体逸漏,造成毒害。另外,水蒸气发生器要装一定安全管,以防蒸汽压力过高造成蒸馏装置炸裂。

任务二 提取液的纯化

样品经提取,被测成分进入提取液中,但提取液成分仍很复杂,常含有多种杂质,有时会干扰正常的测定。因此,必须将样品提取液经过适当处理,除去其中的杂质。这个处理过程称为纯化(Clean up)。根据样品的性质,可采用不同的纯化方法。常用的纯化方法有:

1. 液-液分配法(又称萃取法)

液-液分配法是利用物质在两种互不相溶的溶剂中溶解度不同,将被测的有机污染物从抽提液转移到另一种溶剂中(即萃取剂)而与干扰物质分离,达到纯化目的的一种方法。此法操作简便、快速、回收率高,因而被广泛应用。

为了获得较好的分离效果,萃取剂的选择至关重要。萃取剂需要具备以下条件:

(1)与抽提液互不相溶。

(2)对被测的有机毒物(农药、真菌毒素等)有较大的溶解性。

(3)对色素、脂肪、蜡质等杂质有较小的溶解性。

一般来说,农药、真菌毒素等的极性较色素、脂肪等杂质为大,即前者在强极性溶剂中溶解度大,而后者在弱极性溶剂中溶解度大。因而通常萃取是用极性较大的氯仿、甲醇等溶剂来萃取石油醚等极性较小的抽提液,这样,极性物质被转移到萃取液中,而杂质仍在抽提液中。

用强极性的溶剂萃取虽然能达到纯化的目的,但强极性溶剂往往沸点较高,不易浓缩,因而需要进行反萃取。反萃取就是将萃取剂中的被测物质再转移到易浓缩的低沸点的弱极性有机溶剂中。反萃取的操作方法是向萃取液中加入一定量水相溶液与极性溶剂互溶，使被测物质的溶解度降低，再用低沸点弱极性溶剂进行反萃取。在水相溶液中加入少量盐类可大大提高反萃取的效率，这种现象称为盐析作用。

2. 柱层析法

柱层析法是利用抽提液中被测物质与干扰物质在固体吸附剂表面的吸附力不同，亦即它们在吸附剂与洗脱剂之间的分布情况不同而达到分离的目的。为了获得较好的分离效果，必须选择适当的吸附剂和洗脱剂。

常用的吸附剂有活性炭、硅胶、氧化铝等。一般而言，活性炭对色素的吸附力较强，而硅胶、氧化铝则对油脂等有较强的吸附力。吸附剂的选择，主要根据其特性，同时考虑被测物质和杂质的性质。在实际应用时，为了使色谱柱对各种杂质都有较好的吸附作用，集中吸附剂常以一定比例混合使用。吸附剂的吸附活性与其含水量有关，水分含量越高，活性越低，吸附力越弱，因此，可通过活化或减活处理调整吸附剂的活性。

洗脱剂一般为各种有机溶剂或几种有机溶剂按一定比例配成的混合溶剂，主要根据被测物质和杂质的性质选择。

3. 磺化法

磺化法是利用色素、油脂等杂质能与浓硫酸反应生成强极性而易溶于水的物质，从而与不和硫酸反应的被测物质分离的一种纯化方法。

色素、脂肪中的不饱和键、羟基都可与硫酸发生磺化反应。

本法操作简便，纯化效果好，回收率高，但只限于性质极为稳定的有机氯农药提取液的纯化。

操作方法：将抽提液置于分液漏斗中，加入 1/10 量的硫酸，振摇，静置分层，弃去下层酸液（含色素等），必要时重复一次，然后加入适量 2% 硫酸钠以洗去残留硫酸和其他极性杂质。

任务三　样品液的浓缩

经提取和纯化后的样品液，由于体积较大，其中被测成分的浓度往往较低，不适宜直接分析。所以，一般均需要浓缩。常见的浓缩的方法主要有：

1. 常压浓缩

适用于挥发性和沸点相对较低的组分，通过升高温度，将溶剂由液态转化成气态被抽走或被通过冷凝器再次收集，从而达到浓缩目的。

2. 减压浓缩

通过抽真空，使容器内产生负压，在不改变物质化学性质的前提下降低物质的沸点，使一些高温下化学性质不稳定或沸点高的溶剂在低温下由液态转化成气态被抽走或被通过冷凝器再次收集。

3. 冷冻干燥

冷冻的同时减压抽真空，使溶剂升华，适用于生物活性样品。

4. 氮吹浓缩

适用于体积小、易挥发的提取液。采用惰性气体对加热样液进行吹扫，使待处理样品迅速浓缩，达到快速分离纯化的效果。该方法操作简便，尤其可以同时处理多个样品，大大缩短了检测时间。被广泛应用于农残检测，制药行业和通用研究中的样品批量处理。图 1-8-1 为可视氮吹仪。

图 1-8-1 可视氮吹仪

第二部分

仪器分析

项目一　紫外-可见分光光度法
项目二　原子吸收光谱法
项目三　气相色谱法
项目四　高效液相色谱法

项目一

紫外-可见分光光度法

【技能目标】

1. 能正确使用紫外-可见分光光度计；
2. 熟悉紫外-可见分光光度计的日常维护与保养；
3. 能正确配制标准溶液、绘制吸收曲线和工作曲线；
4. 能根据待测样品和实验室现有条件，进行最佳实验条件的选择，如显色剂用量、酸度、显色时间、干扰消除以及仪器测定条件的选择；
5. 能正确进行数据记录和处理；
6. 能利用紫外-可见分光光度法(也叫紫外-可见吸收光谱法)对项目进行定性和定量测定。

【知识目标】

1. 掌握物质的吸收光谱曲线和光吸收定律；
2. 认知紫外-可见分光光度计的基本结构和各部件的作用；
3. 熟悉紫外-可见分光光度法的实验技术，包括溶剂的选择、显色条件的选择、干扰的消除以及测定条件的选择等；
4. 熟悉紫外-可见分光光度法的定性、定量方法；
5. 了解紫外-可见分光光度法在分析中的原理及实验技术。

【知识学习】

任务一　紫外-可见分光光度计的基本操作

紫外-可见分光光度计根据样品的浓度和吸光度是成正比关系的，浓度越大，吸收值越高，也就是朗伯-比尔定律的原理研发的测试物质含量以及定性的实验室常用仪器。它的应用领域涉及制药、医疗卫生、化学化工、计量科学、农业、林业、渔业等领域中的科研、教学等各个方面，用来进行定性分析、纯度检查、结构分析、络合物组成及稳定常数的测定、反应动力学研究等。

一、紫外-可见分光光度计的基本结构

紫外-可见分光光度法测定所用的仪器是紫外-可见分光光度计(简称分光光度计),紫外-可见分光光度计的型号和种类很多,就其基本结构而言,都是由光源、单色器、吸收池、检测器和数据处理及记录装置(计算机)五部分组成,如图 2-1-1 所示。

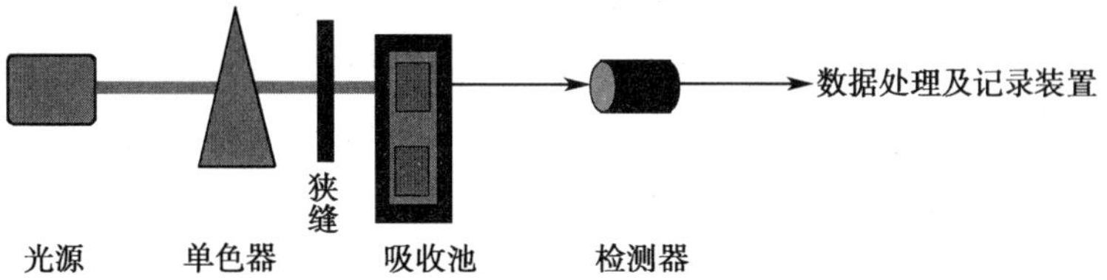

图 2-1-1 紫外-可见分光光度计基本结构示意图

由光源发出的光,经单色器而获得一定波长的单色光照射到样品溶液,被溶液吸收后,经检测器将光强度变化转变为电信号变化,并经信号指示系统调制放大后,显示或打印出吸光度 A(或透光度 T)报告,完成测定。

(一)光源

光源的作用是提供入射光,使待测分子产生吸收。对光源的基本要求是能提供所需波长范围的连续光谱,具有良好的稳定性,光强度足够大,辐射能量随波长无明显变化,使用寿命长。分为可见光光源(热辐射光源)和紫外光光源(气体放电光源)两类。钨丝灯、卤钨灯发射 325～2 500 nm 的连续光谱,最适宜工作范围为 360～1 000 nm,稳定性好,常用于作为可见分光光度计的光源。卤钨灯的使用寿命及发光效率高于钨丝灯。紫外光光源多为气体放电光源,应用最多的是氢灯、氘灯(185～375 nm)。氘灯的灯管内充有氢的同位素氘,是紫外区应用最广泛的一种光源,辐射强度比相同功率的氢灯要大 3～5 倍。近年来,具有高强度和高单色性的激光已被开发用作紫外光光源。已商品化的激光光源有氩离子激光器和可调谐染料激光器。

(二)单色器

单色器是将来自光源的复合光分散为单色光的装置,用来分离出所需要波段的光束,由入射狭缝、色散元件、出射狭缝和透镜系统等组成。单色器是分光光度计的核心部件,其性能直接影响出射光的纯度,从而影响测定的灵敏度、选择性和工作曲线的线性范围。单色器质量的优劣主要取决于色散元件的质量,常用的色散元件有棱镜和光栅,图 2-1-2 为单色器光路示意图。现代分光光度计几乎都采用光栅,因为光栅的分辨能力比棱镜高,可用波长范围也比较宽。

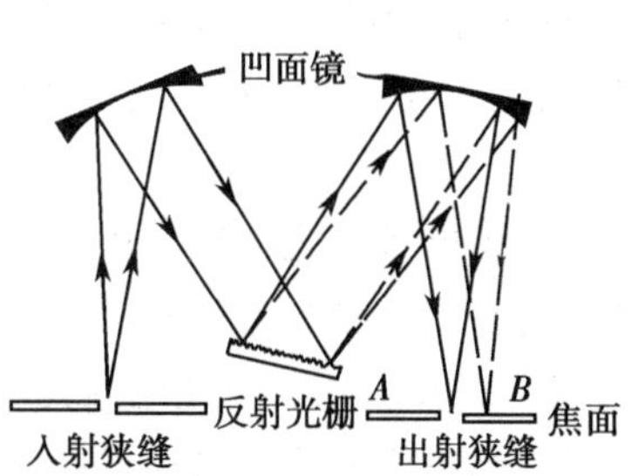

图 2-1-2 单色器光路示意图

狭缝是指由一对隔板在光通路上形成的缝隙,用来调节入射单色光的纯度和强度,也直接影响分辨率。狭缝可在 0～2 mm 内调节。

(三)吸收池

吸收池又称比色皿,用于盛放溶液,有玻璃和石英两种材质。玻璃吸收池只能用于可见光区,石英吸收池可用于紫外光区和可见光区。常用的吸收池的规格有 0.5 cm、1 cm、2 cm、3 cm 等,一般为 1 cm。同一台分光光度计的吸收池其透光度应一致,在同一波长下和相同溶液下,吸收池的透光度误差应小于 0.5%。为了减小误差,在测量前应对吸收池进行配套性检验和校正。吸收池使用注意事项如下:

(1)拿取吸收池时,只能用手指接触两侧的毛玻璃,不可接触光学面。

(2)吸收池需要按要求进行洗涤,先用蒸馏水反复润洗 3～4 次,再根据实际测定过程,用参比溶液或待测溶液润洗 3～4 次。润洗完毕,一定用滤纸先吸干吸收池四周及底部的液滴,再用擦镜纸小心地向一个方向擦拭光学面。

(3)凡含有腐蚀玻璃物质的溶液(特别是碱性物质)不得长期盛放在吸收池中。

(4)不能将吸收池放在火焰或电炉上进行加热或在干燥箱内进行烘烤。

(5)当发现吸收池被污染后,应用乙醚和无水乙醇的混合液(各 50%)清洗,及时擦拭干净。

(6)不得将吸收池的透光面与硬物或脏物接触。

(7)用超声波清洗时,切忌时间超过半小时、功率太大;要用清洗玻璃器皿的超声波清洗机清洗,清洗时毛面朝下。

(8)若太脏可用洗液清洗,但时间要短(几秒钟),再用清水清洗干净,切忌用洗洁精之类的清洁剂清洗,以免影响测量。

(9)吸收池装液高度一般在 3/4～4/5 范围内。

(四)检测器

许多金属能在光的照射下产生电流,光越强电流越大,即光电效应。因光照射而产生的电流叫作光电流。检测器又称接收器,其作用是对透过吸收池的光做出响应,并转变成信号输出,输出电信号的大小与透过光的强度成正比。检测器有光电池、光电管、光电倍增管和二极管阵列检测器等。

(1)光电池　常用的光电池是硒光电池和硅光电池。不同的半导体材料制成的光电池,对光的响应波长范围和最高灵敏峰波长各不相同。硒光电池对光响应的波长范围一般为 250～750 nm,灵敏区为 500～600 nm,而最高灵敏峰波长约在 530 nm 处。

光电池具有不需要外接电源,不需要放大装置,直接测量电流的优点。其不足之处是:由于内阻小,不能用一般的直流放大器放大,因而不适合较微弱光的测量,光电池受持续光照时间太长或受强光照射会产生“疲劳”现象,失去正常的响应,因此一般不能连续使用 2 h 以上。

(2)光电管　光电管是由一个阳极和一个光敏阴极组成的真空二极管。按阴极上光敏材料的不同,光电管分蓝敏和红敏两种,前者可用波长范围为 210～625 nm,后者可用波长范围为 625～1 000 nm。与光电池比较,它具有灵敏度高、光敏范围广和不易疲劳等优点。

(3)光电倍增管　光电倍增管是检测弱光最常用的光电元件,它不仅响应速度快,能检测 10^{-9}～10^{-8} s 的脉冲光,而且灵敏度高,比一般光电管高 200 倍。目前紫外-可见分光光度计广泛使用光电倍增管作为检测器 。

(4)二极管阵列检测器 二极管阵列检测器是紫外检测器的一个重要进展。在此检测器中先使光源发出的紫外或可见光通过吸收池，进行特征吸收，然后通过入射狭缝进行分光，使含有吸收信息的全部波长的光聚焦在阵列上同时被检测，并用电子学方法及计算机技术对二极管阵列快速扫描采集数据。

(五)数据处理及记录装置

光电倍增管将光信号转变成电信号，经放大后由数码管直接显示出透射比或吸光度，这种数据处理及记录装置方便、准确，避免了人为读数错误，而且可以连接数据处理装置，能自动绘制工作曲线，计算分析结果并打印报告，实现分析自动化。

现在许多新型仪器都配置微处理器，可以对很多数字信号进行记录和处理，同时也可对分光光度计进行操作控制。

二、紫外-可见分光光度计的基本操作

目前紫外-可见分光光度计品种和型号繁多，虽然不同型号的仪器操作方法略有不同，仪器上主要旋钮和按键的功能基本类似，在使用前应仔细阅读仪器使用说明书。紫外-可见分光光度计的基本操作主要包括以下几个方面：

(1)开机、关机操作。

(2)测定工作波长。

(3)选择测量模式并设置。

(4)润洗吸收池，依次装入参比溶液和待测溶液。

(5)用参比溶液进行调“0”，调“100%”。

(6)在吸光度模式下，测定待测溶液的浓度。

三、紫外-可见分光光度计的类型

根据仪器的使用波长范围，380～780 nm 的称为可见分光光度计；200～800 nm 的称为紫外-可见分光光度计。可见分光光度计只能用于测量有色溶液的吸光度，而紫外-可见分光光度计可测量在紫外、可见及近红外区有吸收的物质的吸光度。

根据光路数目，分光光度计可分为单光束式及双光束式两类。

根据测量时提供的波长数又可分为单波长分光光度计和双波长分光光度计两类。如图 2-1-3 所示。

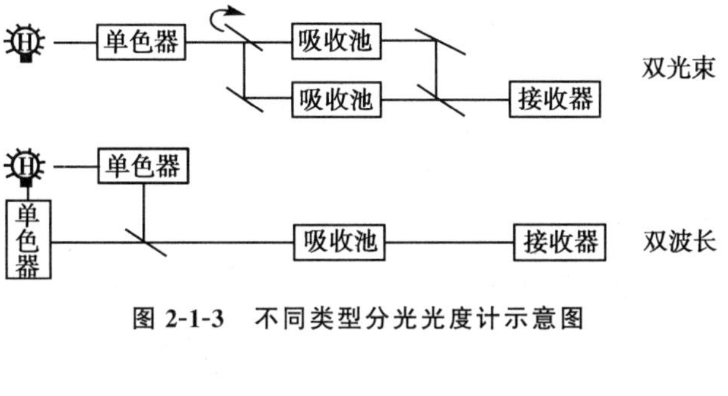

图 2-1-3 不同类型分光光度计示意图

任务二　紫外-可见分光光度计的应用

紫外-可见分光光度法也称为紫外-可见分子吸收光谱法，它是依据物质对紫外、可见光区不同波长光吸收的程度进行定性定量分析的一种分析方法。

一、光吸收定律

光的吸收定律是根据辐射能的近代概念推导出来的，吸光度（A）是试样液层厚度（b，光程）和待测物质浓度的函数，又称比尔定律，有时也称朗伯-比尔定律：$A=\varepsilon bc$ 它是支配电磁辐射（光）的所有类型吸收的基本定律，它不仅适用于溶液而且能很好地适用于固体和气体。式中的 A 为吸光度、ε 为摩尔吸光系数、b 为试样光程（cm）、c 为试样溶液的浓度（mol/L）。当浓度用 g/L 表示时，常数 ε 改写成 a 表示，称为吸光系数，此时基本定律为：$A=abc$

当试样光程（b）固定时，溶液的吸光度（A）正比于吸光成分的浓度（c），就称为比尔定律。

当试样浓度（c）固定时，溶液的吸光度（A）正比于光程长度，就称为朗伯定律。

虽然 $A=abc$ 或 $A=\varepsilon bc$ 表示吸光度与浓度之间呈线性关系，但只有在稀溶液（低含量）时才能成立。在此种意义上来说吸收定律是一个有限的定律。由于在高浓度（通常认为大于 0.01 mol/L）时，吸收成分（质点之间的平均距离缩小到一定程度）邻近质点彼此的电荷分布都会相互受到影响，这种影响能改变它们对特征光的吸收能力。相互影响的程度取决于浓度，这种现象的存在致使吸光度与浓度之间的线性关系产生偏差。

此外，吸收定律的偏差还与溶液的折射率 n 有关，折射率 n 随溶液的浓度变化而变化。然而，在实际上当浓度小于 0.01 mol/L 时，n 基本上不变化。所以吸收定律在低浓度时是正确的。在高浓度时，采取适当的方式（如：定量稀释、用折射率校正）才能进行定量分析。

二、可见分光光度法

许多物质具有颜色，如高锰酸钾水溶液呈紫色，重铬酸钾水溶液呈橙色，而且溶液越浓，颜色越深。利用区别溶液颜色深浅来测定溶液中待测物质浓度的方法很多，目前一般使用可见分光光度法，简便，快捷。可见分光光度法，是基于物质对 420～760 nm 可见光区的选择性吸收而建立的分析方法，又称为可见吸光光度法，是微量分析的简便而通用的方法。

可见分光光度法是利用测量有色物质对某一单色光吸收程度来进行测定的，但是许多物质本身无色或颜色很浅，也就是说它们对可见光不产生吸收或吸收不大，这就必须事先通过适当的化学处理，使该物质转变为能对可见光产生较强吸收的有色化合物，然后再进行光度测定。

1. 显色反应

将待测组分转变成有色化合物的反应称为显色反应。显色反应主要有氧化还原反应和配位化合反应两大类，其中配位化合反应应用最为普遍。同一组分可以与多种显色剂反应生成不同的有色物质。在分析时，选择合适的显色反应尤其重要，一般应满足下列要求：

(1)选择性好　所用的显色剂最好只与一种被测组分发生显色反应,免除其他组分干扰。

(2)灵敏度高　分光光度法一般测定微量组分,灵敏度高有利于测定低含量组分,因此要求反应生成的有色化合物的摩尔吸光系数大。

(3)生成的有色化合物组成恒定,化学性质稳定　有色化合物的组成若不恒定,测定的重现性差;有色化合物若易分解或被空气氧化,则会影响分析结果的准确度及再现性。

(4)显色剂最好无色　如果显色剂有色,则要求有色化合物与显色剂之间的颜色差别要大,两者的 λ_{max} 应在 60 nm 以上,以减小试剂空白值,提高测定的准确度。

(5)显色条件易于控制　显色条件要易于控制,以保证其有较好的再现性。

2.显色剂

常用的显色剂可分为无机显色剂和有机显色剂。

(1)无机显色剂　许多无机试剂能与金属离子发生显色反应生成有色化合物,但由于灵敏度和选择性都不太高,具有实际应用价值的很有限。

(2)有机显色剂　有机显色剂与金属离子形成的配合物其稳定性、灵敏度和选择性都比较高,因此它是目前应用最广泛的显色剂。合成灵敏度高、选择性好的有机显色剂,是目前研究的方向。

3.显色条件的选择

显色反应是否能满足分光光度法的要求,除了与显色剂的性质有关以外,控制好显色反应的条件也十分重要,如果显色条件控制不好,将会严重影响分析的准确度。最佳显色条件由试验确定。

(1)显色剂用量　在实际工作中根据实验来确定显色剂用量。其方法是将多份具有相同量的被测组分,加入不同量的显色剂,在相同条件下,分别测定吸光度,绘制 A-V 显色剂曲线,确定显色剂用量。

(2)溶液酸度　酸度是显色反应的重要条件,只有控制溶液的 pH 在一定范围内,才能获得组成恒定的有色配合物,得到正确的测定结果。

(3)显色温度　温度影响显色反应的反应速率,不同的显色反应对温度的要求不同,在绘制工作曲线和进行样品测定时应该使溶液温度保持一致。

(4)显色时间　溶液显色后,一般不立即测定吸光度,而是放置 5～10 min,再去测定吸光度,使颜色达到最深,吸光度达到稳定值。显色后也不应该放置过久,因为有些有色化合物放置时间太长,溶液颜色会产生变化。

(5)溶剂　有机溶剂常常可以降低有色化合物的离解度,增加有色物质的溶解,从而使颜色加深,提高了测定的灵敏度。因此,利用有色化合物在有机溶剂中稳定性好、溶解度大的特点,可以选择合适的有机溶剂。

三、紫外吸收光谱法

紫外吸收光谱法是基于物质对紫外光选择性吸收来进行分析的方法,又称为紫外分光光度法。根据电磁波谱,200 nm 以下远紫外光辐射会被空气强烈吸收,所以紫外吸收光谱法主要是利用 200～400 nm 的近紫外光区的辐射。

紫外吸收光谱与可见吸收光谱一样,常用吸收光谱曲线来描述。

(一)紫外吸收光谱的产生

紫外吸收光谱与可见吸收光谱同属电子光谱,都是由分子中价电子能级跃迁产生的。根据分子轨道理论,分子中与紫外吸收光谱有关的价电子有三种:形成单键的σ电子、形成双键的π电子和未成键的孤对电子,称n电子。当有机化合物吸收紫外光,价电子跃迁到较高能级。

(1)σ→σ*跃迁 σ→σ*跃迁所需的能量很大,吸收峰出现在远紫外区,即在近紫外区、可见光区内不产生吸收。在有机化合物中,由单键构成的化合物,如饱和烃类能产生σ→σ*跃迁,所以常采用饱和烃类化合物作紫外吸收光谱分析时的溶剂。

(2)n→σ*跃迁 凡含有氧、氮、硫、卤素等杂原子的饱和化合物都可发生n→σ*跃迁。此类跃迁比σ→σ*跃迁所需能量小,吸收峰一般出现在150～250 nm的紫外光区,但跃迁概率较小。

(3)n→π*跃迁 含有杂原子的双键不饱和有机化合物吸收紫外光后能产生这种跃迁。跃迁所需的能量较小,吸收峰出现在200～400 nm的紫外光区,属于弱吸收。

(4) π→π*跃迁 凡含有双键或三键的不饱和化合物都能产生π→π*跃迁。其所需能量与n→π*跃迁相近,吸收峰在200 nm附近,属强吸收。具有共轭体系的化合物,相间的π键之间形成大π键,由于大π键各能级间距离较近,电子容易激发,吸收峰向长波移动,出现在200～700 nm的紫外可见光区。

(二)紫外光谱分析中常用的术语

(1)生色团和助色团 生色团又称发色团,是指含有不饱和键且能在紫外光区或可见光区产生吸收的基团。

含有未成键n电子,本身不产生吸收峰,但与发色团相连,能使发色团吸收峰向长波方向移动,且吸收强度增强的杂原子基团称为助色团。

(2)红移和蓝移 由取代基或溶剂的影响造成有机化合物结构的变化,使吸收峰向长波方向移动的现象称为红移或长移,使吸收峰向短波方向移动的现象称为蓝移或短移。

(3)增色效应和减色效应 由于有机化合物的结构变化使吸收峰摩尔吸光系数增加的现象称为增色效应,使吸收峰摩尔吸光系数减小的现象称为减色效应。

(4)溶剂效应 紫外吸收光谱中常用己烷、庚烷、环己烷、水、乙醇等作溶剂。由于溶剂的极性不同会引起某些化合物的吸收峰的波长、强度及形状产生变化,这种现象称为溶剂效应。

(三)紫外-可见分光光度法的应用

1. 定性分析

紫外可见光谱中,每一种化合物都有自己的特征吸收带,不同化合物有不同的特征光谱,进行定性分析时,通常是根据吸收光谱的形状、吸收峰的数目以及最大吸收波长的位置和相应的摩尔吸光系数进行定性鉴定。

未知试样的鉴定一般采用比较光谱法,即在相同的测定条件下,比较待测物与已知标准物的吸收光谱曲线,如果它们的吸收光谱曲线完全相同(λ_{max}及相应的ε均相同),则可以初步认为是同一物质。

如果没有标准物,则可以借助汇编的各种有机化合物的紫外可见标准谱图进行比较。与标准谱图比较时,仪器准确度、精密度要高,操作时测定条件要完全与文献规定的条件相同,否则可靠性差。

2.定量分析

紫外-可见分光光度法用于定量分析的依据是朗伯-比尔定律，通过测定溶液对一定波长入射光的吸光度，可求得溶液的浓度和含量。

(1)标准曲线法　先配制一系列已知浓度的标准溶液，在 λ_{max} 处分别测得标准溶液的吸光度，然后以吸光度为纵坐标，标准溶液的浓度为横坐标作图，得 A-c 的校正曲线，在相同条件下测出未知试样的吸光度，就可以从标准曲线上查出未知试样的浓度。

(2)比较法　在相同条件下配制样品溶液和标准溶液，在相同条件下分别测定吸光度 A_x 和 A_s，然后进行比较，利用下式求出样品溶液中待测组分的浓度。

$$c_s = A_x \frac{c_x}{A_s}$$

使用这种方法的要求：c_x 和 c_s 应接近，且符合光吸收定律。因此比较法只适用于个别样品的测定。

【知识巩固】

一、选择题

1.人眼能感觉到的光称为可见光，其波长范围是(　　)。

A.400～780 nm　　B.200～320 nm　　C.200～780 nm　　D.200～1 000 nm

2.符合比尔定律的有色溶液，当其浓度增大时，最大吸收波长和吸光度分别是(　　)。

A.不变，增加　　B.不变，减少　　C.增加，不变　　D.减少，不变

3.下列表述不正确的是(　　)。

A.吸收光谱曲线，表明了吸光度随波长的变化关系

B.吸收光谱曲线中，最大吸收处的波长为最大吸收波长

C.吸收光谱曲线，以波长为纵坐标，以吸光度为横坐标

D.吸收光谱曲线，表明了吸光物质的吸收特性

4.影响有色物质摩尔吸收系数的因素是(　　)。

A.吸收池厚度　　B.入射光波长

C.有色物质溶液的浓度　　D.入射光的强度

5.在分光光度分析中，选择参比溶液的原则是(　　)。

A.一般选蒸馏水

B.一般选试剂溶液

C.根据加入试剂和被测试液的性质选择

D.一般选褪色溶液

6.下列几组吸光度范围，测量相对误差较小的是(　　)。

A.0.20～0.70　　B.0.02～0.08　　C.2.00～7.00　　D.0.10～1.00

7.为使某待测物质测定的灵敏度增高，应选择(　　)。

A.较高浓度的待测溶液　　B.采用具有较大吸收系数的体系

D.用较强的光源　　C.在较长的波长下进行

8.紫外-可见分光光度计在可见区测量时所用光源是(　　)。

A.氢灯　　B.钨灯　　C.空心阴极灯　　D.红外灯

二、填空题

1. 在以波长为横坐标，吸光度为纵坐标的浓度不同 $KMnO_4$ 溶液吸收曲线上可以看出(　　　　)未变，只是(　　　　)改变了。

2. 不同浓度的同一物质，其吸光度随浓度增大而(　　　　)，但最大吸收波长(　　　)。

3. 符合光吸收定律的有色溶液，当溶液浓度增大时，它的最大吸收峰位置(　　　　)，摩尔吸光系数(　　　　　)。

4. 为了使分光光度法测定准确，吸光度应控制在 0.20～0.80 范围内，可采取措施有(　　)和(　　　　　　)。

5. 某有色溶液，在比色皿厚度为 2 cm 时，测得吸光度为 0.340。如果浓度增大 1 倍时，其吸光度 A=(　　　　)，透光度 T=(　　　　)。

6. 摩尔吸光系数是吸光物质(　　　)的度量，其值愈(　　)表明该显色反应愈(　　　)。

7. 吸光度与透射比的关系是(　　　　　　　　　)。

8. 各种物质都有特征的吸收曲线和最大吸收波长，这种特性可作为物质(　　　　　)的依据；同种物质的不同浓度溶液，任一波长处的吸光度随物质浓度的增加而增大，这是物质(　　　)的依据。

9. 朗伯-比尔定律表达式中的吸光系数在一定条件下是一个常数，它与(　　　　　)，(　　　　　　)及(　　　　　　)无关。

10. 符合朗伯-比尔定律的 Fe^{2+}-邻菲罗啉显色体系，当 Fe^{2+} 浓度 c 变为 $3c$ 时，A 将(　　　　　)，T 将(　　　)，ε 将(　　　)。

11. 某溶液吸光度为 A_1，稀释后在相同条件下，测得吸光度为 A_2，进一步稀释测得吸光度为 A_3。已知 $A_1-A_2=0.50$，$A_2-A_3=0.25$，则 T_3/T_1 为(　　　　　)。

12. 光度分析中，偏离朗伯-比尔定律的重要原因是入射光的(　　　　　)差和吸光物质的(　　　　　　)引起的。

13. 在分光光度法中，入射光波一般以选择(　　　　　)波长为宜，这是因为(　　　　)。

14. 如果实验中所加的显色剂或其他试剂对测量波长也有一些吸收，应选(　　　　)参比溶液；如试样中其他组分有吸收，但不与显色剂反应，则当显色剂无吸收时，可用(　　　　)作参比溶液。

15. 在紫外-可见分光光度法中，工作曲线是(　　　)与(　　　)之间关系曲线。当符合朗伯-比尔定律时，此关系曲线应为(　　　　)。

16. 在分光光度分析中，常因波长范围不同而选用不同材料制作的吸收池。可见分光光度法中选用(　　　)吸收池，紫外分光光度法中选用(　　　)吸收池。

三、计算题

1. 已知一化合物在其最大吸收波长处的摩尔吸光系数 $\varepsilon=1.1\times10^4$ L/(mol·cm)，现在 1 cm 的吸收池测得该物质的吸光度为 0.785，计算溶液的浓度。

2. 某溶液显色后用 1.0 cm 的吸收池测量时，T=70.70%。若用 2.0 cm 或 5.0 cm 的吸收池测量，T 和 A 分别为多少？

3. 以分光光度法测定某废水中的铬。从 100 mL 水样中取 20 mL 试液，调整酸度，加入二苯碳酰二肼溶液显色，定容 25 mL。以 5.0 cm 吸收池于 540 nm 波长下测得吸光度为 0.540，求铬的质量浓度 ρ(mg/L)。已知 $\varepsilon_{540}=4.2\times10^{-4}$ L/(mol·cm)，M(Cr)=51.996 g/mol。

【技能训练】

训练 1-1 邻二氮菲分光光度法测定水中微量铁含量

一、训练目的

(1)学习确定实验条件的方法,掌握邻二氮菲分光光度法测定微量铁的方法原理;

(2)掌握仪器的使用方法,并了解此仪器的主要构造。

二、知识原理

在可见光区分光光度法测量中,通常是将被测物质与显色剂反应,使之生成有色物质,然后测其吸光度,进而求得被测物质的含量。显色反应的程度受显色剂用量、显色时间、显色液酸度等条件的影响,通过实验,确定合适的显色条件。

三、训练用品

仪器:可见分光光度计 1 台,100 mL 容量瓶 1 个,50 mL 容量瓶 10 个,10 mL 移液管 1 支,10 mL 吸量管 1 支,5 mL 吸量管 3 支,2 mL 吸量管 1 支,1 mL 吸量管 1 支。

试剂:①铁标准溶液(100.0 μg/mL):准确称取 0.863 4 g $NH_4Fe(SO_4)_2 \cdot 12H_2O$,置于烧杯中,加入 6 mol/L HCl 溶液 20 mL 和少量蒸馏水,溶解后,定容转移入 1L 容量瓶中,用蒸馏水稀释至刻度,摇匀备用;②盐酸羟胺溶液(100 g/L,新鲜配制);③邻二氮菲溶液(1.5 g/L),新鲜配制);④HAc-NaAc 缓冲溶液(pH≈5.0):称取 136 g NaAc,蒸馏水使之溶解,再加入 120 mL 冰醋酸,加水稀释至 500 mL。

试样:未知水样。

四、训练内容

1. 标准系列溶液的配制

取 7 个干净的 50 mL 容量瓶,分别加入 0 mL,0.25 mL,0.50 mL,0.75 mL,1.00 mL,1.25 mL,1.50 mL 质量浓度为 100 μg/mL 铁标准溶液和 2 mL 浓度为 100 g/L 的盐酸羟胺溶液,摇匀后,再分别加入 3.0 mL 的浓度为 1.5 g/L 的邻二氮菲溶液和 5 mL HAc-NaAc 缓冲溶液,分别加蒸馏水稀释至刻度,充分摇匀,放置 5 min。

2. 吸收曲线的绘制

用 1 cm 的吸收池,以空白试剂作参比,质量浓度 2.00 μg/mL 铁标准溶液为测试液,在 400~600 nm 波长范围内每隔 10 nm 测定一次吸光度 A,在峰值附近每间隔 5 nm 测量一次。然后以波长为横坐标,吸光度 A 为纵坐标,绘制吸收曲线,并确定最大吸收波长 λ_{max}。

3. 标准系列溶液与试样溶液吸光度的测定

用 1 cm 的吸收池,以空白试剂作参比,选择 λ_{max} 为测定波长,分别测定标准系列溶液与试样溶液吸光度。以铁的质量浓度为横坐标，吸光度 A 为纵坐标，绘制标准曲线。同样，在 λ_{max} 处，用 1 cm 的吸收池，以试剂空白作参比，平行测定试样溶液的吸光度 A。

实验完毕，关闭电源。取出吸收池，清洗晾干后入盒保存，清理工作台，填写仪器使用记录。

五、数据记录与处理

(1)绘制吸收曲线，并确定最大吸收波长 λ_{max}。

(2)绘制标准曲线，并由未知试样的吸光度平均值，从标准曲线上查得对应的铁的质量浓度，进而求得未知试样中铁的质量浓度。

【注意事项】

(1)按仪器使用说明书检查仪器。开机预热 20 min，并调试至工作状态。

(2)检查仪器波长的准确性和吸收池的配套性。

(3)改变波长时，要重新调节参比溶液吸光度为零。

(4)显色过程中，每加入一种试剂均要摇匀。

(5)试样和工作曲线测定的实验条件应保持一致。

(6)待测试样应完全透明，如有混浊，应预先滤过。

(7)Fe^{3+} 与邻二氮菲作用生成蓝色配合物，稳定性较差，因此，在实际测定中应注意加入还原剂盐酸羟胺先将 Fe^{3+} 还原为 Fe^{2+}，再与邻二氮菲作用。

(8)测定时，如酸度过高，反应进行较慢；酸度太低，则 Fe^{2+} 易水解。本测定采用 pH 为 5.0～6.0 的 HAc-NaAc 缓冲溶液，可使显色反应进行完全。

六、拓展训练与思考

(1)邻二氮菲与铁的显色反应，其反应条件主要有哪些？

(2)吸收曲线与标准曲线有何区别？在实际应用中有何意义？

(3)本试验中，为何选择试剂空白作为参比溶液？

训练 1-2　紫外分光光度法测定苯甲酸含量

一、训练目的

(1)学习运用标准对比法求样品含量；

(2)掌握紫外分光光度计的使用方法。

二、知识原理

研究物质在紫外、可见光区的分子吸收光谱的分析方法称为紫外-可见分光光度法。紫外-可见分光光度法是利用某些物质的分子吸收 200～800 nm 光谱区的辐射来进行分析测定的方法。这种分子吸收光谱产生于价电子和分子轨道上的电子在电子能级间的跃迁，广泛用于无机和有机物质的定性和定量测定。物质对辐射的吸收遵循朗伯-比尔定律。当一束平行的单色光通过溶液时，溶液的吸光度与溶液的浓度(c)和厚度(b)的乘积成正比，这个定律通常称为朗伯-比尔定律。它是分光光度法定量分析的依据，适用于能量不同的各种电磁辐射，也适用于稀溶液、气体和均固体。

含有苯环和共轭双键的有机化合物在紫外区有特征吸收。未知结构不同对紫外及可见光的吸收曲线不同。苯甲酸及其盐对紫外光有选择性吸收，其吸收光谱的最大吸收波长在 225 nm 左右。

三、训练用品

仪器：紫外-可见分光光度计，1 cm 石英比色皿 2 个，50 mL 容量瓶 11 个，500 mL 容量瓶 1 个，250 mL 容量瓶 1 个，10 mL、20 mL、25 mL 移液管各 1 支。

试剂：①1 mg/mL 苯甲酸储备液：称取 0.5 克苯甲酸，加水加热溶解，用水稀释至 500 mL，摇匀后备用。②取苯甲酸储备液 25.00 mL，置于 250 mL 容量瓶中，用水稀释至 250 mL，摇匀后备用。此标准溶液含苯甲酸 100 μg/mL。

四、训练内容

1. 标准溶液的配制

取 50 mL 容量瓶 10 个，分别加入 100 μg/mL 的苯甲酸溶液 1.00 mL，2.00 mL，3.00 mL，4.00 mL，5.00 mL，6.00 mL，7.00 mL，10.00 mL，20.00 mL，30.00 mL，用去离子水稀释至容量瓶刻度，摇匀后备用。

2. 测定波长的确定

测定条件：氢灯，1 cm 石英比色皿，空白溶液为参比，以苯甲酸标准溶液为测定溶液。①开启电脑和紫外-可见分光光度计，启动软件进行检测。设置参数：扫描波长从 200 nm 到 400 nm 止。②将参比池和样品池各放一个 1 cm 石英比色皿，比色皿中装空白溶液，然后进行基线调零。③以空白溶液为参比，4.00 mL 的苯甲酸标准溶液为测定溶液，开始扫描。以苯甲酸浓度为横坐标，吸光度为纵坐标绘制吸收标准曲线。扫描得到最大吸收波长 λ_{max} 确定为测定波长。

3. 吸收标准曲线的绘制

用 1 cm 石英比色皿，以空白溶液为参比，测定 1.00 mL，2.00 mL，3.00 mL，4.00 mL，5.00 mL，6.00 mL，7.00 mL，10.00 mL，20.00 mL，30.00 mL 苯甲酸标准溶液在 λ_{max} 处的吸光度，以及未知样品的吸光度。以苯甲酸浓度为横坐标，吸光度为纵坐标绘制吸收标准曲线。根据绘制的吸收标准曲线，求取标准曲线线性回归方程。

4. 未知浓度样品的测定

用 1 cm 石英比色皿，以空白溶液为参比，在相同的条件下测定未知溶液 λ_{max} 处的吸光度，并根据吸收标准曲线回归方程或者吸收标准曲线，求取测得样品吸光度所对应的苯甲酸浓度。

五、数据记录及处理

(1)扫描得到最大吸收波长 λ_{max} 确定为测定波长。

(2)绘制吸收标准曲线并给出相关系数 r。

(3)计算未知样品的浓度。

六、拓展训练与思考

(1)本实验中，能否用普通光学玻璃比色皿进行测定？为什么？

(2)若测得的样品吸光度高于吸收标准曲线,能否将标准曲线外延求取样品的苯甲酸浓度?

【实战提升】

本电子版为发布稿。请以中国环境科学出版社出版的正式标准文本为准。

HJ

中华人民共和国环境保护行业标准

HJ/T 345— 2007

水质 铁的测定

邻菲啰啉分光光度法(试行)

Waterquality—Determination of lIron—phenanthroline spectrophotometry

(发布稿)

前 言

为规划《地表水环境质量标准》(GB 3838—2002)的实施工作,制定本试行标准。

本标准规定了地表水、地下水及废水中铁的邻菲啰啉分光光度测定方法。

本标准适用于地表水、地下水及废水中铁的测定。

本标准为首次制订。

本标准由国家环境保护总局科技标准司提出。

本标准由国家环境保护总局水和废水监测分析方法编委会组织中国环境监测总站等单位起草。

本标准国家环境保护总局 2007 年 3 月 10 日批准。

本标准自 2007 年 5 月 1 日起实施。

本标准由国家环境保护总局解释。

水质 铁的测定 邻菲啰啉分光光度法

1 适用范围

本标准适用于地表水、地下水及废水中铁的测定。方法最低检出浓度为 0.03 mg/L，测定下限为 0.12 mg/L，测定上限为 5.00 mg/L。对铁离子大于 5.00 mg/L 的水样，可适当稀释后再按本方法进行测定。

2 原理

亚铁离子在 pH 3～9 之间的溶液中与邻菲啰啉生成稳定的橙红色络合物，其反应式为：

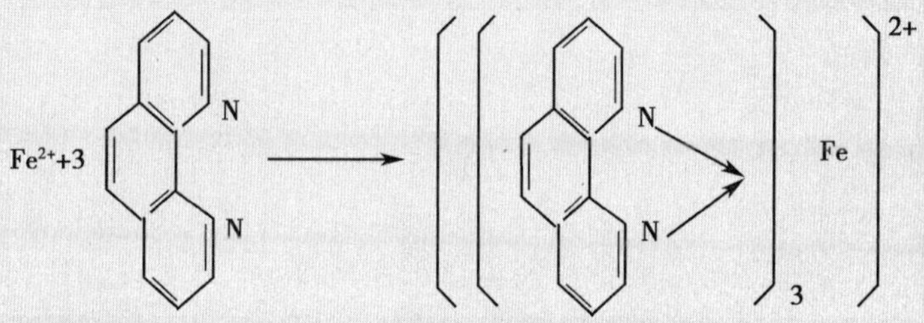

此络合物在避光时可稳定保存半年。测量波长为 510 nm，其摩尔吸光系数为 1.1×10^4 L/(mol·cm)。若用还原剂(如盐酸羟胺)将高铁离子还原，则本法可测高铁离子及总铁含量。

3 试剂

本标准所用试剂除另有注明外，均为符合国家标准的分析纯化学试剂；实验用水为新制备的去离子水。

3.1 盐酸(HCl)：ρ=1.18 g/mL，优级纯。

3.2 (1+3)盐酸。

3.3 10%(m/V)盐酸羟胺溶液。

3.4 缓冲溶液：40 g 乙酸铵加 50 mL 冰乙酸用水稀释至 100 mL。

3.5 0.5%(m/V)邻菲啰啉(1,10-phenanthroline)水溶液，加数滴盐酸帮助溶解。

3.6 铁标准贮备液：

准确称取 0.702 0 g 硫酸亚铁铵($(NH_4)_2Fe(SO_4)_2\cdot6H_2O$)，溶于(1+1)硫酸 50 mL 中，转移至 1 000 mL 容量瓶(A 级)中，加水至标线，摇匀。此溶液每毫升含 100 μg 铁。

3.7 铁标准使用液：

准确移取铁标准贮备液(3.6)25 mL 置 100 mL 容量瓶(A 级)中，加水至标线，摇匀。此溶液每毫升含 25.0 μg 铁。

4 仪器

分光光度计,10 mm 比色皿。

5 干扰的消除

强氧化剂、氰化物、亚硝酸盐、焦磷酸盐、偏聚磷酸盐及某些重金属离子会干扰测定。经过加酸煮沸可将氰化物及亚硝酸盐除去,并使焦磷酸、偏聚磷酸盐转化为正磷酸盐以减轻干扰。加入盐酸羟胺则可消除强氧化剂的影响。

邻菲啰啉能与某些金属离子形成有色络合物而干扰测定。但在乙酸-乙酸铵的缓冲溶液中,不大于铁浓度10倍的铜、锌、钴、铬及小于2 mg/L的镍,不干扰测定,当浓度再高时,可加入过量显色剂予以消除。汞、镉、银等能与邻菲啰啉形成沉淀,若浓度低时,可加过量邻菲啰啉来消除;浓度高时,可将沉淀过滤除去。水样有底色,可用不加邻菲啰啉的试液作参比,对水样的底色进行校正。

6 步骤

6.1 校准曲线的绘制

依次移取铁标准使用液(3.7)0 mL,2 mL,4 mL,6 mL,8 mL,10 mL置150 mL锥形瓶中,加入蒸馏水至50.0 mL,再加(1+3)盐酸(3.2)1 mL,10%盐酸羟胺1 mL,玻璃珠1~2粒。加热煮沸至溶液剩15 mL左右,冷却至室温,定量转移至50 mL具塞比色管中。加一小片刚果红试纸,滴加饱和乙酸钠溶液至试纸刚刚变红,加入5 mL缓冲溶液(3.4)、0.5%邻菲啰啉溶液(3.5)2 mL,加水至标线,摇匀。显色15 min后,用10 mm比色皿(若水样含铁量较高,可适当稀释;浓度低时可换用30 mm或50 mm的比色皿),以水为参比,在510 nm处测量吸光度,由经过空白校正的吸光度对铁的微克数作图。各批试剂的铁含量如不同,每新配一次试液,都需重新绘制校准曲线。

6.2 总铁的测定

采样后立即将样品用盐酸(3.1)酸化至pH<1(含CN^-或S^{2-}离子的水样酸化时,必须小心进行,因为会产生有毒气体),分析时取50 mL混匀水样于150 mL锥形瓶中,加(1+3)盐酸(3.2)1 mL,盐酸羟胺溶液(3.3)1 mL,加热煮沸至体积减少到15 mL左右,以保证全部铁的溶解和还原。若仍有沉淀应过滤除去。以下按绘制校准曲线同样操作,测量吸光度并作空白校正。

6.3 亚铁的测定

采样时将2 mL盐酸(3.1)放在一个100 mL具塞的水样瓶内,直接将水样注满样品瓶,塞好瓶塞以防氧化,一直保存到进行显色和测量(最好现场测定或现场显色)。分析时只需取适量水样,直接加入缓冲溶液(3.4)与邻菲啰啉溶液(3.5),显色5~10 min,在510 nm处以水为参比测量吸光度,并作空白校正。

6.4 可过滤铁的测定

在采样现场,用0.45 μm滤膜过滤水样,并立即用盐酸酸化过滤水至pH<1,准确吸取样品50 mL置于150 mL锥形瓶中,以下操作与步骤6.1相同。

7 结果的计算

铁的含量按下式计算：

$$铁(Fe,mg/L)=\frac{m}{V}$$

式中：m 为根据校准曲线计算出的水样中铁的含量（μg）；

V 为取样体积（mL）。

8 精密度和准确度

8.1 精密度

同一实验室六次测定铁离子的浓度为 0.5 mg/L，2.5 mg/L，4.5 mg/L 的水样，相对标准偏差分别为 1.1%，0.44%和 0.33%。

8.2 准确度

对 0.5 mg/L 和 2.5 mg/L 浓度的铁溶液按 1∶1 的比例加标进行回收试验，回收率分别为 102.6%和 97.4%。

2007-03-10 发布　　　　2007-05-01 实施

国家环境保护总局　发　布

项目二

原子吸收光谱法

【技能目标】

1. 能熟练使用原子吸收分光光度计，并能对其进行日常维护与保养，能排除简单的故障；
2. 能根据待测样品和实验室现有条件进行最佳实验条件的选择；
3. 能正确配制标准溶液，能对样品进行恰当的预处理；
4. 能根据待测样品和实验室现有条件，进行最佳实验条件的选择，如显色剂用量、酸度、显色时间、干扰消除以及仪器测定条件的选择；
5. 能利用原子吸收光谱法对农产品中的微量元素进行定量测定。

【知识目标】

1. 理解原子吸收光谱法分析的基本原理；
2. 认识原子吸收分光光度计的基本结构及各部件的作用；
3. 熟悉原子吸收光谱法测定过程中的主要干扰因素及其消除方法；
4. 掌握原子吸收光谱法分析中常用的定量方法；
5. 了解原子吸收光谱法在食品分析中的应用及实验技术。

任务一　原子吸收分光光度计的认知与操作

原子吸收光谱分析是指利用待测元素原子蒸气中基态原子对特征光谱（通常为该元素共振线）辐射的吸收而建立的定量分析方法。也称为原子吸收光谱法（AAS）和原子吸收分光光度法。用于原子吸收光谱分析的仪器称为原子吸收分光光度计或原子吸收光谱仪。原子吸收分光光度法具有灵敏度高、选择性好、方法简便、精密度好、分析速度快等特点。现在能够直接测定70多种元素，它已成为一种常规的分析测试手段，得到广泛应用。

一、原子吸收分光光度计的基本结构

原子吸收分光光度计由光源、原子化器、单色器和检测系统四部分组成。

(一)光源

光源是原子吸收光谱仪的重要组成部分，它的性能直接影响分析的灵敏度及稳定性等。光源的作用是发射被测元素的特征谱线。对光源的基本要求：发射的共振辐射的半宽度要明显小于共振吸收线的半宽度；辐射的强度大且稳定，使用寿命长等。空心阴极灯是符合上述要求的理想光源，应用最广。

1. 空心阴极灯的构造

空心阴极灯是由玻璃管制成的封闭着低压惰性气体(氖或氩)的放电管，如图 2-2-1 所示，主要是由一个阳极和一个空心阴极组成。空心阴极为空心圆柱形，由待测元素金属制作或填充。阳极一般为镶有钛丝或钽片的钨棒。灯的窗口材料根据辐射波长而定，在可见波段用硬质玻璃，在紫外波段用石英玻璃。

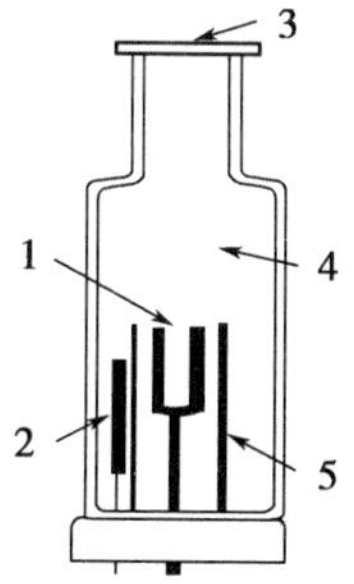

图 2-2-1　空心阴极灯结构示意图

1-空心阴极；2-阳极；3-石英窗口；4-惰性气体；5-玻璃屏蔽

2. 工作原理

当在两极间加上 300～500 V 电压后，空心阴极发射出电子，并在电场的作用下高速向阳极运动。运动过程中与惰性气体分子发生碰撞并使之电离，在电场作用下，这些质量较重速度较快的正离子向阴极运动并轰击阴极表面，不但使阴极表面的电子被击出，而且还使阴极表面的原子获得能量从晶格能的束缚中逸出而进入空间，这种现象称为阴极的“溅射”。“溅射”出来的阴极元素的原子，又与电子、惰性气体原子、离子等相互碰撞并获得能量被激发，激发态原子不稳定，当其返回基态时，发射出相应元素的特征谱线。

空心阴极灯一般是单元素灯，只能发射出一种元素的共振谱线，干扰少、强度高。但每定一种元素需要换一种灯，比较麻烦。若阴极材料使用多种元素的合金，则可制成多元素灯，它能同时发出多种元素共振谱线，连续测定多种元素，但光强弱，易产生干扰，应用受到一定限制。

3. 使用注意事项

空心阴极灯在使用前应先进行预热，以使灯的发光强度达到稳定，一般预热 10 ～30 min。制造商已规定了灯的最大使用电流，使用时不得超过最大额定电流，否则会使阴极材料大量溅射。热蒸发或导致阴极熔化，寿命缩短，甚至发生永久性损坏。若灯长期不用，应定期点燃，一般在工作电流下点燃 1 h。低熔点的灯用完后，要等冷却后才能移动。

(二)原子化器

原子吸收光谱法应用的前提是将待测元素原子化，原子化器的功能是提供能量，使待测元素由分子或离子转变成基态原子蒸气。入射光束在这里被基态原子吸收，因此也可把它视为吸收池。原子化效率的高低直接影响元素测定的灵敏度，其稳定性和重现性又影响测定的精密度和准确度，因此，原子化器是原子吸收分光光度计的核心部分。原子化法可分为火焰原子化法和无火焰原子化法，无火焰原子化法包括石墨炉原子化法和化学原子化法。目前原子吸收分光光度计主要采用火焰原子化法和石墨炉原子化法，因此下面主要对这两种原子化法进行介绍。

1. 火焰原子化法

由化学火焰提供能量，使被测元素原子化。火焰原子化法具有稳定性高、使用方便等优点，是一种最常用的原子化方法。火焰原子化器的构造如图 2-2-2 所示，主要由雾化器、雾化室和燃烧器三部分组成，各部分的作用如下：

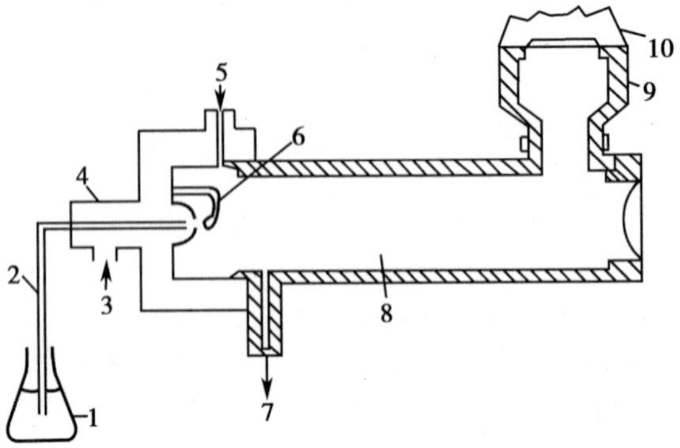

图 2-2-2　火焰原子化器结构示意图

1-试样溶液；2-毛细管；3-助燃气入口；4-雾化器；5-燃气入口；
6-撞击球；7-废液排出口；8-雾化室；9-燃烧器；10-火焰

(1)雾化器

雾化器的作用是将分析样品雾化。通常采用气动型雾化器。利用一定压力的助燃气高速流过时在喷嘴处产生的负压，将试液沿毛细管吸入并由喷嘴喷出，同时被高速气流分散成为小雾滴，在撞击球的碰撞下雾滴进一步细化。雾滴越细越有利于原子化，测定灵敏度也就越高。

(2)雾化室

雾化室的作用是使试液雾滴进一步细化并与燃气、助燃气均匀混合，然后进入燃烧器。部分未细化的雾滴在雾化室凝聚后从废液排出口排出。为了避免回火爆炸的危险，废液排出口必须采用导管弯曲或将导管插入水中等水封方式。

(3)燃烧器

燃烧器的作用是产生火焰并使样品原子化。被雾化的试液进入燃烧器，在燃烧的火焰中经过干燥、熔融蒸发、解离等过程形成基态的自由原子蒸气。燃烧器一般由不锈钢等耐高温、耐腐蚀材料制成，具有单缝和三缝两种，常用的燃烧器是单缝的。燃烧器的高度应能上下调节，以便选取适宜的火焰部位测量。为了改变吸收光程，扩大测量浓度范围，燃烧器可旋转一定角度。

(4)火焰类型与性质

火焰原子化器主要采用化学火焰，常用的火焰有以下几种。

①空气-乙炔火焰：这是原子吸收光谱法测定中最常用的火焰，该火焰燃烧稳定，重现性好，噪声低，温度高(2 300 ℃)，对大多数元素(35 种以上)有足够高的灵敏度。通过调节燃气、助燃气的比例可以得到具有不同氧化还原性质的火焰。

②N_2O-乙炔火焰：此种火焰的显著特点是温度高，可达 3 000 ℃，因其温度高，还原能力强，因此能测定多种难熔元素，大约 70 种。使用该种火焰要小心，如使用不当，极易发生爆炸。

火焰点燃和熄灭必须遵循“乙炔-空气过渡”原则，即首先点燃乙炔-空气火焰　待火焰建立后，徐徐加大乙炔流量，达到富燃状态后，将“转向阀”迅速从空气转到一氧化二氮(一氧化二氮的流量事先调节好)；熄灭时，将“转向阀”迅速从一氧化二氮转到空气(空压机不能关闭)，建立乙炔-空气火焰后，降低乙炔流量，再熄灭火焰。

③氢气-空气火焰：这是一种低温的无色火焰，最高温度约 2 000 ℃，适合测定易电离的金属元素，尤其共振线位于 200 nm 以下元素(如 As、Se)。

(5)火焰原子化法特点

优点：火焰原子化器结构简单，操作方便，应用较广，火焰稳定性好，重现性好。缺点：原子化效率低，灵敏度不够高，一般不能直接分析固体样品。

2. 石墨炉原子化法

石墨炉原子化法属于无火焰原子化法，是利用通电加热的方法使试样原子化，石墨炉原子化器结构如图 2-2-3 所示。石墨炉原子化法利用低压电流来加热石墨管，可以进行程序梯度升温，最高温度可达约 3 000 ℃，使管中的少量液体或固体蒸发和原子化。石墨管是由石墨材质做成的中空管，管中间有加样小孔。石墨管的内外要不断通惰性气体(一般是氩气)，以保护石墨管不被高温氧化，保护原子化的基态原子不再被氧化，同时清洗石墨管。石墨炉原子化器具有水冷却系统，保证炉体温度不会过高并使其迅速降温，以便进行下一次测定。

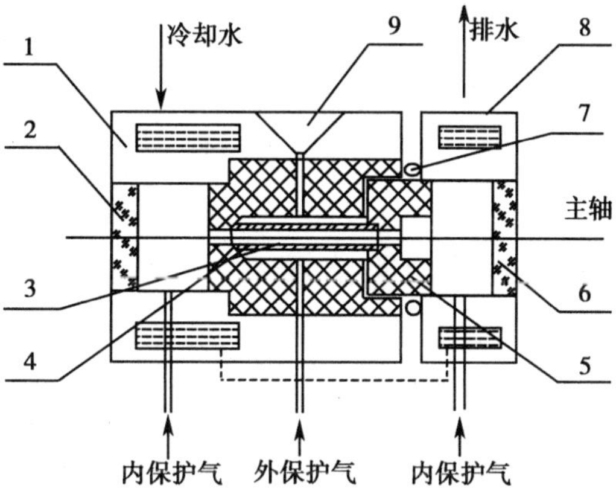

图 2-2-3　石墨炉原子化器结构示意图

1-固定炉体；2、6-石英窗；3、5-石墨锥；4-石墨管；

7-密封圈；8-活动炉体；9-加样口

试样从加样口进入石墨管中，用程序升温的方式使样品原子化，其过程分为干燥、灰化、原子化和高温除残四个阶段。

(1)干燥　干燥的目的是去除试样中的溶剂，以避免溶剂存在导致灰化和原子化过程中样品溅射。干燥的温度一般稍低于溶剂的沸点，干燥的时间取决于进样的体积，一般每微升试样需要约 1.5 s。

(2)灰化　其目的是尽可能除去样品中易挥发的基体和有机物或其他干扰元素，灰化不仅减少了可能发生干扰的物质，而且对被测物质也起到了富集的作用。一般根据试样灰化的难易程度、元素是否容易损失来选择灰化温度。选择的原则是在保证被测元素不损的前提下，尽量选择较高的灰化温度以缩短灰化时间。灰化温度一般在 300～500 ℃，时间 0.5～1 min。

(3)原子化　使待测化合物分解为基态原子蒸气，此时停止通氩气，延长原子停留时间，提高灵敏度。原子化的温度和时间根据待测元素的性质而定，应通过实验选择最佳的原子化温度和时间。一般温度在 1 500～3 000 ℃，时间 3～10 s。

(4)高温除残　也称净化，在一个样品测定完成后，高温灼烧石墨管，并通氩气，将残留在石墨管中的难挥发杂质除去，避免记忆效应对下次测定的干扰。净化石墨管的温度一般高于原子化温度，时间较短(2～5 s)，以延长石墨管的寿命。

石墨炉原子化法的优点是原子化效率远比火焰原子化法高，灵敏度高，原子化温度高，适用于难熔元素的测定；缺点是测定的精密度较低，共存化合物的干扰较火焰原子化法大，背景干扰比较严重。

(三)单色器

单色器可将被测元素的共振吸收线与邻近谱线分开，由入射和出射狭缝、反射镜和色散元件组成，色散元件一般为光栅。由于原子吸收法使用的是锐线光源，所用光栅的分辨率不需要很高。在原子吸收分光光度计中，单色器放在原子化器的后面，目的是消除其他非吸收谱线的干扰，同时防止原子化器产生的强光直接照射到检测器上，造成检测器疲劳。

(四)检测系统

检测系统包括光电倍增管、放大器和显示器等。用光电倍增管将经原子吸收后的光强度的变化转变成电信号，再经对数转换、放大及数据处理后由显示装置显示或打印出来。光电倍增管的工作电源应有较高的稳定性。如果工作电压过高、照射的光过强或光照时间过长，都会引起疲劳效应。

二、原子吸收分光光度计的基本操作

(一)仪器简介

目前应用的原子吸收分光光度计自动化程度都比较高，仪器与电脑相连，采用操作软件(工作站)对仪器进行控制。自动化程度较高的仪器具有背景校正、波长扫描、寻峰定位等功能，能自动调节原子化器的高度和位置、燃气流量和灯电流。使用简单，适用于各种金属元素含量的检测。

(二)操作步骤

(1)检查仪器　按仪器说明书检查仪器各部件，检查电源开关是否处于关闭状态，各气路接口是否安装正确，气密性是否良好。

(2)打开稳压电源　为保证仪器的供电稳定一般都配备了稳压电源，电源电压一般稳定在 220 V。

(3)打开仪器主机开关，打开电脑，打开操作软件。

(4)系统对仪器进行初始化　主要是对氘灯电机、元素灯电机、原子化器电机、燃烧器电机、光谱带宽电机以及波长电机进行初始化。

(5)安装空心阴极灯，选择合适的元素灯。

(6)设置实验条件　包括灯电流、测量波长、光谱带宽、负高压值、燃烧器的位置与高度等。

(7)检查排水装置　打开排风装置电源开关，打开空气压缩机并调节输出压力，打开乙炔高压钢瓶并调节输出压力，点火。

(8)设定测量参数　如标样和样品的测定次数，标样的浓度和浓度单位等。

(9)样品测定。

(10)关机　样品测量结束后，先吸入蒸馏水 5 min。关闭乙炔总阀待火焰熄灭后关闭减压阀；关闭空气压缩机，关闭排风装置；退出工作软件，关闭主机电源，关闭电脑，并填写仪器使用记录表。

三、原子吸收分光光度计的类型

原子吸收分光光度计按光束形式可分为单光束和双光束两类，按波道数又有单道、双道和多道之分。常用的有单道单光束原子吸收分光光度计和单道双光束原子吸收分光光度计。

(一)单道单光束原子吸收分光光度计

图 2-2-4 是单道单光束原子吸收分光光度计结构示意图。这种仪器只有一个光源，一个单色器，一个显示系统，从光源发出的光仅以单一光束的形式通过原子化器、单色器和检测器。这类仪器结构简单、价格便宜，但易受光源强度变化影响，灯预热时间长，分析速度慢。

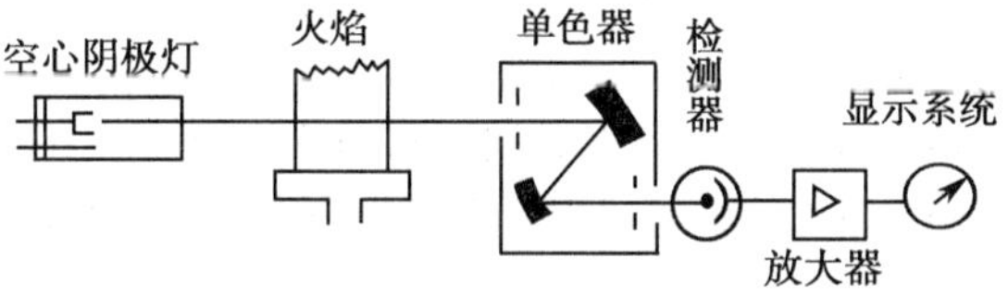

图 2-2-4　单道单光束原子吸收分光光度计结构示意图

(二)单道双光束原子吸收分光光度计

从光源发出的光被切光器分成两束强度相等的光，一束光作为测量光束通过原子化器，一束光作为参比光束不通过原子化器，两束光交替进入同一单色器和检测器，如图 2-2-5 所示。由于两束光来自同一光源，光源的漂移通过参比光束的作用而得到补偿，得到一个稳定的输出信号。但由于参比光束不通过火焰，所以不能消除火焰的扰动和背景吸收的干扰。

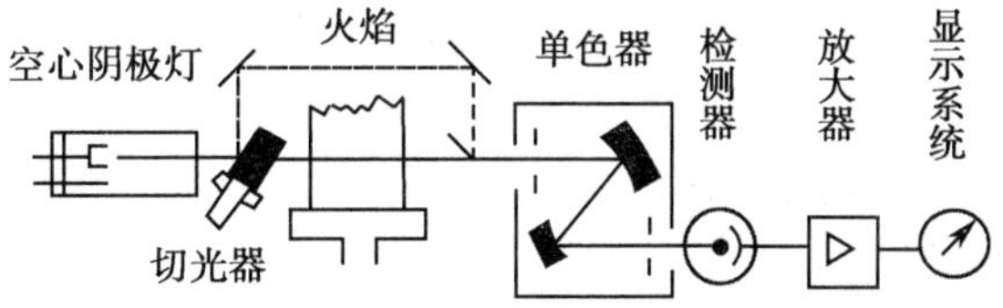

图 2-2-5　单道双光束原子吸收分光光度计结构示意图

(三)双波道或多波道原子吸收分光光度计

如图 2-2-6 所示，这类仪器有两个或两个以上光源、单色器和检测系统，可同时测定两种或多种元素，准确度高。但装置复杂，仪器价格昂贵。

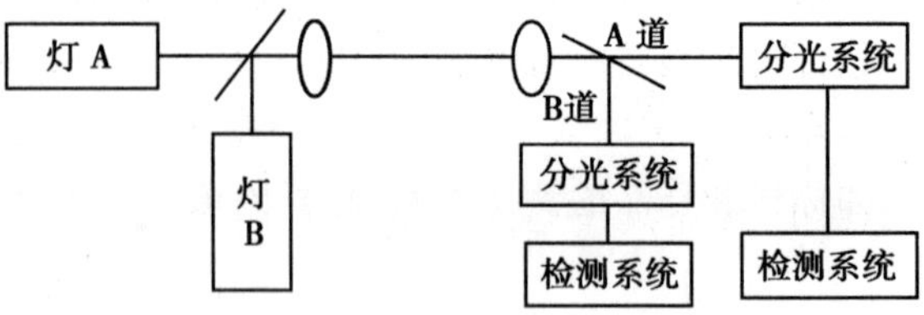

图 2-2-6　双波道原子吸收分光光度计结构示意图

任务二　原子吸收分光光度计的使用和维护保养

(一)仪器对环境的要求

为保持良好的工作状态，原子吸收分光光度计应在规定的环境中使用。

(1)仪器不应放置在附近有强电磁场和强热辐射流的地方。

(2)仪器室附近不能有产生剧烈振动的设备。

(3)仪器室光线应该柔和，不能有日光直射。

(4)仪器室空气湿度应小于 70%，室内温度应保持在 15～30 ℃范围内。

(5)配有通风设备，并保持仪器室的通风良好。仪器的上方必须安装一个通风罩，使仪器工作时产生的废气及时排出室外。

(6)仪器使用 220 V±22 V 的交流电压，如达不到要求需配备稳压电源。石墨炉电压要求有专用插座，设置良好的接地。

(7)防火防爆，仪器室应配备二氧化碳灭火器，以防万一。

(二)气源的要求

(1)气瓶室与仪器室分开，室温必须低于 40 ℃，避免阳光直射，应保证良好的通风换气。

(2)可燃性气瓶与明火距离应不小于 10 m；有困难时，应有可靠的隔热防护措施，但不得小于 5 m。

(3)乙炔钢瓶必须竖立使用，远离火源，避免暴晒，严禁敲击、碰撞，应可靠地固定在支架上，防止滑倒。

(4)乙炔气路管接口严禁使用铜材质，不要让乙炔气直接与铜材、银材、液态汞、氯气或油脂接触，否则可能引起爆炸。

(5)开关高压气瓶阀时，应用手或专门扳手，不得随便使用凿子、钳子等工具硬扳，以防止损坏瓶阀。

(6)用乙炔减压阀调节压力时，乙炔气出口压力应保持 0.1 MPa 以下，一般实验室乙炔的压力在 0.05 MPa。

(7)经常检查是否有漏气：关闭减压阀，打开瓶阀，观察气压表有没有变化，如果漏气，气压表读数会降低。

(8)乙炔气的纯度应为99.5%以上。

(9)气瓶内气体不得全部用尽，乙炔钢瓶上的总压力降到0.3 MPa时，就必须更换气瓶，否则瓶内丙酮会溢出，容易引起事故。

(三)仪器的维护及使用注意事项

(1)仪器主机和元素灯的保养　原子吸收分光光度计主机在长时间不使用的情况下，应每隔一至两周将仪器打开并联机预热1～2 h，以延长使用寿命。元素灯长时间不使用，将会因为漏气、零部件放气等原因不能使用，甚至不能点燃。所以应将不常使用的元素灯每隔2～3个月点燃40～60 min，以延长使用寿命，保障元素灯的性能。

(2)乙炔气路的维护　乙炔气路要定期检查，以免管路老化产生漏气现象，发生危险。每次换乙炔气路后一定要全面试漏。用肥皂水等可检验漏气情况的液体在所有接口处试漏，观察是否有气泡产生，判断其是否漏气。

(3)空压机及空气气路的保养和维护　注意定期检查空气管路是否存在漏气现象，检查方法参见乙炔气路检查方法。当室内湿度高时，空压机极易积水，严重影响测量的稳定性，应经常放水，避免水进入气路管道。

(4)火焰原子化器的保养和维护　每次样品测定工作结束后，在火焰点燃状态下，用去离子水喷雾5～10 min，清洗残留在雾化室中的样品溶液。燃烧器和雾化室应经常检查保持清洁，以防止雾化筒和燃烧头被污损或锈蚀。如果燃烧头缝隙上方有污物则需要清洗，清洗的方法是在接通空气、关闭乙炔气路的条件下，用滤纸插入燃烧缝隙中仔细擦拭。如效果不佳可取下燃烧头用软毛刷刷洗，如已形成熔珠，可用刀片刮除。

(5)石墨炉原子化器的保养　石墨锥内部因测试样品的复杂程度不同会产生不同程度的残留物，通过洗耳球将可吹掉的杂质清除，使用酒精棉进行擦拭，将其清理干净，自然风干后加入石墨管空烧即可；石英窗落入灰尘后会使透过率下降，产生能量的损失。清理方法为，将石英窗旋转拧下，用酒精棉擦拭干净后使用擦镜纸将污垢擦净，安装复位即可。夏天天气比较热的时候冷却循环水水温不宜设置过低(18～19 ℃)，否则会产生水雾凝结在石英窗上影响光路的顺畅通过。

【知识巩固】

一、判断题

1.原子吸收光谱是由气态物质中基态原子的内层电子跃迁产生的。　(　　)

2.实现峰值吸收的条件之一是：发射线的中心频率与吸收线的中心频率一致。　(　　)

3.原子光谱理论上应是线光谱，原子吸收峰具有一定宽度的原因主要是由于光栅的分光能力不够所致。　(　　)

4.在原子吸收光谱分析中，发射线的中心频率与吸收线的中心频率一致，故原子吸收分光光度计中不需要分光系统。　(　　)

5.根据玻尔兹曼分布定律进行计算的结果表明，原子化过程时，所有激发能级上的原子数之和相对于基态原子总数来说很少。　(　　)

二、选择题

1.原子吸收分光光度分析法中，光源辐射的待测元素的特征谱线的光，通过试样蒸气时，被蒸气中待测元素的(　　)吸收。

A. 离子　　B. 激发态原子　　C. 分子　　D. 基态原子

2. 在火焰原子化过程中，伴随着产生一系列的化学反应，（　　）反应是不可能发生的。

A. 电离　　B. 化合　　C. 还原　　D. 聚合

3. 在原子吸收光谱法中，对于氧化物熔点较高的元素，可选用（　　）。

A. 富燃火焰　　B. 化学计量火焰

C. 贫燃火焰　　D. 都可以

4. 原子吸收分光光度法中的物理干扰可用（　　）的方法消除。

A. 释放剂　　B. 扣除背景

C. 标准加入法　　D. 保护剂

5. 原子吸收分光光度法中的背景干扰表现为（　　）。

A. 火焰中被测元素发射的谱线

B. 火焰中产生的分子吸收

C. 火焰中干扰元素发射的谱线

D. 火焰产生的非共振线

三、问答题

1. 原子吸收分光光度计由哪几部分组成？各部分的作用如何？

2. 使用空气-乙炔火焰时，对燃气、助燃气开关的先后顺序应按怎样的操作步骤进行？

3. 原子吸收分光光度法如何选择最佳实验条件？

4. 如何维护保养原子吸收分光光度计？

5. 比较火焰法与石墨炉原子化法优缺点。

四、计算题

1. 用原子吸收分光光度法测定矿石中的钼。称取试样 4.23 g，经溶解处理后，转移入 100 mL 容量瓶中。吸取两份 10.00 mL 矿样试液，分别放入两个 50.00 mL 容量瓶中，其中一个再加入 10.00 mL(20.0 mg/L)标准钼溶液，都稀释到刻度。在原子吸收分光光度计上分别测得吸光度为 0.314 和 0.586。计算矿石中钼的质量分数。

2. 用火焰原子化法测定尿液中锌的质量浓度。将尿液用去离子水稀释一倍，测得吸光度是 0.250。然后将 40.00 mL 稀释的尿液与 10.00 mL 4.0 mg/L 的标准溶液混合，测得吸光度为 0.380。计算尿液中锌的质量浓度。

3. 用火焰原子吸收法以 Ca 422.7 nm 吸收线测定血清中的钙。配制钙标准系列溶液的浓度(单位为 mmol/L)分别为 0，1.5，2.0，2.5，3.0，3.5，测得吸光度分别为 0，0.43，0.58，0.72，0.85，1.00。取 0.5 mL 血清加入 9.5 mL 4%三氯乙酸沉淀蛋白质后，清液喷入火焰测得吸光度为 0.68。求血清中钙含量为多少？

4. 用标准加入法测定某试液中的 Pb^{2+} 质量浓度。估计某试液中的 Pb^{2+} 约为 2 mg/L。测定时取 4 个点，每点取试液 5.00 mL，分别加入不同体积的 Pb^{2+} 标准溶液后，再稀释至总体积为 10.00 mL。计算各点应加入 10.0 mg/L 的 Pb^{2+} 标准溶液的体积(单位：mL)？若各点的吸光度为 0.180，0.371，0.560，0.741，绘图并计算试样中 Pb^{2+} 的质量浓度。

【技能训练】

训练 2-1 火焰原子吸收光谱法测定自来水中钙和镁含量

一、训练目的

(1)通过本次操作,熟悉标准曲线法求算试样中微量金属元素的含量的基本原理;

(2)能够正确选择火焰原子化法测量条件;

(3)掌握原子吸收标准曲线法相关的基本操作。

二、知识原理

火焰原子吸收光谱法是利用火焰的热能,使试样中待测元素转化为基态原子的方法。常用的火焰为空气-乙炔火焰,其绝对分析灵敏度可达 10^{-9},可用于 30 多种元素的分析,应用极为广泛。

在火焰原子化条件下,一定的浓度范围内,待测元素的浓度(c)和吸光度(A)呈线性关系。因此,对于自来水中的钙和镁含量的测得,可采用标准曲线法分别测定其含量。

三、训练用品

仪器:原子吸收分光光度计,钙、镁空心阴极灯,无油空气压缩机,乙炔钢瓶,容量瓶,移液管等。

试剂:碳酸镁、无水碳酸钙、1 mol/L 盐酸溶液、蒸馏水。

标准贮备液与使用液的配制

钙标准贮备液(1.000 mg/mL):准确称取已在 110 ℃下烘干 2 h 的无水碳酸钙 0.625 0 g 于 100 mL 烧杯中,用少量蒸馏水润湿,盖上表面皿,滴加 1 mol/L 盐酸溶液至完全溶解,将溶液于 250 mL 容量瓶中定容,摇匀备用。

钙标准使用液(50 μg/mL):准确吸取 5 mL 上述钙标准贮备液于 100 mL 容量瓶定容,摇匀备用。

镁标准贮备液(1.000 mg/mL):准确称取已在 110 ℃下烘干 2 h 的无水碳酸镁 0.875 0 g 于 100 mL 烧杯中,盖上表面皿,滴加 5 mL 1 mol/L 盐酸溶液使之溶解,将溶液于 250 mL 容量瓶中定容,摇匀备用。

镁标准使用液(25 μg/mL):准确吸取 2.5 mL 上述镁标准贮备液于 100 mL 容量瓶中定容,摇匀备用。

四、训练内容

1. 配制标准溶液系列

(1)钙标准溶液系列 准确吸取 1 mL,2 mL,3 mL,4 mL,5 mL 钙标准使用液(50 μg/mL),

分别置于 5 个 25 mL 容量瓶中，用蒸馏水稀释至刻度，摇匀备用。该标准系列钙质量浓度为 2.0 μg/mL，4.0 μg/mL，6.0 μg/mL，8.0 μg/mL，10.0 μg/mL。

(2)镁标准溶液系列　准确吸取 0 mL，0.5 mL，1 mL，1.5 mL，2 mL 镁标准使用液(25 μg/mL)，分别置于 5 个 25 mL 容量瓶中，用蒸馏水稀释至刻度，摇匀备用。该标准系列镁质量浓度为 0 μg/mL，0.5 μg/mL，1.0 μg/mL，1.5 μg/mL，2.0 μg/mL。

2. 自来水水样准备

准确吸取 5 mL 自来水置于 25 mL 容量瓶中，用蒸馏水稀释至刻度，摇匀备用。

3. 吸光度的测定

(1)开机　开启电脑，开启主机电源，稳定 30 min。

(2)实验条件设定　根据标准液类型、浓度和待测试样类型等已知信息，设置相关信息。

(3)仪器点火　打开无油空气压缩机工作开关和风机开关，调节压力表为 0.3 MPa，打开乙炔钢瓶调节压力至 0.09 MPa，参照实验条件设定空气和乙炔气流量，“点火”。(注意：空压机使用 1 h 需按下排水阀排水；点火及实验过程中要远离燃烧器，其上避免遮盖。)

(4)测定　在设定实验条件下，以蒸馏水为空白试样“校零”，再依次由稀到浓测定所配制的标准溶液、自来水试样吸光度值。最后打印测定数据，绘制标准曲线，计算水样中钙、镁含量。(注意：待测元素溶液必须与工作灯中元素相一致。)

实验完毕，吸取蒸馏水 5 min 以上，关闭乙炔，火灭后退出测量程序，关闭主机、电脑和空压机电源，按下空压机排水阀。

五、数据记录及处理

1. 钙溶液吸光度

溶液浓度 c/(g/mL)	吸光度 A
自来水	

2. 镁溶液吸光度

溶液浓度 c/(g/mL)	吸光度 A
自来水	

例：

数据记录及处理

溶液浓度c/（g/mL）	吸光度A
0.2	0.298 3
0.3	0.383 8
0.4	0.473 1

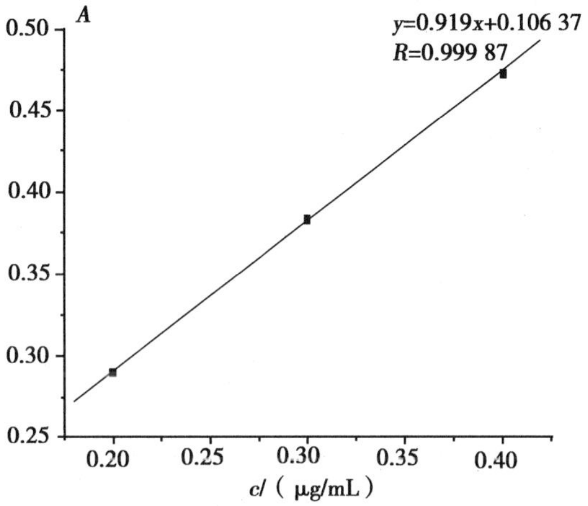

(1)根据钙、镁标准液系列吸光度值，以吸光度为纵坐标，质量浓度为横坐标，利用 Excel 绘制标准曲线，作出回归方程，计算出相关系数。

(2)根据自来水样吸光度值，依据标准曲线计算出钙、镁的含量。

【注意事项】

(1)主机在开机前，要在排水管加入一定量的水，以形成液封。

(2)原子光谱分析室要保持空气流通，并经常检查管道，防止漏气，严格遵守有关操作规定。

六、拓展训练与思考

(1)简述原子吸收光谱分析的基本原理。

(2)原子吸收光谱分析为何要用待测元素的空心阴极灯作光源？

(3)空白溶液的含义是什么？

(4)标准溶液系列配制对实验结果有无影响？为什么？

(5)从实验安全上考虑，在操作时应注意什么问题？为什么？

训练 2-2　石墨炉原子吸收光谱法测定水中的铬

一、训练目的

(1)通过本次操作，熟悉石墨炉原子化器工作的原理；

(2)会正确选择石墨炉原子化测定条件；

(3)能够掌握石墨炉原子化法相关的基本操作；

(4)能够理解石墨炉原子吸收光谱分析的特点和应用范围。

二、知识原理

石墨炉原子吸收光谱法是利用热能或电加热手段实现原子化的方法。高温(3 000 ℃左右)石墨炉，使试剂完全蒸发、充分原子化，试样利用率几乎达 100%。自由原子在吸收区停留时间长，故灵敏度比火焰法高 100～1 000 倍。试样用量仅 5～100 μL，而且可以分析悬浮液和固体试样。

用石墨炉原子吸收光谱法测定水中痕量元素，灵敏度高，用样量少。它的缺点是干扰大，必须进行背景扣除，且操作比火焰法复杂。为了消除基体干扰，可采用葡聚糖溶液为基体配制系列标准溶液。

三、训练用品

仪器：原子吸收分光光度计，铬空心阴极灯，氩气钢瓶，50 μL 微量进样器，1 000 mL 容量瓶 1 个，100 mL 容量瓶 5 个，10 mL 移液管 1 支，5 mL 移液管 1 支，5 mL 吸量管 1 支。

试剂：①0.100 0 mg/mL 铬标准贮备液：称取 0.373 5 g 在 150 ℃干燥的 $K_2Cr_2O_7$ 溶于去离子水中，并定容 1 000 mL 容量瓶中。②质量浓度为 20%的葡聚糖溶液。

试样：含铬水样。

四、训练内容

1. 配制系列标准溶液

(1)由 0.100 0 mg/mL 铬贮备液逐级稀释成 0.100 0 μg/mL 铬标准溶液。

(2)在 5 个 100 mL 容量瓶中分别加入 0.100 0 μg/mL 铬标准溶液 0 mL，0.50 mL，1.00 mL，1.50 mL，2.00 mL 和葡聚糖溶液 15 mL，用去离子水稀释至刻度，摇匀。

2. 设定实验条件

启动仪器，并预热 20 min，开启冷却水和保护气体开关。按仪器操作方法设定实验条件。

波长：357.9 nm；缝宽：0.7 nm；灯电流：3 mA；干燥温度：100～130 ℃；干燥时间：40 s；灰化温度：1 100 ℃；灰化时间：30 s；斜坡升温灰化时间：120 s；原子化温度：2 700 ℃；原子化时间：4 s；清洗温度：2 800 ℃；洗清时间：2 s；进样量 50 μL。

3. 测量

(1)标准溶液和试剂空白：调好仪器的实验参数，自动升温空烧石墨管调零。然后从稀至浓逐个测量空白溶液和标准系列溶液，进样量 50 μL，每个溶液测定 3 次，取平均值。

(2)试样：在相同条件下，测量试样 3 次，取平均值，每次取样 50 μL。

结束时，按操作要求，关好气源、水源和电源，并将仪器开关、旋钮置于初始位置。

五、数据记录及处理

(1)绘制工作曲线，并由试样的吸光度从工作曲线上查得试样溶液铬的浓度。

(2)根据取样量计算出试样中铬的含量(μg/mL)。

【注意事项】

(1)实验前应查通风是否良好，确保实验中产生的废气排出室外。

(2)为防止石墨炉氧化和烧蚀，需要用氩气或氮气作保护气，但当炉温高于 2 500 ℃时，不能用氮气，因为氮与碳在高温下会生成氰。

(3)用石墨炉原子吸收光谱法测定水中的铬，灵敏度高，用量少。但为了消除基体干扰，可采用葡聚糖溶液为基体配制标准溶液或采用标准加入法。

六、拓展训练与思考

原子吸收标准曲线法的基本要求是什么？

训练 2-3 原子吸收标准加入法测定工业废水中微量铜

一、训练目的

(1)通过本次操作，熟悉原子吸收标准加入法的原理；

(2)掌握原子吸收标准加入法测定试样组分含量的相关基本操作；

(3)正确理解原子吸收标准加入法的特点和应用范围。

二、知识原理

原子吸收光谱法是一种相对测量法，通常可以采用标准曲线法测定试样中微量元素的含量，但对于复杂的试样，标准样的组成很难以与其接近，测定时基体效应差别大。如果对干扰不够重视，未采取相应的消除措施，往往使测定结果不准确。在原子吸收光谱分析中，常采用标准加入法来抵消干扰，减少分析误差。标准加入法可分为计算法和作图法两种。

1. 两点计算法

计算法是将试样分成完全等同的两份：一份不加标准溶液，设待测元素的浓度为 c_x，测得其吸光度为 A_x；另一份试液中加入标准溶液的浓度为 c_0，在此溶液中待测元素的总浓度为 (c_x+c_0)，在完全相同的条件下测得其吸光度为 A_0，则

$$A_x = Kc_x$$

$$A_0 = K(c_x + c_0)$$

$$c_x = \frac{A_x}{A_0 - A_x} \cdot c_0$$

注意：上式必须在测定的线性范围内使用，加标量不可太多。

2. 作图法

标准加入法是取若干份（不少于 4 份）的等体积的试液（浓度为 c_x），从第二份开始，分别按比例加入不同量的待测元素的标准溶液（$c_x \approx c_0$），将这些溶液全部稀释到相同体积，此时，各溶液中待测元素的浓度分别为：c_x，c_x+c_0，c_x+2c_0，c_x+3c_0 等。在相同的条件下各自测定各溶液的吸光度 A_x、A_1、A_2、A_3…，并以吸光度对加入的待测元素的浓度（增量）作图并把曲线外推至横轴，如图 2-2-7 所示，自原点到相交处的截距即为待测元素的浓度 c_x（或含量）。由于每个溶液都含有相同量的试样，可以消除基体效应的干扰，适用于基体未知，成分复杂的试液。

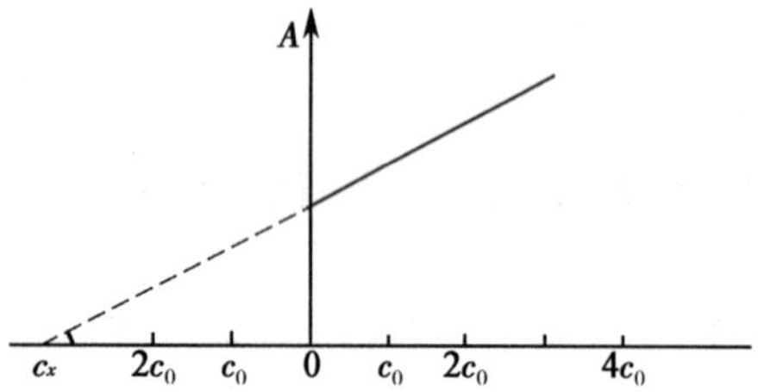

图 2-2-7　标准加入法工作曲线

三、训练用品

仪器：原子吸收分光光度计，铜空心阴极灯，空气压缩机，乙炔钢瓶，100 mL 烧杯 1 个，50 mL 容量瓶 6 个，5 mL 移液管 1 支，5 mL 吸量管 1 支。

试剂：100 μg/mL 铜标准溶液、1%稀硝酸（m/V）。

试样：含铜工业废水。

四、训练内容

1. 系列加标试样溶液配制

吸取 25.00 mL 水样，分别置于 5 个 50 mL 容量瓶中，分别加入 100 μg/mL 铜标准溶液 0 mL，1.00 mL，2.00 mL，3.00 mL，4.00 mL，并用 1%稀硝酸稀释至刻度。

2. 仪器条件设定

按下列实验条件将仪器调试至最佳工作状态：

吸收线波长：324.754 nm；灯电流：2 mA；光谱带宽：0.4 nm；空气压力：0.3 MPa；乙炔压力：0.09 MPa；空气流量：6.5 L/min；乙炔流量：1.0 L/min；燃烧器高度：6 mm。

3. 测定

按原子吸收分光光度计仪器使用说明书的使用方法，分别测定上述 5 份溶液的吸光度值。

注：每次测定后都应该用去离子水为空白液喷雾，重新调节吸光度"零"点。

4. 实验结束工作

（1）实验结束，吸喷去离子水 5 min 后，关闭乙炔钢瓶总阀，熄灭火焰，待压力表指针回零时旋松减压阀，关闭空气压缩机电源开关。

（2）关闭灯电流开关和总电源开关，将仪器上各旋钮转至零位，使仪器复原，并填写好仪器使用登记本。

五、数据记录及处理

在坐标纸上绘制铜的标准加入法曲线，向外做延长线与横坐标相交，由交点到原点的距离在横坐标上对应的浓度求出试样中铜的含量。

【注意事项】

(1)使用乙炔、空气应严格按照操作规程进行。在实验过程中突然停电，应立即关闭乙炔，然后将空气压缩机及主机上所有开关和旋钮都恢复至操作前状态。操作过程中，若嗅到乙炔气味，则可能气路管或接头漏气，应立即仔细检查。

(2)每次分析工作后，都应该让火焰继续点燃并吸喷去离子水 3～5 min 清洗原子化器。定期检查废液收集容器的液面，及时倒出过多的废液，但又要保证有水封。

(3)为了保证分析结果有良好的重现性，应定期清理除去燃烧器缝隙杂质，确保燃烧器缝隙的清洁、光滑。

(4)要经常放掉空气压缩机汽水分离器的积水，防止水进入助燃气流量计。

项目三

气相色谱法

【技能目标】

1. 能够熟练进行高压气体钢瓶的操作；
2. 能够正确使用气相色谱仪，熟悉仪器的日常维护与保养；
3. 熟悉气相色谱法样品的前处理技术；
4. 能够利用气相色谱法对项目进行定性和定量测定；
5. 能够正确、规范地记录实验数据，正确计算实验结果，正确填写检验报告。

【知识目标】

1. 理解色谱流出曲线和基本术语；
2. 理解色谱分离的基本原理和基本理论；
3. 认知气相色谱仪分析流程、组成系统的结构和工作原理；
4. 熟悉气相色谱法的实验技术；
5. 掌握气相色谱法的定性定量方法；
6. 了解气相色谱法在农业分析中的原理及实验技术。

色谱法是 20 世纪初由俄国植物学家 Tswett 首先提出来的。1906 年 Tswett 在装有碳酸钙颗粒的玻璃管中，倒入植物叶片的石油醚萃取液，然后用石油醚不断地冲洗，叶片的色素提取液随着冲洗液在管中的碳酸钙上缓慢地向下移动，其中不同的组分被分离开，并在碳酸钙柱内的不同部位上形成不同颜色的谱带。由于不同谱带有不同颜色，故这种分离方法被称为色谱法或色层法（chromatography）。虽然后来色谱法的发展不限于分离有色物质，更多的是用于无色物质的分离和测定，但由于习惯，现在仍沿用色谱这个名称。气相色谱法简称 GC 法。

任务一　气相色谱仪的认知与操作

一、气相色谱仪系统构成和工作流程

虽然气相色谱仪的型号、种类很多，但均由 6 个主要部分构成：载气系统、进样系统、分离

系统、检测系统、温度控制系统和数据处理系统。其中,分离、温度控制及检测系统是气相色谱仪的核心系统。

气相色谱仪的基本工作流程如图 2-3-1 所示。

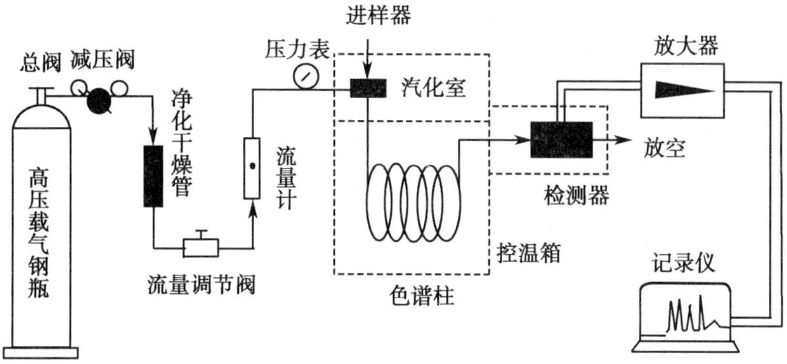

图 2-3-1 气相色谱仪的基本工作流程

流动相载气由高压载气钢瓶供给,经减压阀、净化干燥管、流量调节阀和流量计后进入汽化室,并带领由进样器进入到汽化室的试样前行,经色谱柱分离后的各个组分又随载气依次进入检测器后放空。检测器将各组分的浓度或质量信息转化为电信号,经放大后,由记录仪记录下来,即得到色谱图。

(一)载气系统

载气系统是指流动相载气连续运行的密闭管路系统。由气源、减压阀、净化器和气体流量控制器等组成。流动相载气的作用仅是载送样品进行分离,其本身有惰性,不参与样品分离过程。常用的载气有氮气、氢气、氦气和氩气等。对载气系统的基本要求是:载气纯净、气流稳定、气密性好及流量准确可测。为满足这些要求,常需用到下列部件:

(1)气源装置和减压阀　载气气源一般由高压载气钢瓶或气体发生器提供,要求所供气体纯度达 99.99%以上。气相色谱仪使用的各种气体压力一般为 0.2～0.5 MPa,高压载气钢瓶气压达 15 MPa 以上,因此使用高压载气钢瓶供气时需要通过减压阀减压后才能向系统供气。

(2)净化装置　气源所供气体经减压后,必须经净化装置净化处理,以除去水分、氧气和杂质。净化装置通常为内径 50 mm,长 200～250 mm 的金属管或玻璃管,内充变色硅胶、分子筛等吸附剂。

(3)稳压阀　通常串联在减压阀后面的管路上,用以稳定载气的压力。

(4)针形阀　主要用来调节载气或其他气体的流量。

(5)稳流阀　色谱分析时,柱温的变化会引起色谱柱阻力的不断变化,进而导致载气流量的变化,因而需要稳流阀来自动控制。

(6)载气流量测量装置　载气流量是气相色谱分析的一个重要操作条件,一般采用转子流量计和皂膜流量计进行测量。高档的气相色谱仪也常采用刻度阀或电子气体流量计指示气体流量。

(7)管路连接件　色谱仪的管路连接多采用内径 3 mm 的不锈钢管或紫铜管,通过螺母、压环和"O"形密封圈连接。要求所连管路气密性要好,不能漏气。连接好后一般采用皂膜法进行气体检漏，若有泄漏，必须停止使用进行处理，以免发生危险。

(二)进样系统

进样系统包括进样器和汽化室，其作用是将样品以适当方式定量地引入色谱系统。

1. 进样器

(1)微量注射进样器　液体样品常用微量注射进样器进样，其外形与医用注射器相似，规格有 0.5 μL，1 μL，5 μL，10 μL，25 μL，50 μL 等。

使用方法：将样品吸入微量注射进样器至刻度线，迅速刺入进样口硅胶隔垫并进样。

(2)六通阀进样器　气体样品常用六通阀进样器进样，其原理如图 2-3-2 所示。

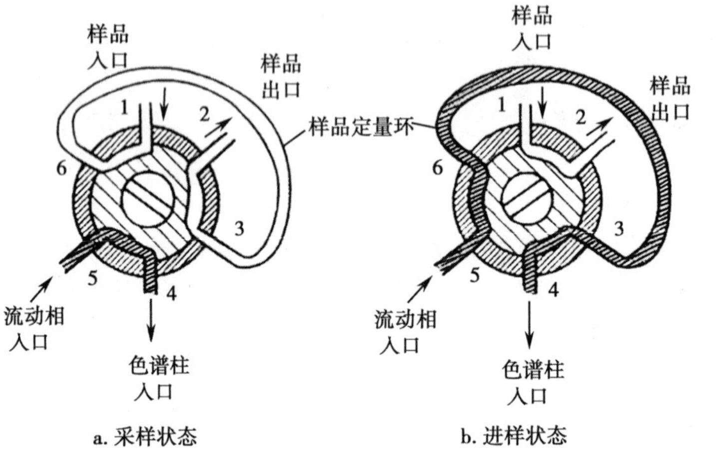

图 2-3-2　六通阀进样器工作原理

在采样状态下，载气不通过定量环直接由“5”口进入、由“4”口输出至色谱柱；将样品气体由“1”口通入定量环做好准备。将六通阀旋转至进样状态时，载气由“5”口进入定量环，将其中的样品通过“4”口带入色谱柱。定量环有 0.5 mL，1 mL，2 mL，5 mL 等规格。

(3)自动进样器　现代先进的气相色谱仪都配有自动进样器，其具有进样量准确、分析速度快、重现性好等特点。需要说明的是，固体样品的分析一般先用溶剂将其溶解，再用微量注射进样器或自动进样器进样。对液体或固体挥发物进样分析时，常采用顶空进样器进样。

2. 汽化室

如图 2-3-3 所示，汽化室的作用是将液体样品瞬间汽化为蒸气，再由载气将其带入色谱柱进行分析。汽化室通常与进样口结合在一起，由内外两只管子构成：外管是绕有加热丝的不锈钢管，提供汽化所需热量；内管为石英玻璃衬管，使汽化室温度均匀，防止局部过热，减少样品催化分解，降低基线噪声，方便清洗。汽化室要求热容量大、死体积小，无催化效应，压力和温度稳定且能自动控制。

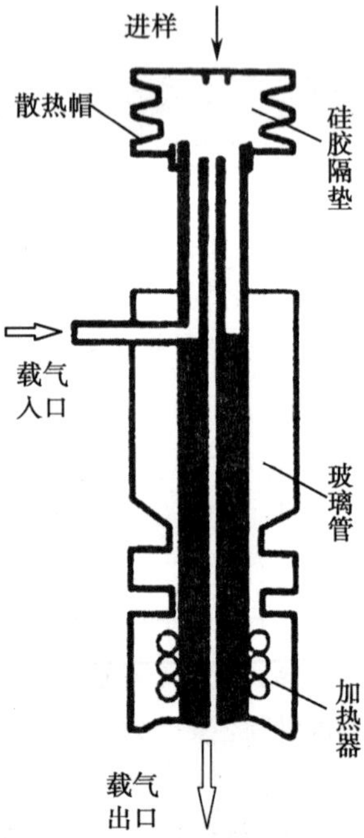

图 2-3-3　汽化室结构图

进样口上端的硅胶隔垫在进样多次后(一般 30 次左右),会失去密封、稳压的作用,长时间使用还会发生部分硅胶的降解,穿刺中产生碎屑,谱图中出现“鬼峰”,因此要经常更换。

(三)分离系统

分离系统主要由控温箱和色谱柱组成。控温箱内部用于放置色谱柱,并为其提供精确的温度保障。色谱柱则是将多组分样品分离为单一组分的核心部件。

1.色谱柱的分类

(1)填充柱　由不锈钢或玻璃材料制成,内部装填有颗粒均匀的固定相,柱的内径一般为 2～4 mm,长 1～6 m。形状有 U 形和螺旋形两种。填充柱制备简单,可供选择的固定相种类多,柱容量大,应用普遍。

(2)毛细管柱　也称空心柱,由不锈钢、玻璃或石英材料制成,内壁均匀涂布固定液,柱的内径一般为 0.1～0.5 mm,柱长几十米至几百米不等,形状为螺旋形。毛细管柱渗透性好、传质阻力小、柱分离效率高、分析速度快、样品用量少,但柱容量偏低,对检测器灵敏度要求高,制作难度大。

2.气相色谱固定相

气相色谱的流动相采用惰性气体,与组分无任何作用,不参与分离过程,因此决定色谱分离的主要因素是组分和固定相分子之间的相互作用,固定相的性质对分离的好坏起着关键作用。

(1)气固色谱固定相

气固色谱固定相包括固体吸附剂和聚合物固定相两类。

①固体吸附剂　通常是一些具有一定吸附活性的细小多孔的固体颗粒,利用其对不同组分吸附性的差异,达到分离的目的。

②聚合物固定相　是一类性能优异的新型固定相。如常用的 GDX 系列高分子多孔微球,它是一类人工合成的多孔共聚物。它既是载体又起固定液作用,可在活化后直接用于分离,也可作为载体在其表面涂渍固定液后再用。这类高分子多孔微球特别适用于有机物中痕量水的分析,也可用于多元醇、脂肪酸、脂类、胺类的分析。

(2)气液色谱固定相

气液色谱固定相由担体(又称载体)和固定液两部分组成,固定液被均匀地涂渍在担体的表面。

①担体　担体是固定液的承载骨架,是一种多孔且化学惰性的固体颗粒,固定液被薄而均匀地涂渍在它的表面。对载体的要求是:比表面积较大,孔径均匀,颗粒大小适当,化学惰性好,热稳定性好,机械强度高。常用的担体可分为两类,即硅藻土类和非硅藻土类。

硅藻土类担体是天然硅藻土经煅烧处理后而获得的具有一定粒度的多孔性颗粒,采用不同的煅烧方式可以分别得到红色担体和白色担体。红色担体的特点是:孔径较小,机械强度高,比表面积较大(约 4 m^2/g),有较多的活性吸附中心,分析极性组分(如醇、胺、酸等)时,易产生拖尾峰,适合于涂渍非极性固定液,分离非极性和弱极性化合物。白色担体的特点是:孔径较大,机械强度差,比表面积较小(约 1 m^2/g),表面活性吸附中心较少,适合于涂渍极性固定液,分离极性组分,也适合在较高温度下的分析工作。硅藻土类担体表面都有一定的活性吸附中心和催化活性,使用前要进行化学处理以屏蔽活性中心。处理的方法有酸洗、碱洗、硅烷化等,目前市售的担体普遍已经经过处理。

非硅藻土类担体种类较多，如氟担体（聚四氟乙烯小球）、玻璃微球、石英微球、高分子多孔微球等。它们大多耐腐蚀，比表面积差异大，常用于特殊分析。如氟担体常用于分离强极性和腐蚀性组分，玻璃微球适用于高沸点组分分离等。

②固定液　气相色谱固定液一般为带有不同官能团的高沸点有机化合物，使用时将其均匀地涂渍在载体表面，呈液膜状态。

对固定液的一般要求如下：

a.挥发性小，操作温度下有较低蒸气压，以免流失太快。

b.热稳定性好，操作温度下不发生分解。

c.对试样各组分有适当的溶解能力。

d.具有高的选择性，对沸点相同或相近的不同物质有尽可能高的溶解能力。

e.化学稳定性好，不与被测物质起化学反应。

固定液的分类：

固定液种类很多，达上千种，其组成、性质和用途各不相同，为各类分离带来了方便，但同时也为固定液的选择带来了困难，因此有必要对众多的固定液进行分类，以便选择使用。

常用的是按相对极性分类的方法。该方法规定：非极性固定液，角鲨烷的极性为0，强极性固定液，P-氧二丙腈的极性为100。其他固定液以此为标准通过试验及特定的公式，计算出的相对极性均在0～100范围内。通常将相对极性值分为五级，每20个单位为一级。相对极性在0～+1范围内的为非极性固定液，+2级为弱极性固定液，+3级为中等极性固定液，+4～+5级为强极性固定液。非极性亦可用“－”表示。

固定液的选择：

固定液的选择一般可按“相似相溶”原则来进行，再结合实际情况而定。

a.分离非极性物质：一般选用非极性固定液，这时试样中各组分按沸点次序流出。沸点低的先流出，沸点高的后流出。

b.分离极性物质：选用极性固定液，试样中各组分按极性次序分离。极性小的先流出，极性大的后流出。

c.分离非极性和极性混合物：一般选用极性固定液。这时非极性组分先流出，极性组分后流出。

d.分离能形成氢键的试样：一般选用极性或氢键型固定液。试样中各组分按与固定液分子间形成氢键能力的大小先后流出，不易形成氢键的先流出，最易形成氢键的最后流出。

e.复杂的难分离物质：可选用两种或两种以上混合固定液。对于样品极性情况未知的，一般用最常用的几种固定液做试验再来确定。

（四）检测系统

检测系统由检测器及其控制装置组成。检测器是色谱仪中的关键部件，其作用是将经色谱柱分离出的各个组分的浓度或质量信息转化为易于测量的电信号，输送给数据处理系统进行处理。

目前，检测器的种类多达数十种，根据检测原理的不同，可分为浓度型检测器和质量型检测器两大类。浓度型检测器测量的是载气中某组分浓度瞬间的变化，检测器的响应值和组分的浓度成正比；质量型检测器测量的是载气中某组分进入检测器的质量变化，检测器的响应值和单位时间内进入检测器某组分的质量成正比。

1. 氢火焰离子化检测器

氢火焰离子化检测器(FID)利用有机物在氢火焰的作用下化学电离而形成离子流，测定离子流强度进行检测，其结构如图 2-3-4 所示。该检测器具有灵敏度高、噪声小、死体积小等优点，是气相色谱中最常用的一种检测器。其缺点是检测时样品被破坏，一般只能测定含碳化合物，不能检测不电离的无机化合物。由于使用氢气，需注意防燃防爆，保证安全。在使用氢火焰离子化检测器时，载气一般用氮气，空气作助燃气。为了避免样品和水蒸气在检测器内冷却，检测器工作温度必须高于柱温 50 ℃，并且要不大于 100 ℃，氢火焰离子化检测器为质量型检测器，峰高取决于单位时间进入检测器中组分的质量。在进样量一定时，峰高与载气流速成正比，因此用峰高定量时，需保持载气流速恒定。

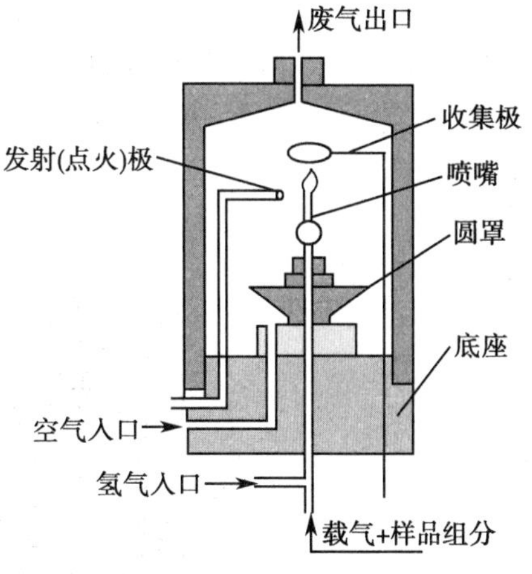

图 2-3-4 氢火焰离子化检测器

2. 热导检测器

热导检测器(TCD)是一个内装四支铼钨丝的不锈钢池体，每两支为一组，其中一组只通过载气(参比臂)，另一组通过由色谱柱流过的气体，有载气和待测组分(工作臂)，其结构如图 2-3-5 所示，以参比池和工作池的四支铼钨丝组合成一个惠斯通电桥。当给电桥施加一直流电压时，电流通过铼钨丝，温度升高，电阻增加，在四支铼钨丝的池体只通过纯载气时，它们的电阻是相同的，在惠斯通电桥另外两端没输出，当工作池待测组分流出时，由于样品的热导系数和载气不同，因而工作池中铼钨丝的电阻不同于参比池，于是惠斯通电桥输出端有电流输出，输出信号的大小与被测组分浓度成正比。

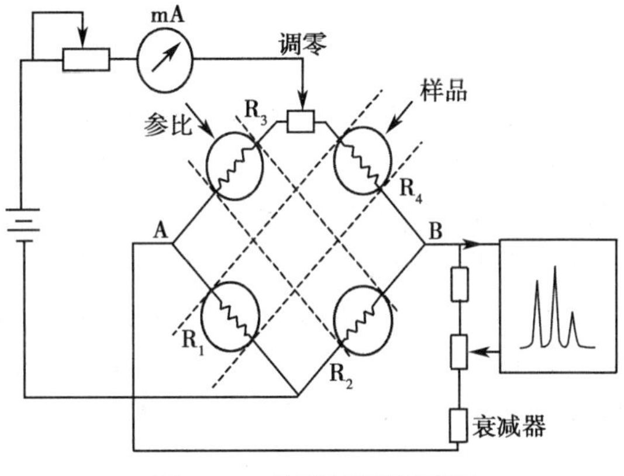

图 2-3-5 热导检测器示意图

热导检测器具有结构简单、测定范围广(无机物、有机物皆产生信号)、样品不被破坏等优点，属于通用型检测器；其缺点是灵敏度低、噪声大。热导检测器通常使用氢气或氦气作载气，这是因为氢气或氦气相对分子质量小，热导系数大，灵敏度高而且峰形正常；不宜用氮气作载气，因为氮气热导系数小，灵敏度低甚至出现倒峰形。在进样量一定时，峰面积与载气流速成反比，因此用峰面积定量时，需保持流速恒定。

3. 电子捕获检测器

电子捕获检测器(ECD)是用镍或氚作放射源的离子化检测器，它是气相色谱检测器中灵敏度最高的一种高选择性检测器，在气相色谱仪中应用范围仅次于 TCD 和 FID，占第三位，其结构如图 2-3-6 所示。高选择性是指电子捕获检测器仅对含有电负性强的元素或基团有响应，如含有卤素、硫、氮、羰基、氰基等的化合物，元素的电负性越强，检测器的灵敏度越高。

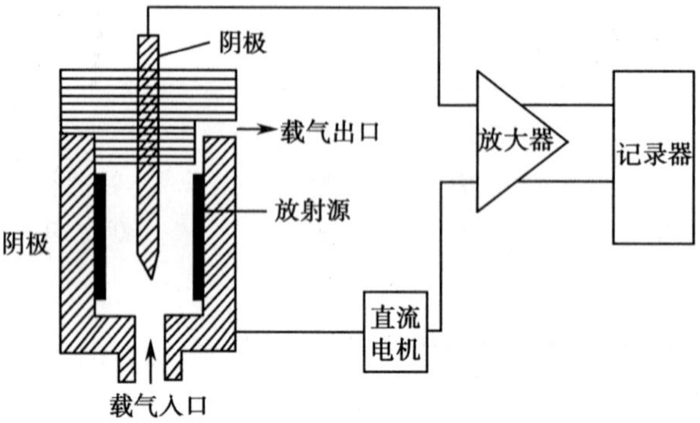

图 2-3-6 电子捕获检测器示意图

电子捕获检测器已广泛用于有机氯和有机磷农药残留量、金属配合物、金属有机多卤或多硫化合物等的分析测定。电子捕获检测器可用氮气或氩气作载气，最常用的是高纯度的氮气(纯度达 99.999%)。载气中如果有少量的氧气和水等电负性成分，对检测器的基流和响应值会有很大的影响，如果载气纯度达不到要求，可采用脱氧管等净化装置除去杂质。载气流速对基流和响应值也有影响，可根据试验条件选择最佳载气流速，通常为 40～100 mL/min。

4. 火焰光度检测器

火焰光度检测器(FPD)是基于样品在富氢火焰中燃烧，使含硫、磷化合物经燃烧后又被氢还原而得到特征光谱的检测器，其敏感度可达 10^{-12} g/s，是气相色谱的主要检测器之一，主要应用于有机磷农药残留量的测定和大气中痕量硫化物的测定。

FPD 实际上是一个简单的发射光谱仪，如图 2-3-7 所示。发射源是富氢火焰，当含磷、硫组分在富氢火焰条件下燃烧时，外层电子受到激发而跃迁到激发态，当处于激发态的电子跃回到基态时，放出特征光谱。硫的最大发射波长在 394 nm，而磷的最大发射波长在 526 nm，经干涉滤光片滤光，由光电倍增管接收、放大后记录下产生的信号。

5. 氮磷检测器

氮磷检测器(NPD)为碱盐离子化检测器之一，结构如图 2-3-8 所示。氮磷检测器是由 FID 发展而来，在喷嘴和收集极之间加一个小玻璃球，表面涂一层硅酸铷作为离子源，向两极加负电压(－130 V)，采用低氢气流速(约 3 mL/min)，玻璃用电加热，氢气在受热的小球周围燃烧形成暗淡的冷火焰带，此时在喷嘴火焰上有机物燃烧形成的负离子基 CH^- 则因喷嘴接地而从地线导通，玻璃球周围产生的离子流被收集极收集形成信号。氮磷检测器只对含磷和含氮化合物有很高的选择性和灵敏度，对氮的灵敏度约为 10^{-13} g/s，对磷为 10^{-14} g/s，主要用于食品、药物、农药残留以及亚硝胺类等的分析。

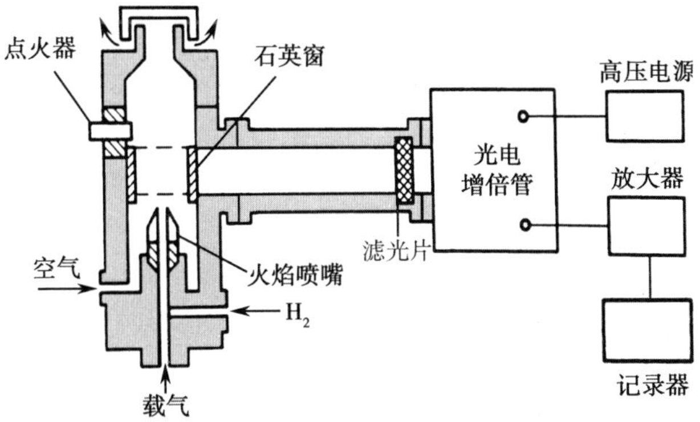

图 2-3-7　火焰光度检测器示意图

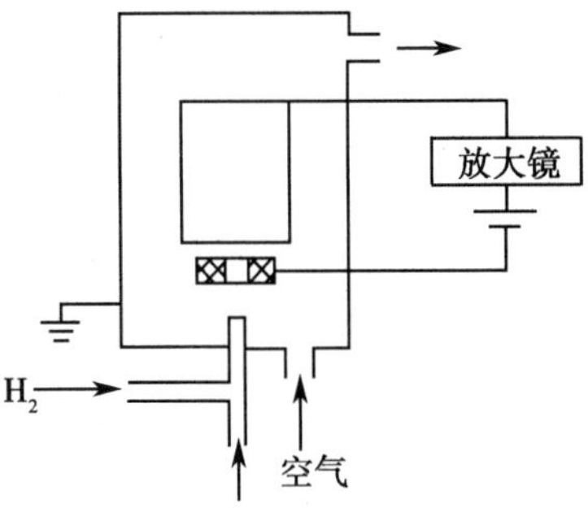

图 2-3-8　氮磷检测器示意图

(五)数据处理系统

数据处理系统包括放大器和数据处理装置等。由于检测器产生的电信号十分微弱,所以必须经放大器放大后,再由数据处理装置给出色谱图,供分析使用。随着计算机技术的广泛应用,目前普遍在微机上装有色谱工作站系统,可对色谱仪实时控制,快速优化色谱分离条件,还可以自动采集数据和完成数据处理。

(六)温度控制系统

温度控制系统主要元件有铂电阻或热电偶等热敏元件、电子放大器、可控硅电热器、柱箱排风扇等。温度控制系统主要负责汽化室、色谱柱和检测器三处的温度,这三处的温度是气相色谱分析中最重要的操作条件,必须对它们进行严格的控制,所以每处均有独立的自动温度控制电路及其辅助装置,控温精度要求±0.1 ℃。

二、气相色谱仪基本操作流程

(1)逆时针方向开启高压载气钢瓶阀门,检查减压阀上高压表所指示的高压载气钢瓶内贮气压力是否符合要求;

(2)顺时针方向旋转减压调节螺杆,使低压表指示到要求的压力数;

(3)开启主机电源总开关,柱箱内鼓风马达运转,仪器自检;

(4)打开与气相色谱仪连接的电脑,运行气相色谱工作站软件,待软件与仪器连接成功后,即可进行下一步的设置;

(5)在气相色谱工作站软件里分别设定载气流量、检测器温度、进样口的温度,柱箱的初始温度及升温程序等。设定完后,各区温度开始朝设定值上升,当温度达到设定值时,仪器显示准备就绪;

(6)查看仪器基线是否平稳,待基线平稳后,即可进样测试;

(7)实验完毕后,待柱箱、进样口、检测器的温度调降至 50 ℃以下时,依次关闭色谱仪电源开关、计算机电源,最后关闭载气减压阀及总阀;

(8)登记仪器使用情况,做好实验室的整理和清洁工作,并检查安全后,方可离开实验室。

任务二　气相色谱仪的维护与保养

(一)对色谱仪分析室的要求

(1)分析室周围不得有强磁场、易燃及强腐蚀性气体。

(2)室内环境温度应在 5～35 ℃范围内,湿度不大于 85%(相对湿度),且室内应保持空气流通。有条件的最好安装空调。

(3)准备好能承受整套仪器、宽高适中、便于操作的工作平台。一般以水泥平台较佳(高 0.6～0.8 m),平台不能紧靠墙,应离墙 0.5～1.0 m,便于接线及检修。

(4)供仪器使用的动力线路容量应在 10 kVA 左右,而且仪器使用电源应尽可能不与大功率耗电量设备或经常大幅度变化的用电设备共用一条线。电源必须接地良好,一般在潮湿地面(或食盐溶液灌注)钉入长 0.5～1.0 m 的铁棒(丝),然后将电源接地点与之相连,要求接地电阻小于 1 Ω。建议电源和外壳都接地,这样效果更好。

(二)气相色谱仪使用注意事项

(1)操作过程中,一定要先通载气再加热,以防损坏检测器。

(2)在使用微量进样器取样时要注意不可将进样器的针芯完全拔出,以防损坏进样器。

(3)进样器所取样品要避免带有气泡以保证进样重现性。

(4)取样前用溶剂反复洗针,再用要分析的样品至少洗 2～3 次以避免样品间的相互干扰。

(5)直接进样品,要将注射器洗净后,将针筒抽干避免外来杂质的干扰。

(6)含酸、碱、盐、水、金属离子的化合物不能直接分析,要经过处理后方可进行分析。

(7)检测器温度不能低于柱出口温度,否则会污染检测器进样口。温度应高于柱温的最高值,同时化合物在此温度下不分解。

(三)气相色谱仪的维护与保养

气相色谱仪属于高精密的分析仪器,正确的操作和良好的保养对于延长仪器的使用寿命、使仪器具有较高的测定准确度和灵敏度均具有重要的意义。

(1)气路系统　首先必须了解气路系统的结构,经常检查气路系统是否漏气,在调节稳压阀、针形阀及稳流阀时,均必须缓慢进行;各阀的进出气口不能接反;应保持流量计本身的清洁,若有灰尘等要及时进行清洁。

(2)进样系统　要经常清洗汽化室的进样口,以防仪器长期使用而导致进样口管道堵塞,所用的清洗剂一般是丙酮或蒸馏水,清洗完后,必须立即吹干。微量注射进样器在使用前均要用丙酮等溶剂进行清洗,以防止样品污染;严禁微量注射进样器的针尖在高温下工作,更不准用火直接烧烤。六通阀在使用时应严禁带有小颗粒固体杂质的气体进入,六通阀在使用一段时间后,应及时卸下进行清洁。

(3)色谱柱的维护　色谱柱是气相色谱仪的心脏,其状况如何直接关系到分离、分析结果的准确度和精密度,因此应特别注意色谱柱的保护。色谱柱必须在其适宜的温度范围内使用,严禁超过最高使用温度时使用;测定结束后,应保持载气持续通入一段时间;若暂时不用,应将两端密封，以免污染；柱子老化时，要及时用载气使其再生，如果再生效果不好，则应重新制备色谱柱，且严禁将老化的色谱柱与检测器连接，以免对检测器造成污染。

(4)检测系统　各种仪器所带的检测器不尽相同，在使用过程中，可根据不同的检测器进行维护。检测器必须保持清洁，用后要及时清洗；检测器灯有一定的使用寿命，不用时不要打开；对于氢火焰离子化检测器，必须用纯度 99.99%以上的氮气(N_2)或氢气(H_2)作为载气，必须在最佳的 N_2/H_2 比以及最佳空气流速条件下工作。对于热导检测器，要求载气与样品中不含有腐蚀性的物质，桥电流不允许超过额定值。对于电子捕获检测器，必须使用纯度 99.99%以上的气体作为载气，并且宜在较高载气流速下工作，载气流速一般应不低于 50 mL/min，如果检测器较长时间使用，中间停机时不要关掉气源，应保持氮气以 10 mL/min 的流速一直通过色谱柱和检测器。

(5)温度控制系统　一般来说，温度控制系统的维护与保养比较容易。在各种操作温度未达到平衡之前，要将氢气和空气源关闭，防止在检测器内积水，不用时，指示灯要关闭。经常对温度控制系统的工作性能进行检查，一般每个月需要检查一次。

(6)信号记录系统　要使记录仪保持清洁，防止灰尘等脏物落入。一般每周一次用棉花蘸无水酒精仔细擦去滑线电阻上的污物；开机前应检查剩余的记录纸和走纸部件。

(四) 高压载气钢瓶的使用及注意事项

利用某些仪器进行分析测试时，经常要用到氧气、氮气、氢气、乙炔、氩气等气体。这些气体一般都是贮存在专用的高压载气钢瓶中。使用时通过减压阀使气体压力降至实验所需范围，再经过其他控制阀门细调，使气体输入使用系统。钢瓶及减压阀是容易发生事故的重大隐患，它们的安全使用，是开展相关分析工作的基础，必须给予高度重视。

1. 高压载气钢瓶的使用

减压阀是使用高压载气钢瓶中气体的必备设备，有些气体，例如氮气、空气、氩气等永久性气体，可以采用氧气减压阀；但还有一些气体，如氨等腐蚀性气体，则需要专用减压阀。如图 2-3-9 所示为已经安装了氮气减压阀的高压载气钢瓶使用示意图。

氧气减压阀的高压腔与钢瓶连接，低压腔为气体出口，并通往使用系统。高压表的指示值为钢瓶内贮存气体的压力。低压表的出口压力可由调节螺杆控制。使用时先打开钢瓶开关，然后顺时针转动和调节低压表压力调节螺杆，使低压表指针达到所需数值即可。

2. 高压载气钢瓶、减压阀使用注意事项

(1)高压载气钢瓶必须装有两个防震橡皮圈，竖直安放在固定支架上，以免落地发生事故。

(2)高压载气钢瓶在搬运和使用时应避免碰撞和震动，在运送时需拧上瓶帽。

(3)高压载气钢瓶必须存放在安全地点，必须避开热源和阳光直射。

(4)高压载气钢瓶存储或使用时，不许靠近高压电线或其他电源。

(5)高压载气钢瓶阀门螺杆有滑丝时应停止使用。

(6)严禁氧气瓶口与减压阀沾染油脂和油污，当瓶口与减压阀连接处或螺杆漏气时，严禁用沾油的手拧气瓶或减压阀，不许戴手套操作，防止发生燃烧爆炸事故。

(7)氧气瓶中氧气不准全部用尽，应留有 1～1.5 kg/cm^2 的剩余氧气。

(8)减压阀应避免撞击震动，不可与腐蚀性物质接触。

(9)停止工作时，应将减压阀中余气放净，然后拧松调节螺杆以免弹性元件长久受压变形。

(10)发现减压阀和配套压力表有损坏或异常现象时应立即进行修理。减压阀长期受压，

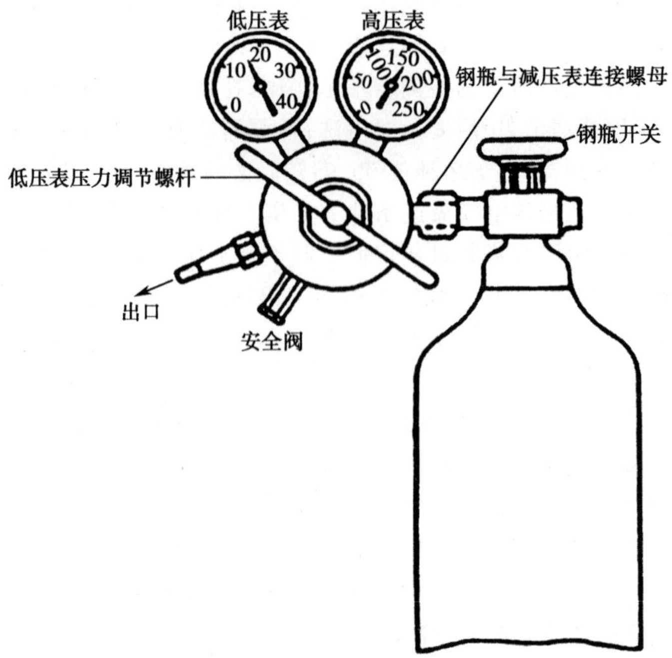

图 2-3-9　高压载气钢瓶使用示意图

应定期送专门检修部门检修，一般一年检修一次。

【知识巩固】

一、填空题

1. 气相色谱仪由六个主要部分组成：(　　　　)、(　　　　)、(　　　　)、(　　　　)、(　　　　)和(　　　　)。

2. (　　　　　　)为气相色谱仪提供稳定的流动相。常用的载气有(　　　　　)、(　　　　　)、(　　　　　　)等。

3. (　　　　　　)是气相色谱仪的重要组成部分，温度影响色谱柱的选择性和分离效率，也影响检测器的(　　　　)和(　　　　)。

4. 色谱仪的核心部件是(　　　　)，它决定了色谱(　　　　)性能的高低。

5. 载气与试样的热导系数相差(　　　　)，(　　　　)检测器的灵敏度(　　　　)。在常见气体中，(　　　　)气的热导系数最大，传热好，作为载气时，检测器灵敏度较高。

6. 测定以下各种样品时，宜选用何种检测器？从野鸡肉的萃取液中分析痕量的含氯农药(　　　　)、测定有机溶剂中微量的水(　　　　)、测定啤酒中微量硫化物(　　　　)、石油裂解气的分析(　　　　)。

二、选择题

1. 在气液色谱分析中，良好的载体为(　　)。

A. 粒度适宜、均匀，比表面积大

B. 表面没有吸附中心和催化中心

C. 化学惰性、热稳定性好，有一定的机械强度

D. A、B 和 C

2. 选择固定液时，一般根据(　　)的原则。

A. 沸点高低　　B. 熔点高低　　C. 相似相溶　　D. 化学稳定性

3. 两组分在同一固定相上分离的可能性与(　　)无关。

A. 检测器灵敏度的高低　　B. 选择性的大小

C. 分配次数的多少　　D. 分配系数之差的大小

4. 在气液色谱分析中，首先流出色谱柱的组分是(　　)。

A. 吸附能力大的　　B. 吸附能力小的

C. 挥发性大的　　D. 溶解度大的

5. 在气液色谱分析中，被分离组分与固定液分子的类型越相似，它们之间(　　)。

A. 作用力越小，保留值越小　　B. 作用力越小，保留值越大

C. 作用力越大，保留值越大　　D. 作用力越大，保留值越小

6. 使用热导检测器时，为使检测器有较高灵敏度，应选用的载气是(　　)。

A. 氮气　　B. 氢气

C. 氮气、氢气的混合气　　D. 氩气

7. 在气相色谱分析中，为了测定农作物中含硫农药的残留量，应选用的检测器是(　　)检测器。

A. 热导　　B. 氢火焰离子化

C. 电子捕获　　D. 火焰光度

8. 应用 GC 方法来测定痕量硝基化合物，宜选用的检测器为(　　)。

A. 热导检测器　　B. 氢火焰离子化检测器

C. 电子捕获检测器　　D. 火焰光度检测器

三、简答题

1. 简述气相色谱的分析流程。气相色谱仪有哪些基本系统？各有什么作用？

2. 常用的气相色谱进样方法有哪些？它们各有什么适用条件和优缺点？

3. 气相色谱固定相分哪几类？

4. 对担体和固定液有何要求？如何选择固定液？

5. 常用气相色谱载体有哪几种？各有什么特点？担体选择的基本原则有哪些？

6. 气相色谱的固定液选择依据是什么？

7. 简述气液色谱的优点。

8. 气相色谱仪的检测器类型有哪几种？分别有什么特点？分别适合哪类物质的分析？

9. 简述 TCD 和 FID 的工作原理。它们的检测对象是什么？怎样选择适当的操作条件？

四、计算题

1. 在一定色谱条件下，对某厂生产的粗蒽质量进行检测。今欲测定其中的蒽含量，用吩嗪为内标物。称取试样 0.130 g，加入内标物吩嗪 0.1 g。溶解后进样分析，测得以下数据蒽峰高 51.6 mm，吩嗪峰高 57.9 mm。已知 $f_{蒽}=1.27$，$f_{吩嗪}=1.0$，求试样中蒽的质量分数。

2. 按药典规定用气相色谱外标法测定麝香中麝香酮的含量。对照品溶液浓度为 2.00 mg/mL，供试品溶液按生药质量计算出的浓度为 101.6 mg/mL。取同样体积进样，对照品和供试品的峰面积分别为 1 157 260 和 1 557 732，求供试品中麝香酮的含量。

3. 已知 CO_2 气体的体积含量分别为 80%、40%、20%时，对应的峰高为 100 mm、50 mm、25 mm（等体积进样），试绘制外标曲线。现进一定体积的试样，得 CO_2 峰高为 75 mm，那么该试样中 CO_2 的体积百分含量是多少？

【技能训练】

训练 3-1 归一化法测定丁醇异构体混合物各组分含量

一、训练目的

（1）通过本次操作，熟悉气相色谱归一化法测定试样组分含量的原理；

（2）掌握归一化法测定试样组分含量的基本操作；

（3）了解气相色谱分离基本理论及其影响色谱分离的因素。

二、知识原理

归一化法就是将试样中所有组分的含量之和按 100%计算，以试样中被测组分经校正过峰面积（或峰高）占试样中各组分经校正过的峰面积（或峰高）的总和的比例来表示试样中各组分含量的定量方法。

设试样中共有 n 个组分，各组分的量分别为 $m_1, m_2, \cdots, m_n$，则第 i 种组分的质量分数为：

$$w_i = \frac{m_i}{m} \times 100\% = \frac{A_i \cdot f'_i}{A_1 \cdot f'_1 + A_2 \cdot f'_2 + \cdots + A_n \cdot f'_n} \times 100\%$$

式中：f'_i 为相对定量校正因子。

此法是较常用的一种方法，如以面积计算，称面积归一化法，如以峰高计算，称峰高归一化法。

本次操作以丁醇异构体混合物各组分含量为操作案例，醇异构体混合物虽然结构不同但性质相似，因此，在一定的色谱条件下试样中的各组分能依次出峰，可采用归一化法定量。

三、训练用品

仪器：气相色谱仪，色谱柱，氢气钢瓶，试剂瓶。

试剂：异丁醇，仲丁醇，叔丁醇，正丁醇（AR 级）。

四、训练内容

（1）配制混合试样　用一干燥且洁净的小瓶（青霉素瓶）称取 0.4 g 叔丁醇、0.5 g 仲丁醇、0.7 g 异丁醇　0.9 g 正丁醇（称准至小数点后第三位），混合均匀，备用。

(2)接电源及相应的连线，接通载气，检查气路气密性。

(3)启动色谱仪，设置实验条件如下：柱温 75 ℃，汽化室温度 160 ℃，热导检测器桥电流 150 mA，载气为氢气，载气流量 20～30 mL/min。

(4)按仪器操作步骤将仪器调节至可进样状态（待仪器电路和气路系统达到平衡，基线平直后即可进样）。

(5)清洗微量注射器，吸取混合试样 0.6 μL 进样得各组分的色谱图。各组分的保留时间符合沸点规律，出峰顺序为叔丁醇(b.p.32.6 ℃)、仲丁醇(b.p.99.5 ℃)、异丁醇(b.p.108.1 ℃)、丁醇(b.p.117.7 ℃)。

注意！如峰信号超出量程以外，试样量可酌情减少。

(6)实验完成后，清洗进样器，按仪器操作步骤中的有关细节关闭仪器和载气，并做好实验结束工作和清理工作。

五、数据记录及处理

(1)记录实验条件。

(2)将在色谱图上测量出的各组分的峰高、峰面积等填入下表。

组分	f'_m	h_i	A	w_i
叔丁醇	0.98			
仲丁醇	0.97			
异丁醇	0.98			
伯丁醇	1.00			

(3)按下式计算各组分的质量分数：

$$w_i=\frac{m_i}{m}\times 100\%=\frac{A_i\cdot f'_i}{A_1\cdot f'_1+A_2\cdot f'_2+\cdots+A_n\cdot f'_n}\times 100\%$$

【注意事项】

(1)必须先通入载气，再开电源，实验结束时，应待柱温冷却至 50 ℃以下，再关载气。

(2)色谱峰过大过小，应利用“衰减”键调整。

(3)微量注射器移取溶液时，必须注意液面上气泡的排除，抽液时应缓慢上提针芯，若有气泡，可将注射器针尖向上，使气泡上浮推出。

六、拓展训练与思考

(1)归一化法定量的原理是什么？

(2)气相色谱仪操作过程的注意事项有哪些？

训练 3-2　气相色谱外标法测定酒精中甲醇的含量

一、训练目的

(1)通过本次操作,熟悉气相色谱外标法测定试样组分的原理;

(2)掌握气相色谱外标法测定试样组分的基本操作;

(3)理解外标法定量的特点。

二、知识原理

外标法就是用被测组分的纯品作标准品(对照物质),比较标准品和试样中被测组分的响应信号进行定量的方法。外标法分为直接比较法和标准曲线法。

1. 直接比较法

直接比较法也称外标一点法,该法就是配制已知浓度的对照品溶液和试样溶液,在同样的条件下,测定对照品溶液和试样溶液中被测组分的峰面积,然后用比较法定量。其计算公式如下:

$$c_i = c_s \frac{A_i}{A_s}$$

式中:c_i、c_s 分别为对照品溶液和试样溶液的浓度;A_i、A_s 分别为对照品溶液和试样溶液的峰面积。

2. 标准曲线法

该法是在一定色谱操作条件下,取待测组分标准品配成一系列不同浓度的标准溶液,分别取一定体积,进样分析。从色谱图上测出峰面积(或峰高),以峰面积(或峰高)对浓度作图,即得标准曲线。然后在相同的色谱操作条件下,分析待测试样,从色谱图上测出待测组分的峰面积(或峰高),由上述标准曲线即可查出待测组分的浓度,如图 2-3-10 所示。

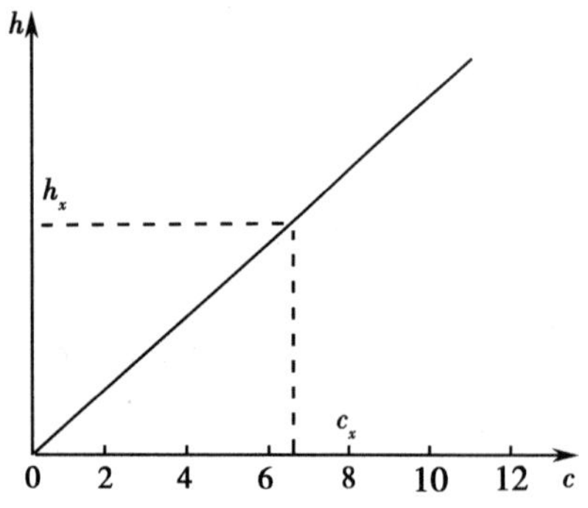

图 2-3-10　标准曲线法

外标法是最常用的定量方法。其优点是操作简便,不需要测定校正因子,计算简单。缺点是结果的准确性受进样量和色谱操作条件的影响。

下面我们以酒精中甲醇含量测定为案例。测定时,以不同浓度甲醇标准溶液为横坐标,以甲醇峰面积为纵坐标,绘制标准曲线(或求其回归方程)。最后,根据待测试样甲醇的峰面积,由标准曲线(或求其回归方程),查出(或求算出)试样中相应甲醇的浓度。

三、训练用品

仪器：气相色谱仪。

试剂：甲醇，乙醇（均为分析纯），5 g/L 甲醇标准溶液：精密称取 0.5 g 甲醇用乙醇溶液稀释至 100 mL；酒精。

四、训练内容

1. 色谱条件

色谱柱：10%聚乙二醇(PEG)-20 M(Φ3 mm×4 m)；柱温：80 ℃（或者程序升温 70～100 ℃，2～5 ℃/min）；汽化温度：150 ℃；氢火焰离子化检测器温度 150 ℃；载气：氮气 50 mL/min；燃气：氢气 50 mL/min；助燃气：空气 500 mL/min。

2. 标准溶液配制

准确吸取 5 g/L 甲醇标准溶液 1 mL，2 mL，4 mL，6 mL，8 mL 分别置于 5 个 10 mL 容量瓶中，用乙醇溶液（酒精度与试样相当）稀释到刻度，得 0.5 g/L，1.0 g/L，2.0 g/L，3.0 g/L，4.0 g/L 甲醇标准溶液。

3. 标准品和试样测定

(1)根据实验条件，按仪器说明书调节仪器至可进样状态，待仪器的电路和气路系统达到平衡，记录仪上的基线平直时，即可进样。

(2)依次分别吸取标准溶液 1 μL 进样，记录色谱图。每个标准样平行测定 3 次。

(3)在同样条件下，吸取未知试液进样，记录色谱图。平行测定 3 次。

五、数据记录及处理

(1)以甲醇标准溶液平均峰面积作纵坐标，以相应的甲醇浓度为横坐标作图或求标准曲线方程。

$$A = ac + b$$

式中：A 为甲醇的峰面积；c 为甲醇的浓度。

(2)根据试样溶液甲醇平均峰面积，代入标准曲线，求出甲醇含量。

【注意事项】

(1)平行测定的试样组分峰高相对偏差要小于 5%，否则应重做。

(2)取样以及整个分析过程中要尽量保证试样瓶密封性，防止试样吸潮或挥发。

六、拓展训练与思考

(1)外标法定量的原理是什么？

(2)用外标法测定试样组分含量时应注意哪些问题？

训练 3-3　气相色谱内标法测定冰片中龙脑的含量

一、训练目的

(1)通过本次操作,熟悉气相色谱内标法测定试样组分的基本原理;

(2)掌握气相色谱内标法测定试样组分的方法的基本操作;

(3)能够正确理解内标法定量分析的特点。

二、知识原理

所谓内标法就是将一定量选定的内标物 i_s 加入到一定量试样中,混合均匀后,经气相色谱分析,分别得组分 i 和内标物 i_s 的峰面积,根据试样中被测组分和内标物的峰面积进行定量的方法。

测定时精密称取试样质量 m,再精密称取内标物质量 m_s,混合均匀后,进样,分别得被测组分 i 的峰面积 A_i 和内标物 i_s 的峰面积 A_s,则组分 i 在试样总质量 m 中所含质量 m_i 与内标的质量 m_s 有如下关系:

$$\frac{m_i}{m_s}=\frac{f'_i A_i}{f'_s A_s}$$

式中:f'_i、f'_s 分别为试样中组分 i、内标物 i_s 对某一标准物的相对定量校正因子。所以,被测组分 i 在试样中的百分含量为:

$$w_i=\frac{m_i}{m}\times 100\%=\frac{f'_i A_i}{f'_s A_s}\times\frac{m_s}{m}\times 100\%$$

若测定相对定量校正因子的标准物质与内标物为同一化合物,则 $f'_s=1$,得

$$w_i=\frac{f'_i A_i}{A_s}\times\frac{m_s}{m}\times 100\%$$

此时,组分 i 相对内标物 i_s 的定量相对校正因子 f'_i 可以用 f'_s 来表示。f'_s 的测定,可以通过配制含内标的对照品溶液来测定。准确称取一定量待测组分对照品和内标物配制成溶液,这样,分别测定对照品和内标物的峰面积,即可求出 f'_s。

相对校正因子

$$f_{i/s}=f'_i=\frac{A_s m_i}{A_i m_s}$$

式中:A_i 和 A_s 分别为对照品溶液中待测组分和内标物的峰面积;m_i 和 m_s 分别为对照品溶液中待测组分和内标物的质量。

在药物分析中,有时无须先求相对定量校正因子,可用内标对比法进行定量。先配制被测组分 i 的已知浓度的对照品溶液,加入一定量的内标物 s;再在同样体积的试样溶液中加入相

同量的内标物，分别进样相同体积，测定色谱峰，按下式计算试样溶液中被测组分的含量。

$$(c_i)_{样品}=\frac{(A_i/A_s)_{样品}}{(A_i/A_s)_{对照}}\times(c_i)_{对照}$$

合成冰片为龙脑和异龙脑的混合物，具挥发性。因此，可采用 GC 内标法，对冰片中龙脑进行测定。

三、训练用品

仪器：气相色谱仪，微量进样器。

试剂：乙酸乙酯。

试样：合成冰片，龙脑对照品，水杨酸甲酯对照品。

四、训练内容

1. 色谱条件与系统适应性试验

色谱柱：10%聚乙二醇(PEG)-20 M(Φ3 mm×4 m)；汽化室温度：150 ℃；柱温：140 ℃；载气：N_2，50 mL/min；检测器：FID，氢气 50 mL/min，空气 500 mL/min，温度 150 ℃；理论塔板数按龙脑峰计算应不低于 1 900。

2. 内标溶液的配制

取水杨酸甲酯适量，精密称定，加乙酸乙酯制成每 1 mL 含 5 mg 的溶液，作为内标溶液。

3. 对照品溶液的配制

取龙脑对照品 50 mg，精密称定，置 10 mL 量瓶中，用内标溶液溶解并稀释至刻度，摇匀，即可。

4. 供试品溶液的配制

取精密称定的本品 50 mg，置 10 mL 量瓶中，用内标溶液溶解并稀释至刻度，摇匀，即可。

5. 测定

分别吸取对照品和供试品溶液 1 μL，注入气相色谱仪，测定，按内标法计算含量，本品含龙脑($C_{10}H_{18}O$)不得少于 55.0%。

五、数据记录及处理

(1)定量相对校正因子

$$f_i'=\frac{f_i}{f_s}=\frac{m_iA_s}{A_im_s}$$

式中：A_i 和 A_s 分别为对照品溶液中龙脑和水杨酸甲酯的峰面积；m_i 和 m_s 分别为对照品溶液中龙脑和水杨酸甲酯的质量。

(2)龙脑含量

$$w_i=\frac{f_i'A_i}{A_s}\times\frac{m_s}{m}\times100\%$$

式中：A_s 和 m_s 分别为试样中水杨酸甲酯的峰面积和水杨酸甲酯的质量；A_i 为试样中龙脑的峰面积；m 为冰片的质量。

【注意事项】

(1)实验前，必须对气相色谱仪整个气路系统进行检漏。如有漏气，及时处理。

(2)开机前先通气,实验结束,先关机,后关气。

六、拓展训练与思考

(1)气相色谱仪常用的检测器有几种?请说明其特点。

(2)含哪些成分的药物可以用 GC 法分析?

【实战提升】

GB

中华人民共和国国家标准

GB 5009.266—2016

食品安全国家标准
食品中甲醇的测定

前　　言

本标准代替 GB/T 5009.48—2003《蒸馏酒与配制酒卫生标准的分析方法》、GB/T 15038—2006《葡萄酒、果酒通用分析方法》和 GB/T 394.2—2008《酒精通用分析方法》中甲醇的测定方法。

本标准与 GB/T 5009.48—2003 相比,主要变化如下:

——标准名称修改为"食品安全国家标准食品中甲醇的测定";

——修改了标准的适用范围;

——修改了气相色谱的测定条件;

——删除了原标准方法中的比色法。

1　范围

本方法规定了酒精、蒸馏酒、配制酒及发酵酒中甲醇的测定方法。

本方法适用于酒精、蒸馏酒、配制酒及发酵酒中甲醇的测定。

2　原理

蒸馏除去发酵酒及其配制酒中不挥发性物质,加入内标(酒精、蒸馏酒及其配制酒直接加入内标),经气相色谱分离,氢火焰离子化检测器检测,以保留时间定性,外标法定量。

3 试剂和材料

除非另有说明，本方法所用试剂均为分析纯，水为 GB/T 6682 规定的二级水。

3.1 试剂

乙醇(C_2H_6O)：色谱纯。

3.2 试剂配制

乙醇溶液(40%，体积分数)：量取 40 mL 乙醇，用水定容至 100 mL，混匀。

3.3 标准品

3.3.1 甲醇(CH_4O，CAS 号：67-56-1)：纯度≥99%。或经国家认证并授予标准物质证书的标准物质。

3.3.2 叔戊醇($C_5H_{12}O$，CAS 号：75-85-4)：纯度≥99%。

3.4 标准溶液配制

3.4.1 甲醇标准储备液(5 000 mg/L)：准确称取 0.5 g(精确至 0.001 g)甲醇至 100 mL 容量瓶中，用乙醇溶液定容至刻度，混匀，0～4 ℃低温冰箱密封保存。

3.4.2 叔戊醇标准溶液(20 000 mg/L)：准确称取 2.0 g(精确至 0.001 g)叔戊醇至 100 mL 容量瓶中，用乙醇溶液定容至 100 mL，混匀，0～4 ℃低温冰箱密封保存。

3.4.3 甲醇系列标准工作液：分别吸取 0.5 mL，1.0 mL，2.0 mL，4.0 mL，5.0 mL 甲醇标准储备液，于 5 个 25 mL 容量瓶中，用乙醇溶液定容至刻度，依次配制成甲醇含量为 100 mg/L，200 mg/L，400 mg/L，800 mg/L，1 000 mg/L 系列标准溶液，现配现用。

4 仪器和设备

4.1 气相色谱仪，配氢火焰离子化检测器(FID)。

4.2 分析天平：感量为 0.1 mg。

5 分析步骤

5.1 试样前处理

5.1.1 发酵酒及其配制酒

吸取 100 mL 试样于 500 mL 蒸馏瓶中，并加入 100 mL 水，加几颗沸石(或玻璃珠)，连接冷凝管，用 100 mL 容量瓶作为接收器(外加冰浴)，并开启冷却水，缓慢加热蒸馏，收集馏出液，当接近刻度时，取下容量瓶，待溶液冷却到室温后，用水定容至刻度，混匀。吸取 10.0 mL 蒸馏后的溶液于试管中，加入 0.10 mL 叔戊醇标准溶液，混匀，备用。

5.1.2 酒精、蒸馏酒及其配制酒

吸取试样 10.0 mL 于试管中，加入 0.10 mL 叔戊醇标准溶液，混匀，备用；当试样颜色较深，按照 5.1.1 操作。

5.2 仪器参考条件

仪器参考条件列出如下：

a)色谱柱：聚乙二醇石英毛细管柱，柱长 60 m，内径 0.25 mm，膜厚 0.25 μm，或等效柱；

b)色谱柱温度：初温 40 ℃，保持 1 min，以 4.0 ℃/min 升到 130 ℃，以 20 ℃/min 升到，

200 ℃保持 5 min；c)检测器温度 250 ℃；

d)进样口温度：250 ℃；

e)载气流量：1.0 mL/min；

f)进样量：1.0 μL；

g)分流比：20∶1。

5.3 标准曲线的制作

分别吸取 10 mL 甲醇系列标准工作液于 5 个试管中，然后加入 0.10 mL 叔戊醇标准溶液，混匀，测定甲醇和内标叔戊醇色谱峰面积，以甲醇系列标准工作液的浓度为横坐标，以甲醇和叔戊醇色谱峰面积的比值为纵坐标，绘制标准曲线（甲醇及内标叔戊醇标准的气相色谱图见图 A.1）。

5.4 试样溶液的测定

将制备的试样溶液注入气相色谱仪中，以保留时间定性，同时记录甲醇和叔戊醇色谱峰面积的比值，根据标准曲线得到待测液中甲醇的浓度。

6 分析结果的表述

6.1 试样中甲醇的含量按式（1）计算：

$$X=\rho \qquad (1)$$

式中：X 为试样中甲醇的含量，单位是 mg/L；

ρ 为从标准曲线得到的试样溶液中甲醇的浓度，单位是 mg/L。

计算结果保留 3 位有效数字。

6.2 试样中甲醇含量（测定结果需要按 100％酒精度折算时）按式（2）计算：

$$X=\frac{\rho}{C\times 1\ 000} \qquad (2)$$

式中：X 为试样中甲醇的含量，单位是 g/L；

ρ 为从标准曲线得到的试样溶液中甲醇的浓度，单位是 mg/L；

C 为试样的酒精度；

1 000 为换算系数。

计算结果保留 3 位有效数字。

注：试样的酒精度按照 GB 5009.225 测定。

7 精密度

在重复性测定条件下获得的两次独立测定结果的绝对差值不超过其算术平均值的 10％。

8 其他

方法检出限为 7.5 mg/L，定量限为 25 mg/L。

附录 A
甲醇及内标叔戊醇标准的气相色谱图

甲醇及内标叔戊醇标准的气相色谱图见图 A.1。

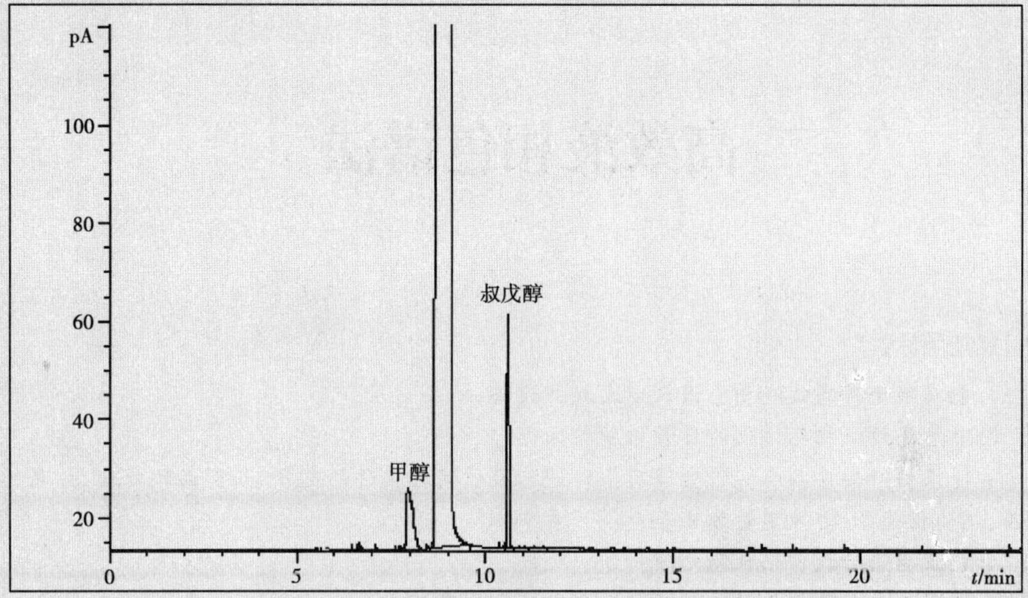

图 A.1 甲醇及内标叔戊醇标准的气相色谱图

2016-12-23 发布　　　　2017-06-23 实施

中华人民共和国国家卫生和计划生育委员会
国家食品药品监督管理总局　　发布

项目四

高效液相色谱法

【技能目标】

1. 能正确使用高效液相色谱仪以及相关设备；
2. 熟悉高效液相色谱仪的日常维护与保养；
3. 能根据待测样品和实验室现有条件进行最佳实验条件的选择，如样品预处理、分离模式选择、流动相选择、定性定量方法等；
4. 能正确进行数据记录和处理；
5. 能利用高效液相色谱法对项目进行定性和定量测定。

【知识目标】

1. 理解柱色谱法分离机理；
2. 认知高效液相色谱仪的基本结构和各部件的作用；
3. 熟悉高效液相色谱法的实验技术，包括样品预处理、分离模式选择、流动相选择等；
4. 熟悉高效液相色谱法的定性定量方法；
5. 了解高效液相色谱法在农业分析中的原理及实验技术。

任务一　高效液相色谱仪的认知与操作

液相色谱法是指流动相为液体的色谱法。用高压泵来输送流动相，选用高效的新型固定相，并配有实时检测器，实现全部色谱分离过程的自动化，称为高效液相色谱法（HPLC）。高效液相色谱法的突出优点是分析速度快，柱效高，检测灵敏度高，定量分析方法的准确度高，与气相色谱法相配合，几乎可以承担绝大部分的有机物分离测试任务。

一、高效液相色谱仪的基本结构

高效液相色谱仪由输液系统、进样系统、分离系统、检测系统和数据处理系统等组成。其结构流程如图 2-4-1 所示。

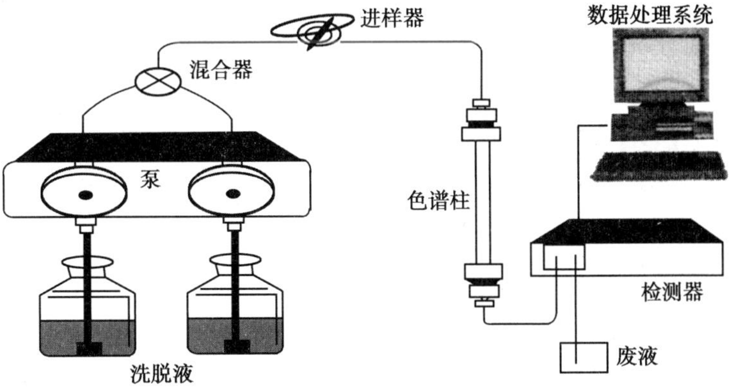

图 2-4-1　高效液相色谱仪的基本结构示意图

(一)输液系统

输液系统的作用是向色谱柱提供压力高且流速稳定的流动相。输液系统包括贮液瓶、高压输液泵、溶剂混合和梯度控制装置等。

1. 贮液瓶

贮液瓶用来贮存液体流动相,大多由化学稳定性好的玻璃、聚四氟乙烯等材料制成,容积一般为 0.5～2 L。贮液瓶要求能承受一定压力、耐腐蚀、易于脱气操作。贮液瓶一般配 2～4 个,至少 1 个单元泵,仅做等梯度洗脱。

分析过程使用的液体流动相常为有机溶剂、缓冲溶液、水等,在放入贮液瓶之前必须经过过滤和脱气处理。使用 0.5 μm 以下微孔膜过滤,除去溶剂中的机械杂质,以防输液管道或进样阀产生阻塞现象。所有溶剂在使用前必须脱气,因为色谱柱是在高压下工作的,而检测器是在常压下工作的,若流动相中所含有的空气不除去,则流动相通过柱子时其中的气泡受到压力而压缩,流出柱子后到检测器时因常压而将气泡释放出来,影响色谱柱分离效果、检测器的基线稳定及保留时间和峰面积的重现性。脱气方法有加热法、吹氮置换法、抽真空法以及超声波法,脱气效果依次序降低。脱气后的流动相液体应密封保存以防止外部气体的重新溶入。近年来许多商品仪器配置在线脱气机,其原理是真空脱气。

2. 高压输液泵

高压输液泵是高效液相色谱仪的关键部件,其作用是将流动相以稳定的流速或压力输送到色谱分离系统,使样品在色谱柱中完成分离。目前,仪器常配备恒流往复式输液泵,对其要求是:压力稳定、流速恒定、流量可调、泵体材料耐腐蚀,死体积小,具有较高的输出压力。

3. 溶剂混合和梯度控制装置

溶剂混合和梯度控制装置用来控制流动相的组成,分为等梯度洗脱和梯度洗脱两种方式。等梯度洗脱是在整个分离过程中,流动相的组成不变,这种方式柱效能相对较低,分析时间长。梯度洗脱是指在分离过程中改变流动相的组成(溶液极性、离子强度、pH 等)或改变流动相的浓度。在梯度洗脱时,按操作者给定的程序将两种或两种以上的溶剂在泵前或泵后混合,此混合的比例随时间按一定的变化率(即梯度)自动连续地变化。这一动态变化的混合目的是满足梯度洗脱对流动相的要求,流动相的组成及其洗脱强度按一定程序随时间变化,使得复杂样品在尽量短的时间内所有待测的组分均有较好的分离度,谱峰间距较均匀,避免色谱峰前挤后松甚至强保留组分出不来的现象。梯度洗脱分为高压梯度和低压梯度两种方式，如图 2-4-2 所示。

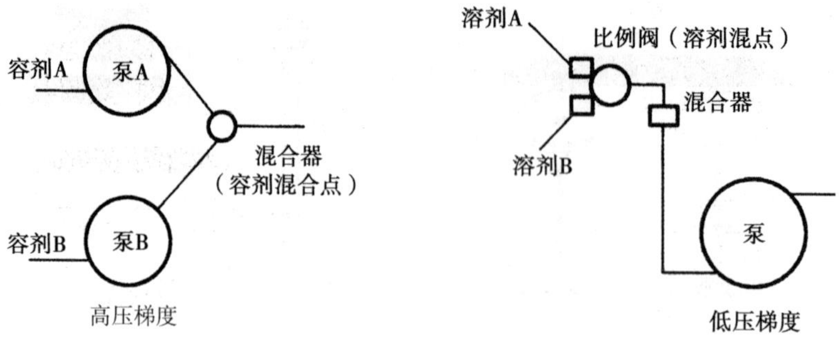

图 2-4-2　高压梯度和低压梯度

低压梯度，是在常压下将两种溶剂输送至混合器中混合，然后用高压输液泵将流动相输入色谱柱中。其主要优点是仅需使用一台高压输液泵，成本低廉，使用方便；另外，因混合在泵加压前完成，可避免高压混合中洗脱液的体积变化引起流量不稳定等问题。但低压混合易产生气泡，故对脱气要求较高。若没有配置在线脱气机，在梯度洗脱时，应尽量避免将几乎 100% 的某一种溶剂（例如纯甲醇或纯甲醇中加 0.1% 甲酸）与几乎 100% 的另一种溶剂（例如纯水或纯水中加 0.1% 甲酸）直接上机混合，因为这样混合的热效应较大，上机前尽管已分别脱气，但难以脱气完全，故易产生气泡，造成压力和基线不稳，此问题在低压混合时需特别注意。

高压梯度，是用两台高压输液泵将两种溶剂输入混合室，进行混合后再送入色谱柱。主要优点是：两台高压输液泵的流量皆可独立控制，可获得任何形式的梯度程序，精度高，易于实现控制的自动化；高压混合不易产生气泡，对洗脱液的脱气要求较低；但因需两台高压输液泵，故成本较高。

（二）进样系统

进样系统的作用是将待分析样品准确送入色谱柱的装置，要求密封性好、死体积小、重复性好，进样引起色谱分离系统的压力和流量波动要很小。常用的有六通阀进样器和自动进样器两种。

1. 六通阀进样器

目前，手动进样器只有六通阀进样器，进样体积由定量环确定，常规的高效液相色谱仪通常使用 10 μL 和 20 μL 体积的定量环。进样中先将样品注入定量环，然后将阀门转动 60°到进样位置，高压输液泵输送的流动相接着将样品送入色谱柱。如图 2-4-3 所示。

2. 自动进样器

自动进样器是由计算机自动控制定量阀，按预先编制的注射样品操作程序进行工作的。取样、进样、复位、样品管路清洗和样品盘的转动，全部按预定程序自动进行，一次可进行几十个或上百个样品的分析。自动进样器进样重复性高，适合于大量样品的分析，节省人力，可实现自动化操作，但此装置一次性投资较高。如图 2-4-4 所示。

（三）分离系统

分离系统是 HPLC 实现高效、快速分离的核心，由连接管、色谱柱、保护柱（选配）、色谱柱恒温装置（选配）等组成，其中色谱柱是色谱仪的心脏。柱效能高、选择性好、分析速度快、性能

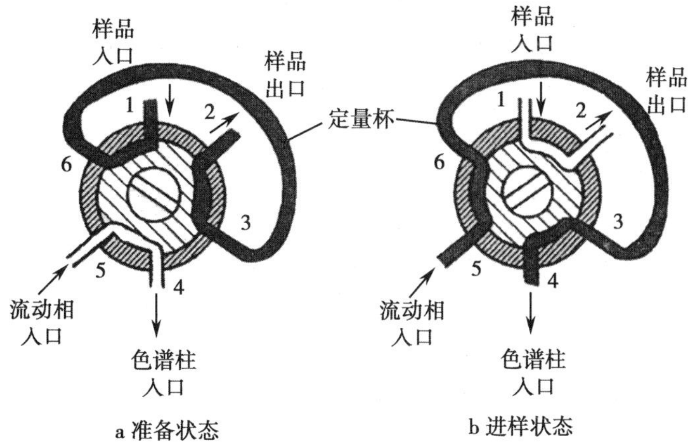

图 2-4-3　六通阀进样器工作原理

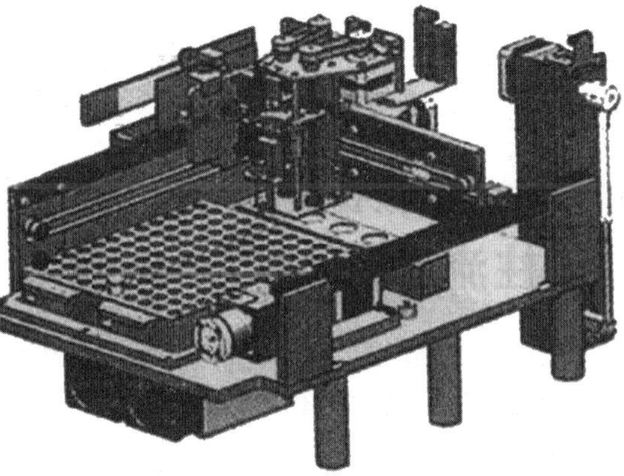

图 2-4-4　自动进样器

稳定是对色谱柱的一般要求。

1. 色谱柱

色谱柱是内部抛光的不锈钢柱，一般长 5～25 cm，内径 2～5 mm。色谱柱内部填充各种微粒(粒径 3～10 μm)填料，又称固定相，是色谱柱的主体。从化学组成上看，固定相主要有硅胶、氧化铝、键合型硅胶等。键合型硅胶是利用硅胶表面的羟基与带有活性基团的有机化合物通过化学反应制得。依据键合到硅胶表面的官能团不同，化学键合相主要有正相、反相和离子交换三种类型。正相键合相是指键合的有机分子中含有极性基团，最常见的有醚基(R—O—R)、氰基(—CN)、氨基($—NH_2$)和二醇基($CHOH—CH_2OH$)。反相键合相键合的有机分子中含有的是烷基(—R)或苯基($C_6H_5—$)，烷基 R 的链长是 C_2～C_{18} 等，随着 R 碳链的增长，固定相的极性逐渐降低，疏水性逐渐增强。其中最常用的是 C_{18}，即十八烷基键合硅胶，又称 ODS。离子交换键合相分为两类：一类是阳离子交换固定相，含磺酸基($—SO_3H$)或羧基(—COOH)；另一类是阴离子交换固定相，含季铵基($—R_4N^+$)或胺基($—R_2N$)。硅胶基质的化学键合相是目前应用最广的固定相，约占整个 HPLC 所用固定相的 3/4。

2. 保护柱

保护柱，又称预柱，是在分析柱的入口端装有与分析柱相同固定相的短柱(5～30 mm

长)，可以经常而且方便地更换，因此，起到保护分析柱和延长分析柱寿命的作用。虽然采用保护柱往往会使分析柱损失一定的柱效能，但是，换一根分析柱不仅浪费(柱子失效往往只在柱端部分)，而且费事，而保护柱对色谱系统的影响基本上可以忽略不计，所以，即使损失一点柱效能也是可取的。

3. 色谱柱恒温装置

提高柱温有利于降低溶剂黏度和提高样品溶解度，改变分离度，也是保留值重复稳定的必要条件，特别是对需要高精度测定保留体积的样品分析时尤为重要。常用的色谱柱恒温装置有水浴式、电加热式和恒温箱式 3 种。实际恒温过程中要求最高温度不超过 100 ℃，否则流动相汽化会使分析工作无法进行。

(四)检测系统

检测系统即检测器，是用于连续监测被色谱系统分离后的柱流出物的组成和含量变化的装置。其作用是将柱流出物的组成和含量变化转化为可供检测的信号，完成定性和定量分析。HPLC 检测器一般分为两类，通用型检测器和选择型检测器。通用型检测器可连续测量色谱柱流出物(包括流动相和样品组分)的全部特性变化，通常采用差分测量法。这类检测器包括示差折光检测器、电导检测器和蒸发激光散射检测器等。通用型检测器适用范围广，但由于对流动相有响应，因此易受温度变化、流动相流速和组分变化的影响，噪声和漂移都较大，灵敏度较低，一般不能用于梯度洗脱(蒸发激光散射检测器是通用型检测器，可用于梯度洗脱)。

选择型检测器用于测量被分离样品组分某种特性的变化，这类检测器对样品中组分的某种物理或化学性质敏感，而这一性质是流动相所不具备的，或至少在操作条件下不显示。这类检测器包括紫外检测器、荧光检测器、安培检测器等。选择型检测器灵敏度高，受操作条件变化和外界环境影响小，并且可用于梯度洗脱操作。

1. 紫外-可见光检测器(UV-Vis)

紫外-可见光检测器，简称紫外检测器，是高效液相色谱法广泛使用的检测器，它的作用原理是被分析试样组分对特定波长紫外或可见光的选择性吸收，组分浓度与吸光度的关系遵守朗伯-比尔定律。

紫外-可见光检测器具有很高的灵敏度，最小检测浓度可达 10^{-9} g/mL，这种检测器对温度和流速不敏感，可用于梯度洗脱，缺点是不适用于对紫外光完全不吸收的试样，溶剂的选用受到限制(紫外光不能透过的溶剂如苯等不能用)。应用此检测器，还能获得分离组分的紫外吸收光谱。即当试样组分通过流通池时，短时中断液流进行快速扫描(停流扫描)，以得到紫外吸收光谱，为定性分析提供信息，据此选择最佳检测波长。

2. 光电二极管阵列检测器(PAD)

光电二极管阵列检测器是紫外检测器的一个重要进展，光路如图 2-4-5 所示。在此检测器中先使光源发出的紫外或可见光通过液相色谱流通池，在此被流动相中的组分进行特征吸收，然后通过入射狭缝进行分光，使含有吸收信息的全部波长的光聚焦在阵列上同时被检测，并用电子学方法及计算机技术对二极管阵列快速扫描采集数据。由于扫描速度非常快，每帧图像仅需 10^{-2} s，远远超过色谱流出峰的速度，因此无须停流扫描即可观察色谱柱流出物各个瞬间的动态光谱吸收图。经计算机处理后可得到三维色谱-光谱图，如图 2-4-6 所示。因此，可利用色谱保留值规律及光谱特征吸收曲线综合进行定性分析。

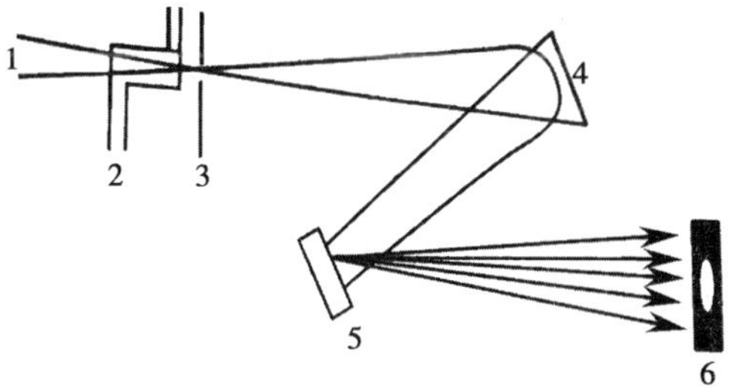

1-光源；2-流通池；3-入射狭缝；4-反射器；5-分光器；6-光电二极管。

图 2-4-5 光电二极管阵列检测器光路示意图

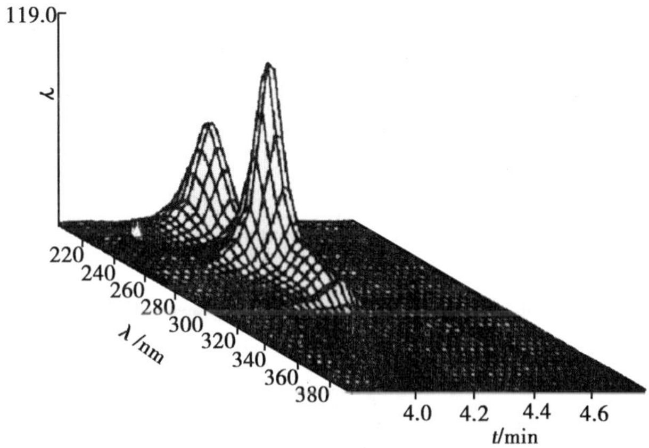

图 2-4-6 DAD 测定的三维色谱-光谱图

3. 荧光检测器(FD)

荧光检测器是一种灵敏度和选择性良好的检测器。许多物质，特别是具有对称共轭结构的有机芳环分了受紫外光激发后，能辐射出比紫外光波长长的荧光，例如多环芳烃、维生素 B 类、黄曲霉素、卟啉类化合物等，许多生化物质包括某些代谢产物、药物、氨基酸、胺类、甾族化合物都可用荧光检测器检测，其中某些不发射荧光的物质也可通过化学衍生转变成能发出荧光的物质，而得到检测。

荧光检测器的灵敏度比紫外检测器要高百倍，当要对痕量组分进行选择性检测时，它是一种强有力的检测工具，但它的线性范围较窄，不宜作为一般的检测器来使用。荧光检测器也可用于梯度洗脱。测定中不能使用可熄灭、抑制或吸收荧光的溶剂作流动相。对不能直接产生荧光的物质，要使用色谱柱后衍生技术，操作比较复杂。

4. 示差折光检测器(RID)

示差折光检测器，又称折光指数检测器。是通过连续监测参比池与测量池中溶液的折射率之差来测定试样浓度的检测器。溶液的光折射率是溶剂(流动相)和溶质(试样)各自的折射率乘以其浓度之和，因此溶有试样的流动相和纯流动相之间折射率之差，表示试样在流动相中的浓度。几乎每种物质都有各自不同的折射率，因此都可用示差折光检测器来检测，示差折光检测器是一种通用型的浓度检测器。

示差折光检测器对温度变化很敏感，使用时温度变化要求保持在±0.001 ℃范围内。此检测器对流动相流量变化也敏感，要求流动相组成完全恒定，稍有变化都会对测定产生明显影响，因此不宜做梯度洗脱。此外，示差折光检测器灵敏度较低，不宜用于痕量分析。

5. 电化学检测器(ECD)

常用电化学检测器包括电导检测器和安培检测器。电导检测器主要用于离子色谱法，检测原理是基于组分在某些介质中电离后电导值的变化来测定其含量。检测池内有一对平行的铂电极，构成电桥的一个测量臂。当电离组分通过时，其电导值和流动相电导值之差被记录，得出色谱图。电导检测器对温度和流速敏感，不能用于梯度洗脱。安培检测器用于测定能氧化还原的物质，灵敏度很高。其检测原理是组分通过电极表面时，当两电极间施加大于该组分的氧化(或还原)电位的恒定电压时，组分被电解而产生电流，服从法拉第定律，记录得色谱图，检测池相当于一个微型电解池。

6. 蒸发激光散射检测器(ELSD)

蒸发激光散射检测器是近年新出现的高灵敏度、通用型检测器。ELSD 是一种质量型检测器，它可以用来检测任何不挥发性化合物，包括氨基酸、脂肪酸、糖类、表面活性剂等，尤其对于一些较难分析的样品，如磷脂、皂苷、生物碱、甾族化合物等无紫外吸收或紫外末端吸收的化合物更具有其他 HPLC 检测器无法比拟的优越性。

蒸发激光散射检测器与 DR 和 UV-Vis 比较，它消除了溶剂的干扰和因温度变化面引起的基线漂移，即使用梯度洗脱也不会产生基线漂移。它还具有死体积小、灵敏度高等优点。所以，ELSD 和气相色谱分析中的 FID 一样，其应用范围越来越宽。

(五)数据处理系统

高效液相色谱法的分析结果现在广泛使用色谱数据处理机和色谱工作站来记录和处理。计算机的广泛应用使得高效液相色谱操作更加快速、简便、准确、精密和自动化，现在已可在互联网上远程处理数据。计算机的用途包括三个方面：①采集、处理和分析数据；②控制仪器；③色谱系统优化和专家系统。

二、高效液相色谱仪的基本操作

高效液相色谱仪的品牌型号繁多，但实际操作步骤却几乎一致。

(一)准备

(1)准备所需的流动相，选用合适的微孔滤膜，抽滤，然后超声脱气 10～20 min。

(2)根据待检样品的需要更换合适的色谱柱(注意方向)和定量环。

(3)配制样品和标准溶液。

(4)检查仪器各部件的电源线、数据线和输液管道是否连接正常。

(二)操作流程

(1)开机　接通电源，待泵和检测器自检结束后，打开色谱工作站；

(2)排气　打开排液阀，排出管路中气泡，直至气泡排尽，关闭排液阀；

(3)参数设定　通过软件设置泵流量、各流动相比例、运行时间、检测波长等参数，设置完成后下载此方法至仪器；

(4)平衡系统　待达到设定参数值时，查看基线是否平稳，基线平稳则可进行进样测试；

(5)进样　点击单次运行，设置好数据文件信息和保存路径后，使用注射器将样品由手动进样口注入仪器，开始检测；

(6)数据处理 样品检测结束后,通过工作站的再解析分析数据;

(7)关机 所有样品检测完,冲洗柱子一段时间;结束后停泵,关闭软件,切断仪器电源。

任务二 高效液相色谱仪日常维护与保养

高效液相色谱仪是精密仪器,为保证分析结果的准确性,保证仪器正常运行,应掌握必要的仪器维护和保养常识。

(一)贮液器及溶剂处理

(1)溶剂在使用前应用微孔滤膜过滤后才可使用,以保持贮液器的清洁。

(2)在高压输液泵的进口和出口与进样阀之间,应设置过滤器,过滤器使用3~6个月后或出现阻塞现象时要及时更换新的,以保证仪器正常运行和溶剂的质量。

(3)应使用专用贮液器并定期用酸、水和溶剂清洗(最后一次清洗应选用HPLC级的水或有机溶剂)。

(二)高压输液泵

(1)每次使用之前应放空,排出气泡,并使新流动相从放空阀流出20 mL左右。

(2)更换流动相时一定要注意流动相之间的互溶性问题,如更换非互溶性流动相则应在更换前使用能与新旧流动相均互溶的中介溶剂清洗输液泵。

(3)如用缓冲溶液作流动相或一段时间不使用泵,工作结束后应在泵中用超纯水或去离子水洗去系统中的盐,然后用纯甲醇或乙腈冲洗。

(4)不要使用存放多日的蒸馏水及磷酸盐缓冲溶液;如果应用许可,可在溶剂中加入0.000 1~0.001 mol/L的叠氮化钠。

(5)溶剂变质或被污染以及藻类的生长会堵塞溶剂过滤头,从而影响泵的运行。清洗溶剂过滤头的具体方法是:取下过滤头→用硝酸溶液(1+4)超声清洗15 min→用蒸馏水超声清洗10 min→用洗耳球吹出过滤头中的液体→用蒸馏水超声清洗10 min→用洗耳球吹净过滤头中的水分,清洗后按原位装上。

(6)仪器使用一段时间后,应用扳手卸下在线过滤器的压帽,取出其中的密封环和不锈钢烧结过滤片一同清洗,具体方法同上,清洗后按原位装上。

(7)使用缓冲液时,由于脱水或蒸发,盐会在柱塞杆后部形成晶体,泵运行时这些晶体会损坏密封圈和柱塞杆,所以应该经常清洗柱塞杆后部的密封圈。

(8)泵长时间不使用,必须用去离子水清洗泵头及单向阀,以防阀球被阀座"锚住"泵头吸不进流动相。

(9)柱塞和柱塞密封圈长期使用会发生磨损,应定期更换密封圈,同时检查柱塞杆表面有无损耗。

(10)实验室应常备密封圈、各式接头、保险丝等易耗部件和拆装工具。

(三)进样器

(1)对六通阀进样器,保持清洁可延长阀的使用寿命。

(2)进样前应使样品混合均匀,以保证结果的精确度。

(3)样品瓶应清洗干净,无可溶解的污染物。

(4)自动进样器的针头应有钝化斜面,侧面开孔;针头一旦弯曲应该换上新针头,不能弄直了继续使用;吸液时针头应没入样品溶液中,但不能碰到样品瓶底。

(5)为了防止缓冲盐和其他残留物留在进样系统中,每次工作结束后应冲洗整个系统。

(四)色谱柱

(1)流动相的方向应与柱的填充方向一致。色谱柱的管外以箭头显著地标示了柱的使用方向,安装和更换色谱柱时一定要使流动相能按箭头所指方向流动。

(2)在进样阀后加流路过滤器(0.45 μm 不锈钢烧结片),挡住来源于样品和进样阀垫圈的微粒。

(3)在流路过滤器和分析柱之间加上“保护柱”,收集阻塞柱进口的、来自样品的、会降低柱效能的化学“垃圾”。

(4)流动相流速不可一次改变过大,应避免色谱柱受突然变化的高压冲击,使柱床受到冲击,引起紊乱,产生空隙。

(5)色谱柱应在要求的 pH 范围和柱温范围内使用。不要把柱子放在有气流的地方或直接放到阳光下,气流和阳光都会使柱子产生温度梯度造成基线漂移。如果怀疑基线漂移是由温度梯度引起的,可以设法使柱子恒温。

(6)样品进样量不应过载。进样前应将样品进行必要的净化,以免其中的杂质对色谱柱造成损伤。

(7)应使用不损坏色谱柱的流动相。在使用缓冲溶液时,盐的浓度不应过高,并且在工作结束后要及时用纯水冲洗柱子,不可过夜。

(8)每次工作结束后,应用强溶剂(乙腈或甲醇)冲洗色谱柱。柱子不用或贮藏时,应将其封闭贮存在惰性溶剂中。

(9)柱子应定期进行清洗,以防止有太多的杂质在柱上堆积。

(10)色谱柱使用一段时间后,柱效能会下降,此时可对柱子进行再生处理。

(五)检测器

检测器每次使用时应及时排出流通池中的气泡。分析前,在柱平衡将完成时(通常大于30 min),再打开检测器;分析完成后,马上关闭检测器,以延长检测器的使用寿命。

【知识巩固】

一、填空题

1. 高效液相色谱仪最基本的组件是(　　　　)、(　　　　)、(　　　　)、(　　　　)和(　　　　)。

2. 高压输液系统一般包括(　　　　)、(　　　　)、(　　　　)和(　　　　)等。

3. 梯度洗脱装置依据溶液混合的方式可分为(　　　　)和(　　　　)。

4. 高效液相色谱仪中常用的进样器有(　　　　)和(　　　　)。

5. 流动相常用的脱气方法有(　　　　)、(　　　　)、(　　　　)。

6. 示差折光检测器又称(　　　　)检测器,是一种(　　　　)检测器,它是通过连续监测(　　　　)和(　　　　)中溶液的折射率之差来测定试样浓度的检测器。

7. 蒸发激光散射检测器与 DR 和 UV-Vis 比较，它消除了（　　　　）和因（　　　　）而引起的基线漂移，即使用（　　　　）也不会产生基线漂移。

二、选择题

1. 液相色谱法中，溶剂使用应做哪些处理？（　　）

A. 过滤　　B. 加热　　C. 脱气　　D. 通气

2. 在液相色谱法中，梯度洗脱的优点有哪些？（　　）

A. 提高分离度　　B. 缩短分离时间

C. 降低最小检测量　　D. 提高分离精度

3. 色谱柱的存放应注意哪些方面？（　　）

A. 存放前充分冲洗　　B. 选用合适的存放溶剂

C. 接好堵头，避免固定相干涸　　D. 注意存放环境

4. 下列检测器在获得色谱流出曲线时，同时获得被分离组分三维色谱-光谱图的是（　　）。

A. 光电二极管阵列检测器　　B. 示差折光检测器

C. 荧光检测器　　D. 紫外检测器

5. 下列哪种检测器不能使用梯度洗脱（　　）。

A. 光电二极管阵列检测器　　B. 示差折光检测器

C. 荧光检测器　　D. 紫外检测器

6. 在高效液相色谱法中，通用型检测器是（　　）。

A. 光电二极管阵列检测器　　B. 示差折光检测器

C. 荧光检测器　　D. 紫外检测器

7. 在高效液相色谱法中，提高柱效能最有效的途径是（　　）。

A. 提高柱温　　B. 降低板高

C. 降低流动相流速　　D. 减小填料粒径

三、简答题

1. 简述六通阀进样器的工作原理。

2. 流动相在使用前为什么要进行过滤和脱气？

3. 简述高效液相色谱法对检测器的要求。

4. 简述高效液相色谱仪的日常维护。

四、计算题

1. 欲测定二硝基苯的混合试样中的对-二硝基苯的含量。称取该试样 116.0 mg，加入对-二硝基苯的对照品 32.0 mg，用反相色谱法测定。加入对照品前后的色谱峰面积（单位 mm^2）值为：对-二硝基苯：$A_{对}=39.0$，$A'_{对}=105.7$；间-二硝基苯：$A_{间}=142.0$，$A'_{间}=149.6$。试计算对-二硝基苯的百分含量。

2. 测定生物碱试样中黄连碱和小檗碱的含量。称取内标物、黄连碱和小檗碱对照品各 0.200 0 g 配成混合溶液。测得峰面积分别为 3.59 cm^2、3.33 cm^2 和 4.02 cm^2。称取 0.230 0 g 内标物和试样 0.855 0 g 同法配制成溶液后，在相同色谱条件下测得峰面积为 4.17 cm^2、3.72 cm^2 和 4.64 cm^2。计算试样中黄连碱和小檗碱的百分含量。

【技能训练】

训练 4-1　反相高效液相色谱法分离芳烃类化合物

一、训练目的

(1)通过本次操作,了解高效液相色谱仪的基本结构和使用方法;
(2)了解反相高效液相色谱法的原理和应用;
(3)掌握用保留值定性及色谱外标法定量方法。

二、知识原理

固定相的极性小于流动相的极性,称为反相分配色谱。化学键合固定相反相高效液相色谱中,流动相较简单,一般由甲醇-水、乙腈-水、乙腈-水盐或甲醇-水盐等体系构成,流动相的有机溶剂浓度、pH 和盐浓度的变化,可以改善洗脱强度,提高分离效果,所以,化学键合反相 HPLC 色谱应用非常广泛,适于分离几乎所有类型的化合物。本次操作是根据样品各组分在不相溶的两相间分配系数的不同从而实现分离的。流动相为甲醇水,固定相是化学键合相,它与流动相互不相溶,且有明显分界面。当样品溶于流动相后,经色谱柱在两相间进行分配,分配系数小的先流出色谱柱,分配系数大的后流出色谱柱,然后通过紫外检测器分别检测。

三、训练用品

仪器:高效液相色谱仪,数据处理机,超声波清洗器,色谱柱(C18),微量注射器(20 μL)。
试剂:甲醇,萘,联苯(均为 AR 级)。

四、训练内容

(1)色谱条件　色谱柱:C18:4.6 mm×15 cm;流动相:甲醇∶水＝80∶20(超声半小时脱气);进样量:10.0 μL;检测器:UV,检测波长 254 nm;灵敏度:0.02～0.2 AUFS。

(2)溶液配制

①贮备溶液配制　准确称取萘 2.000 0 g、联苯 1.000 0 g 分别置于 2 个 100 mL 容量瓶中,用甲醇溶解后,定容至刻度。

②标准溶液配制　根据实验需要,准确吸取一定量的贮备液,分别配制成奈 400 μg/mL、联苯 200 μg/mL 标准溶液。

(3)基线走稳后,分别注入萘、联苯的标准溶液 10.0 μL,记录各物质的色谱峰,记下各组分的保留时间和峰面积。

(4)注入待测样品溶液 10.0 μL,记下各组分的保留时间和峰面积。

(5)实验完毕,按要求关好仪器。

五、数据记录及处理

(1)根据保留值定性。

(2)试样浓度=(试样峰面积/标准峰面积)×标准溶液浓度。

【注意事项】

(1)用注射器吸样时,不能有气泡。

(2)若用缓冲溶液作流动相,实验完毕,必须先用水充分清洗,再用甲醇充分清洗,防止盐析出会磨损泵头,堵塞输液管、进样阀,污染色谱柱、检测室等。

六、拓展训练与思考

(1)用作高效液相色谱流动相的溶剂使用前为什么要脱气?

(2)色谱定性和定量分析的依据是什么?

(3)外标法色谱定量的优点是什么?实验中应注意哪些事项?

(4)根据分离所得的色谱图,解释不同组分之间分离差别的原因。

训练 4-2　高效液相色谱外标法测定环丙沙星胶囊中环丙沙星的含量

一、训练目的

(1)通过本次操作,熟悉高效液相色谱外标法测定试样组分的原理;

(2)能够掌握高效液相色谱外标法测定试样组分的基本操作。

二、知识原理

高效液相色谱外标法与气相色谱外标法定量分析原理一样,也是以对照品的量对比求算试样含量的一种方法。例如,环丙沙星胶囊中环丙沙星的含量测定。进行外标法定量时,就是分别精密称(量)取一定量的环丙沙星对照品和环丙沙星胶囊内容物,配制成溶液,分别进样相同体积的对照品溶液和试样溶液,在完全相同的色谱条件下,进行色谱分析,测得峰面积。用下式计算试样中待测组分的量或浓度:

$$c_i = c_s \frac{A_i}{A_s}$$

式中:A_i、A_s、c_i、c_s 分别为对照品溶液中对照品和试样溶液中待测组分的峰面积、浓度。

三、训练用品

仪器:高效液相色谱仪(紫外检测器、色谱工作站、ODS 色谱柱),滤膜,分析实验常用玻璃仪器等;

试剂：枸橼酸（分析纯），三乙胺（分析纯），磷酸（分析纯），乙腈（色谱纯）等。

试样：盐酸环丙沙星对照品（中国药品生物检定所），盐酸环丙沙星胶囊。

四、训练内容

（1）色谱条件　色谱柱：C18（150 mm×4.6 mm，5 μm）；流动相：0.05 mol/L 枸橼酸溶液-乙腈（82∶18）用三乙胺调节 pH 至 3.5；检测波长：277 nm；流速：1.0 mL/min；进样量：10 μL；柱温：30 ℃。

（2）对照品溶液的配制　精密称取 105 ℃干燥至恒重的盐酸环丙沙星对照品适量（约相当于环丙沙星 25 mg），置 50 mL 量瓶中，用 7%磷酸溶液 0.2 mL 溶解后，加流动相稀释至刻度，摇匀，滤过，精密量取续滤液 2 mL，置 50 mL 量瓶中，加流动相稀释至刻度，摇匀，作为对照品溶液。

（3）试样溶液的配制　取盐酸环丙沙星胶囊 20 粒，仔细倾倒出内容物，精密称定，研细，精密称取适量（约相当于环丙沙星 25 mg）置 50 mL 量瓶中，用 7%磷酸溶液 0.2 mL 溶解后，加流动相稀释至刻度，摇匀，滤过，精密量取续滤液 2 mL，置 50 mL 量瓶中，加流动相稀释至刻度，摇匀，作为供试品溶液。

（4）色谱条件与系统适用性试验　以 0.05 mol/L 枸橼酸溶液-乙腈（82∶18）用三乙胺调节 pH 至 3.5 为流动相；流速为 1 mL/min；柱温 30 ℃；检测波长为 277 nm。理论板数按环丙沙星峰计算不低于 2 000。环丙沙星峰与相邻杂质峰间的分离度应符合要求。

（5）进样分析　取盐酸环丙沙星胶囊的内容物约 25 mg，精密称定，置 50 mL 量瓶中，用 7%磷酸溶液 0.2 mL 溶解后，加流动相稀释至刻度，摇匀，精密量取 10 μL 注入高效液相色谱仪，记录色谱图，另取环丙沙星对照品，同法测定，按外标法以峰面积计算供试品中 $C_{17}H_{18}FN_3O_3$ 的含量。

五、数据记录及处理

含量＝[（试样峰面积/标准峰面积）×标准溶液浓度]×总体积/试样质量。

【注意事项】

（1）流动相的溶剂使用前要脱气。

（2）注射器进样时，不能有气泡。

（3）加样前，色谱柱应用流动相充分冲洗平衡。

（4）如系统适用性不符合规定，或填充剂已损坏，则应更换新的同类色谱柱进行分析。由于同类填充剂的化学键合相的键合度及性能等存在一定差异，依法操作达不到预定的分离时，可更换另一牌号的同类色谱柱进行试验。

【实战提升】

GB

中华人民共和国国家标准

GB 23200.19—2016
代替 SN/T 2114—2008

食品安全国家标准
水果和蔬菜中阿维菌素残留量的测定液相色谱法

National food safety standards-
Determination of abamectin residue in fruits and vegetables
Liquid chromatography

前　言

本标准代替 SN/T 2114—2008《进出口水果和蔬菜中阿维菌素残留量检测方法液相色谱法》。本标准与 SN/T 2114—2008 相比，主要变化如下：

——标准文本格式修改为食品安全国家标准文本格式；

——标准名称中"进出口水果和蔬菜"改为"水果和蔬菜"。

——标准范围中增加"其他食品可参照执行"。本标准所代替标准的历次版本发布情况为：

——SN/T 2114—2008。

1　范围

本标准规定了水果及蔬菜中阿维菌素检测的制样和液相色谱检测方法。本标准适用于苹果及菠菜中阿维菌素残留量的检测。其他食品可参照执行。

2　规范性引用文件

下列文件对于本文件的应用是必不可少的。凡是注日期的引用文件，仅所注日期的版本适用于本文件。凡是不注日期的引用文件，其最新版本（包括所有的修改单）适用于本文件。

GB 2763 食品安全国家标准食品中农药最大残留限量

GB/T 6682 分析实验室用水规格和试验方法

3 方法提要

试样中的阿维菌素用丙酮提取，经浓缩后，用 SPE C18 柱净化，并用甲醇洗脱。洗脱液经浓缩、定容、过滤后，用配有紫外检测器的高效液相色谱测定，外标法定量。

4 试剂和材料

除另有规定外，所有试剂均为分析纯，水为符合 GB/T 6682 中规定的一级水。

4.1 试剂

4.1.1 丙酮(C_3H_6O)：色谱纯。

4.1.2 甲醇(CH_4O)：色谱纯。

4.2 标准品

阿维菌素标准品(分子式 $C_{48}H_{72}O_{14}$)：纯度≥96.0%。

4.3 标准溶液配制

4.3.1 阿维菌素标准储备液：称取 0.1 g(准确至 0.000 2 g) 阿维菌素标准品于 100 mL 容量瓶中，用甲醇溶解并定容至刻度配制成浓度为 1.0 mg/mL 的标准储备液。

4.3.2 阿维菌素标准工作液：根据需要移取适量的阿维菌素标准储备液，用甲醇稀释成适当浓度的标准。标准工作液需每周配制一次。

5 仪器和设备

5.1 高效液相色谱仪：配有紫外检测器。

5.2 分析天平：感量 0.01 g 和 0.000 1 g。

5.3 组织捣碎机。

5.4 振荡器。

5.5 旋转蒸发器。

5.6 固相萃取柱：SPE C18。规格：60 mg/mL 使用前用 5 mL 甲醇和 5 mL 水活化。

6 试样制备与保存

6.1 试样制备

将所取样品缩分出 1 kg，取样部位按 GB 2763 附录 A 执行，样品经组织捣碎机捣碎，均分为两份，装入洁净容器内，作为试样密封并标明标记。

6.2 试样保存

将试样于－18 ℃以下保存。

在抽样和制样的操作过程中，应防止样品受到污染或发生残留物含量的变化。

7 分析步骤

7.1 提取

称取试样约 20 g(精确至 0.1 g)于 100 mL 具塞锥形瓶中，加入 50 mL 丙酮，于振荡器上振荡 0.5 h，用布氏漏斗抽滤，用 20 mL×2 丙酮洗涤锥形瓶及残渣。合并丙酮提取液，于 40 ℃水浴旋转蒸发至约 2 mL。

7.2 净化

将上述的浓缩提取液完全转入 SPE C18 柱，再用 5 mL 水淋洗，去掉淋洗液。最后用 5 mL 甲醇洗脱，收集洗脱液，用氮气吹至近干。准确加入 1.0 mL 甲醇溶解残渣，用 0.45 μm 滤膜过滤，滤液供液相色谱测定。外标法定量。

7.3 测定

7.3.1 高效液相色谱参考条件：

a)色谱柱：ODS-C18 反相柱，4.6 mm×125 mm；

b)流动相：甲醇：水＝(90＋10，V/V)；

c)流速：1.0 mL/min；

d)检测波长：245 nm；

e)柱温：40 ℃；

f)进样量：20 μL。

7.3.2 色谱测定

根据样液中阿维菌素含量情况，选定峰高相近的标准工作液和样液中阿维菌素响应值均应在仪器检测线性范围内，标准工作液和样液等体积参插进样。在上述色谱条件下，阿维菌素保留时间约为 5.3 min。

标准色谱图参见附录 A，标准品紫外光谱图参见附录 B。

7.4 空白试验

除不加试样外，均按照上述测定步骤进行。

8 结果计算与表述

用色谱数据处理机，或按下式计算试样中阿维菌素残留量：

$$X = h \cdot c \cdot V / hs \cdot m$$

式中：X 为试样中阿维菌素残留量，单位是 mg/kg；

h 为样液中阿维菌素峰高，单位是 mm；

hs 为标准工作液中阿维菌素峰高，单位是 mm；

c 为标准工作液中阿维菌素浓度，单位是 mg/L；

V 为样液最终定容体积，单位是 mL；

m 为最终样液代表的试样量，单位是 g。

注：计算结果须扣除空白值，测定结果用平行测定的算术平均值表示，保留两位有效数字。

9 精密度

9.1 在重复性条件下获得的两次独立测定结果的绝对差值与其算术平均值的比值(百分率)，应符合附录 C 的要求。

9.2 在再现性条件下获得的两次独立测定结果的绝对差值与其算术平均值的比值(百分率)，应符合附录 D 的要求。

10 定量限和回收率

10.1 定量限

本方法的定量限为 0.01 mg/kg。

10.2 回收率

苹果样品中添加阿维菌素的浓度和回收率的实验数据：

——在 0.01 mg/kg 时，回收率为 82.5%；

——在 0.05 mg/kg 时，回收率为 87.5%；

——在 0.50 mg/kg 时，回收率为 95.0%。

菠菜中添加阿维菌素的浓度和回收率的实验数据：

——在 0.01 mg/kg 时，回收率为 83.0%；

——在 0.05 mg/kg 时，回收率为 89.0%；

——在 0.50 mg/kg 时，回收率为 97.0%。

(informative)

Chromatogram of the standard

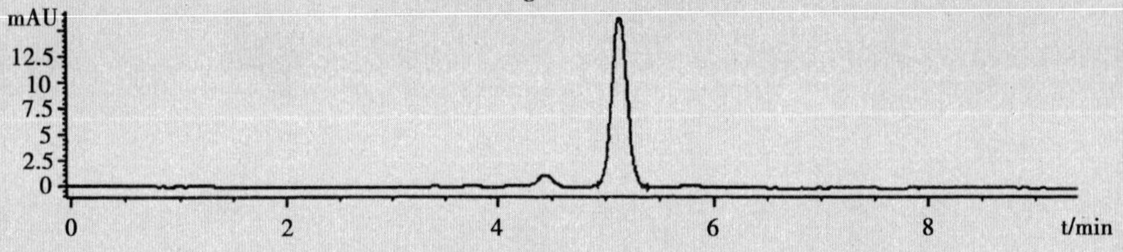

Figure A.1—Liquid cheomatigram of abamectin standard

Annex B

(informative)

spectrogram of the standard

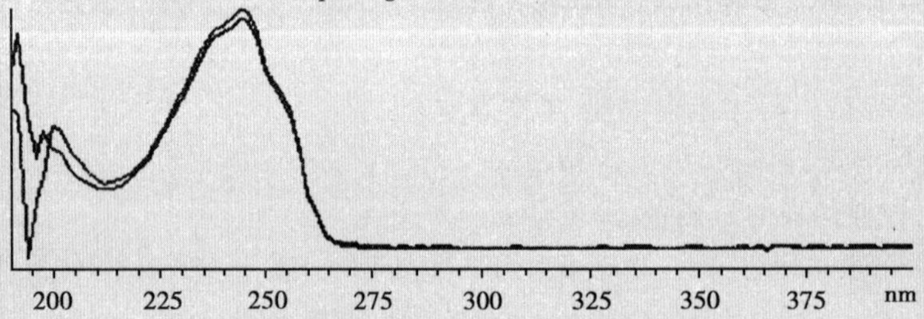

Figure B.1—Spectrogram of abamectin standard

附录 C
（规范性附录）实验室内重复性要求

表 C.1 实验室内重复性要求

被测组分含量/(mg/kg)	精密度/%
≤0.001	36
>0.001≤0.01	32
>0.01≤0.1	22
>0.1≤1	18
>1	14

附录 D
（规范性附录）实验室间再现性要求

表 D.1 实验室间再现性要求

被测组分含量/(mg/kg)	精密度/%
≤0.001	54
>0.001≤0.01	46
>0.01≤0.1	34
>0.1≤1	25
>1	19

2016-12-18 发布　　2017-06-18 实施

中华人民共和国国家卫生和计划生育委员会
中华人民共和国农业部
国家食品药品监督管理总局
发布

附　录

附录一　弱酸弱碱在水中的离解常数(25 ℃)

弱酸	分子式	K_a	pK_a
砷酸	H_3AsO_4	$6.3\times10^{-3}(K_{a1})$ $1.0\times10^{-7}(K_{a2})$ $3.2\times10^{-12}(K_{a3})$	2.20 7.00 11.50
亚砷酸	$HAsO_2$	6.0×10^{-10}	9.22
硼酸	H_3BO_3	5.8×10^{-10}	9.24
焦硼酸	$H_2B_4O_7$	$1.0\times10^{-4}(K_{a1})$ $1.0\times10^{-9}(K_{a2})$	4 9
碳酸	$H_2CO_3(CO_2+H_2O)$	$4.2\times10^{-7}(K_{a1})$ $5.6\times10^{-11}(K_{a2})$	6.38 10.25
氢氰酸	HCN	6.2×10^{-10}	9.21
铬酸	H_2CrO_4	$1.8\times10^{-1}(K_{a1})$ $3.2\times10^{-7}(K_{a2})$	0.74 6.50
氢氟酸	HF	6.6×10^{-4}	3.18
亚硝酸	HNO_2	5.1×10^{-4}	3.29
过氧化氢	H_2O_2	1.8×10^{-12}	11.75
磷酸	H_3PO_4	$7.6\times10^{-3}(>K_{a1})$ $6.3\times10^{-3}(K_{a2})$ $4.4\times10^{-13}(K_{a3})$	2.12 7.2 12.36
焦磷酸	$H_4P_2O_7$	$3.0\times10^{-2}(K_{a1})$ $4.4\times10^{-3}(K_{a2})$ $2.5\times10^{-7}(K_{a3})$ $5.6\times10^{-10}(K_{a4})$	1.52 2.36 6.60 9.25
亚磷酸	H_3PO_3	$5.0\times10^{-2}(K_{a1})$ $2.5\times10^{-7}(K_{a2})$	1.30 6.60

续表

弱酸	分子式	K_a	pK_a
氢硫酸	H_2S	$1.3\times10^{-7}(K_{a1})$ $7.1\times10^{-15}(K_{a2})$	6.88 14.15
硫酸氢根	HSO_4^-	$1.0\times10^{-2}(K_{a1})$	1.99
亚硫酸	$H_3SO_3(SO_2+H_2O)$	$1.3\times10^{-2}(K_{a1})$ $6.3\times10^{-8}(K_{a2})$	1.90 7.20
偏硅酸	H_2SiO_3	$1.7\times10^{-10}(K_{a1})$ $1.6\times10^{-12}(K_{a2})$	9.77 11.8
甲酸	HCOOH	1.8×10^{-4}	3.74
乙酸	CH_3COOH	1.8×10^{-5}	4.74
一氯乙酸	$CH_2ClCOOH$	1.4×10^{-3}	2.86
二氯乙酸	$CHCl_2COOH$	5.0×10^{-2}	1.30
三氯乙酸	CCl_3COOH	0.23	0.64
氨基乙酸盐	$^+NH_3CH_2COOH^-$ $^+NH_3CH_2COO^-$	$4.5\times10^{-3}(K_{a1})$ $2.5\times10^{-10}(K_{a2})$	2.35 9.60
抗坏血酸	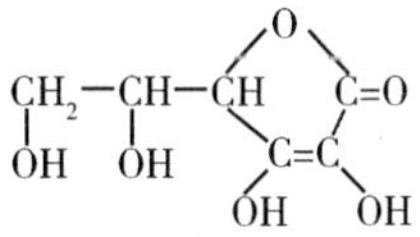	$5.0\times10^{-5}(K_{a1})$ $1.5\times10^{-10}(K_{a2})$	4.30 9.82
乳酸	$CH_3CHOHCOOH$	1.4×10^{-4}	3.86
苯甲酸	C_6H_5COOH	6.2×10^{-5}	4.21
草酸	$H_2C_2O_4$	$5.9\times10^{-2}(K_{a1})$ $6.4\times10^{-5}(K_{a2})$	1.22 4.19
α-酒石酸	CH(OH)COOH CH(OH)COOH	$9.1\times10^{-4}(K_{a1})$ $4.3\times10^{-5}(K_{a2})$	3.04 4.37
邻苯二甲酸	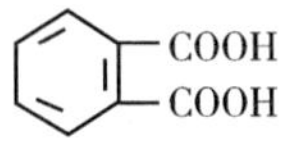	$1.1\times10^{-3}(K_{a1}>)$ $3.9\times10^{-6}(K_{a2})$	2.95 5.41
柠檬酸	CH_2COOH CH(OH)COOH CH_2COOH	$7.4\times10^{-4}(K_{a1})$ $1.7\times10^{-5}(K_{a2})$ $4.0\times10^{-7}(K_{a3})$	3.13 4.76 6.40
苯酚	C_6H_5OH	1.1×10^{-10}	9.95
乙二胺四乙酸	$H_6—EDTA^{2+}$ $H_5—EDTA^+$ $H_4—EDTA$ $H_3—EDTA^-$ $H_2—EDTA^{2-}$ $H—EDTA^{3-}$	$0.1(K_{a1})$ $3\times10^{-2}(K_{a2})$ $1\times10^{-2}(K_{a3})$ $2.1\times10^{-3}(K_{a4})$ $6.9\times10^{-7}(K_{a5})$ $5.5\times10^{-11}(K_{a6})$	0.9 1.6 2.0 2.67 6.17 10.26

续表

弱酸	分子式	K_a	pK_a
氨水	NH_3	1.8×10^{-5}	4.74
联氨	H_2NNH_2	$3.0\times10^{-6}(K_{b1})$ $1.7\times10^{-5}(K_{b2})$	5.52 14.12
羟胺	NH_2OH	9.1×10^{-6}	8.04
甲胺	CH_3NH_2	4.2×10^{-4}	3.38
乙胺	$C_2H_5NH_2$	5.6×10^{-4}	3.25
二甲胺	$(CH_3)_2NH$	1.2×10^{-4}	3.93
二乙胺	$(C_2H_5)_2NH$	1.3×10^{-3}	2.89
乙醇胺	$HOCH_2CH_2NH_2$	3.2×10^{-5}	4.50
三乙醇胺	$(HOCH_2CH_2)_3N$	5.8×10^{-7}	6.24
六次甲基四胺	$(CH_2)_6N_4$	1.4×10^{-9}	8.85
乙二胺	$H_2NHC_2CH_2NH_2$	$8.5\times10^{-5}(K_{b1})$ $7.1\times10^{-8}(K_{b2})$	4.07 7.15
吡啶	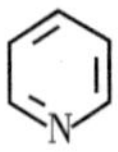	1.7×10^{-5}	8.77

附录二 常用溶液密度及百分组成表

盐酸

HCl 质量百分数	密度 d_4^{20}/(g/cm^3)	100 mL 水溶液中含 HCl/g	HCl 质量百分数	密度 d_4^{20}/(g/cm^3)	100 mL 水溶液中含 HCl/g
1	1.003 2	1.003	22	1.108 3	24.38
2	1.008 2	2.006	24	1.108 7	26.85
4	1.018 1	4.007	26	1.129 0	29.35
6	1.027 9	6.167	28	1.139 2	31.90
8	1.037 6	8.301	30	1.149 2	34.48
10	1.047 4	10.47	32	1.159 3	37.10
12	1.057 4	12.69	34	1.169 1	39.75
14	1.067 5	14.95	36	1.178 9	42.44
16	1.077 6	17.24	38	1.188 5	45.16
18	1.087 8	19.58	40	1.198 0	47.92
20	1.098 0	21.96			

硝酸

HNO_3 质量百分数	密度 d_4^{20}/（g/cm^3）	100 mL 水溶液中含 HNO_3/g	HNO_3 质量百分数	密度 d_4^{20}/（g/cm^3）	100 mL 水溶液中含 HNO_3/g
1	1.003 6	1.004	65	1.393 1	90.43
2	1.009 1	2.018	70	1.413 4	98.94
3	1.014 6	3.044	75	1.433 7	107.5
4	1.020 1	4.080	80	1.452 1	116.2
5	1.025 6	5.128	85	1.468 6	124.8
10	1.054 3	10.54	90	1.482 6	133.4
15	1.084 2	16.26	91	1.485 0	135.1
20	1.115 0	22.30	91	1.487 3	136.8
25	1.146 9	28.67	93	1.489 2	138.5
30	1.180 0	35.40	94	1.491 2	140.2
35	1.214 0	42.49	95	1.493 2	141.9
40	1.246 3	49.85	96	1.495 2	143.5
45	1.278 3	57.52	97	1.497 4	145.2
50	1.310 0	65.50	98	1.500 8	147.1
55	1.339 3	73.66	99	1.505 6	149.1
60	1.366 7	82.00	100	1.512 9	151.3

硫酸

H_2SO_4 质量百分数	密度 d_4^{20}/（g/cm^3）	100 mL 水溶液中含 H_2SO_4/g	H_2SO_4 质量百分数	密度 d_4^{20}/（g/cm^3）	100 mL 水溶液中含 H_2SO_4/g
1	1.005 1	1.005	65	1.553 3	101.0
2	1.011 8	2.024	70	1.610 5	112.7
3	1.018 4	3.055	75	1.669 2	125.2
4	1.025 0	4.100	80	1.727 2	138.2
5	1.031 7	5.159	85	1.778 6	151.2
10	1.066 1	10.66	90	1.814 4	163.3
15	1.102 0	16.53	91	1.819 5	165.6
20	1.139 4	22.79	92	1.824 0	167.8
25	1.178 3	29.46	93	1.827 9	170.2
30	1.218 5	36.56	94	1.831 2	172.1
35	1.259 9	44.10	95	1.833 7	174.2
40	1.302 8	52.11	96	1.835 5	176.2
45	1.347 6	60.64	97	1.836 4	178.1
50	1.395 1	69.76	98	1.836 1	179.9
55	1.445 3	79.49	99	1.834 2	181.6
60	1.498 3	89.90	100	1.830 5	183.1

发烟硫酸

游离 SO_3 质量百分数	密度 d_4^{20}/（g/cm^3）	100 mL 中游离 SO_3/g	游离 SO_3 质量百分数	密度 d_4^{20}/（g/cm^3）	100 mL 中游离 SO_3/g
1.54	1.860	2.8	10.07	1.900	19.1
2.66	1.865	5.0	10.56	1.905	20.1
4.28	1.870	8.0	11.43	1.910	21.8
5.44	1.875	10.2	13.33	1.915	25.5
6.42	1.880	12.1	15.95	1.920	30.6
7.29	1.885	13.7	18.67	1.925	35.9
8.16	1.890	15.4	21.34	1.930	41.2
9.43	1.895	17.7	25.65	1.935	49.6

醋酸

CH_3COOH 质量百分数	密度 d_4^{20}/（g/cm^3）	100 mL 水溶液中含 CH_3COOH/g	CH_3COOH 质量百分数	密度 d_4^{20}/（g/cm^3）	100 mL 水溶液中含 CH_3COOH/g
1	0.999 6	0.999 6	65	1.066 6	69.33
2	1.001 2	2.002	70	1.068 5	74.80
3	1.002 5	3.008	75	1.069 6	80.22
4	1.004 0	4.016	80	1.070 0	85.60
5	1.005 5	5.028	85	1.068 9	90.86
10	1.012 5	10.13	90	1.066 1	95.95
15	1.019 5	15.29	91	1.065 2	96.93
20	1.026 3	20.53	92	1.064 3	97.92
25	1.032 6	25.82	93	1.063 2	98.88
30	1.038 4	31.15	94	1.061 9	99.82
35	1.043 8	36.53	95	1.060 5	100.7
40	1.048 8	41.95	96	1.058 8	101.6
45	1.053 4	47.40	97	1.057 0	102.5
50	1.057 5	52.88	98	1.054 9	103.4
55	1.061 1	58.36	99	1.052 4	104.2
60	1.064 2	63.85	100	1.049 8	105.0

氢溴酸

HBr 质量百分数	密度 d_4^{20}/(g/cm^3)	100 mL 水溶液中含 HBr/g	HBr 质量百分数	密度 d_4^{20}/(g/cm^3)	100 mL 水溶液中含 HBr/g
10	1.072 3	10.7	45	1.444 6	65.0
20	1.157 9	23.2	50	1.517 3	75.80
30	1.258 0	37.7	55	1.595 3	87.70
35	1.315 0	46.0	60	1.678 7	100.7
40	1.377 2	56.1	65	1.767 5	114.9

氢碘酸

HI 质量百分数	密度 d_4^{20}/(g/cm^3)	100 mL 水溶液中含 HI/g	HI 质量百分数	密度 d_4^{20}/(g/cm^3)	100 mL 水溶液中含 HI/g
20.77	1.157 8	24.4	56.78	1.699 8	96.6
31.77	1.296 2	41.2	61.97	1.821 8	112.80
42.7	1.448 9	61.9			

氢氧化铵

NH_3 质量百分数	密度 d_4^{20}/(g/cm^3)	100 mL 水溶液中含 NH_3/g	NH_3 质量百分数	密度 d_4^{20}/(g/cm^3)	100 mL 水溶液中含 NH_3/g
1	0.993 9	9.94	16	0.936 2	149.8
2	0.989 5	19.79	18	0.929 5	167.3
4	0.981 1	39.24	20	0.922 9	184.6
6	0.973 0	58.38	22	0.916 4	201.6
8	0.965 1	77.21	24	0.910 1	218.4
10	0.957 5	95.75	26	0.904 0	235.0
12	0.950 1	114.0	28	0.898 0	251.4
14	0.943 0	132.0	30	0.892 0	267.6

氢氧化钾

KOH 质量百分数	密度 d_4^{20}/(g/cm^3)	100 mL 水溶液中含 KOH/g	KOH 质量百分数	密度 d_4^{20}/(g/cm^3)	100 mL 水溶液中含 KOH/g
1	1.008 3	1.008	14	1.129 9	15.82
2	1.017 5	2.035	16	1.149 3	19.70
4	1.035 9	4.144	18	1.168 8	21.04
6	1.054 4	6.326	20	1.188 4	23.77
8	1.073 0	8.584	22	1.208 3	26.58
10	1.091 8	10.92	24	1.228 5	29.48
12	1.110 8	13.33	26	1.248 9	32.47

续表

KOH 质量百分数	密度 d_4^{20}/(g/cm^3)	100 mL 水溶液中含 KOH/g	KOH 质量百分数	密度 d_4^{20}/(g/cm^3)	100 mL 水溶液中含 KOH/g
28	1.269 5	35.55	42	1.421 5	59.70
30	1.290 5	38.72	44	1.444 3	63.55
32	1.311 7	41.97	46	1.467 3	67.50
34	1.333 1	45.33	48	1.490 7	71.55
36	1.354 9	48.78	50	1.514 3	75.72
38	1.376 5	52.32	52	1.538 2	79.99
40	1.399 1	55.96			

氢氧化钠

NaOH 质量百分数	密度 d_4^{20}/(g/cm^3)	100 mL 水溶液中含 NaOH/g	NaOH 质量百分数	密度 d_4^{20}/(g/cm^3)	100 mL 水溶液中含 NaOH/g
1	1.009 5	1.010	26	1.284 8	33.40
2	1.020 7	2.041	28	1.306 4	36.58
4	1.042 8	4.171	30	1.327 9	39.84
6	1.064 8	6.389	32	1.349 0	43.17
8	1.086 9	8.695	34	1.369 6	46.57
10	1.108 9	11.09	36	1.390 0	50.04
12	1.130 9	13.57	38	1.410 1	53.58
14	1.153 0	16.14	40	1.430 0	57.20
16	1.175 1	18.80	42	1.449 4	60.87
18	1.197 2	21.55	44	1.468 5	64.61
20	1.219 1	24.38	46	1.487 3	68.42
22	1.241 1	27.30	48	1.506 5	72.31
24	1.262 9	30.31	50	1.525 3	76.27

碳酸钠

Na_2CO_3 质量百分数	密度 d_4^{20}/(g/cm^3)	100 mL 水溶液中含 $NaCO_3$/g	$NaCO_3$ 质量百分数	密度 d_4^{20}/(g/cm^3)	100 mL 水溶液中含 $NaCO_3$/g
1	1.008 6	1.009	12	1.124 4	13.49
2	1.019 0	2.038	14	1.146 3	16.05
4	1.039 8	4.159	16	1.168 2	18.50
6	1.060 6	6.364	18	1.190 5	21.33
8	1.081 6	8.653	20	1.213 2	24.26
10	1.102 9	11.03			

附录三 难溶化合物的溶度积常数

序号	分子式	K_{sp}	pK_{sp} ($-\lg K_{sp}$)
1	Ag_3AsO_4	1.0×10^{-22}	22.0
2	AgBr	5.0×10^{-13}	12.3
3	$AgBrO_3$	5.50×10^{-5}	4.26
4	AgCl	1.8×10^{-10}	9.75
5	AgCN	1.2×10^{-16}	15.92
6	Ag_2CO_3	8.1×10^{-12}	11.09
7	$Ag_2C_2O_4$	3.5×10^{-11}	10.46
8	$Ag_2Cr_2O_4$	1.2×10^{-12}	11.92
9	$Ag_2Cr_2O_7$	2.0×10^{-7}	6.70
10	AgI	8.3×10^{-17}	16.08
11	$AgIO_3$	3.1×10^{-8}	7.51
12	AgOH	2.0×10^{-8}	7.71
13	Ag_2MoO_4	2.8×10^{-12}	11.55
14	Ag_3PO_4	1.4×10^{-16}	15.84
15	Ag_2S	6.3×10^{-50}	49.2
16	AgSCN	1.0×10^{-12}	12.00
17	Ag_2SO_3	1.5×10^{-14}	13.82
18	Ag_2SO_4	1.4×10^{-5}	4.84
19	Ag_2Se	2.0×10^{-64}	63.7
20	Ag_2SeO_3	1.0×10^{-15}	15.00
21	Ag_2SeO_4	5.7×10^{-8}	7.25
22	$AgVO_3$	5.0×10^{-7}	6.3
23	Ag_2WO_4	5.5×10^{-12}	11.26
24	$Al(OH)_3$①	4.57×10^{-33}	32.34
25	$AlPO_4$	6.3×10^{-19}	18.24
26	Al_2S_3	2.0×10^{-7}	6.7
27	$Au(OH)_3$	5.5×10^{-46}	45.26
28	$AuCl_3$	3.2×10^{-25}	24.5
29	AuI_3	1.0×10^{-46}	46.0
30	$Ba_3(AsO_4)_2$	8.0×10^{-51}	50.1
31	$BaCO_3$	5.1×10^{-9}	8.29
32	BaC_2O_4	1.6×10^{-7}	6.79

续表

序号	分子式	K_{sp}	pK_{sp} ($-\lg K_{sp}$)
33	$BaCrO_4$	1.2×10^{-10}	9.93
34	$Ba_3(PO_4)_2$	3.4×10^{-23}	22.44
35	$BaSO_4$	1.1×10^{-10}	9.96
36	BaS_2O_3	1.6×10^{-5}	4.79
37	$BaSeO_3$	2.7×10^{-7}	6.57
38	$BaSeO_4$	3.5×10^{-8}	7.46
39	$Be(OH)_2$②	1.6×10^{-22}	21.8
40	$BiAsO_4$	4.4×10^{-10}	9.36
41	$Bi_2(C_2O_4)_3$	3.98×10^{-36}	35.4
42	$Bi(OH)_3$	4.0×10^{-31}	30.4
43	$BiPO_4$	1.26×10^{-23}	22.9
44	$CaCO_3$	2.8×10^{-9}	8.54
45	$CaC_2O_4\cdot H_2O$	4.0×10^{-9}	8.4
46	CaF_2	2.7×10^{-11}	10.57
47	$CaMoO_4$	4.17×10^{-8}	7.38
48	$Ca(OH)_2$	5.5×10^{-6}	5.26
49	$Ca_3(PO_4)_2$	2.0×10^{-29}	28.70
50	$CaSO_4$	3.16×10^{-7}	5.04
51	$CaSiO_3$	2.5×10^{-8}	7.60
52	$CaWO_4$	8.7×10^{-9}	8.06
53	$CdCO_3$	5.2×10^{-12}	11.28
54	$CdC_2O_4\cdot 3H_2O$	9.1×10^{-8}	7.04
55	$Cd_3(PO_4)_2$	2.5×10^{-33}	32.6
56	CdS	8.0×10^{-27}	26.1
57	$CdSe$	6.31×10^{-36}	35.2
58	$CdSeO_3$	1.3×10^{-9}	8.89
59	CeF_3	8.0×10^{-16}	15.1
60	$CePO_4$	1.0×10^{-23}	23.0
61	$Co_3(AsO_4)_2$	7.6×10^{-29}	28.12
62	$CoCO_3$	1.4×10^{-13}	12.84
63	CoC_2O_4	6.3×10^{-8}	7.2

续表

序号	分子式	K_{sp}	pK_{sp} $(-\lg K_{sp})$
64	$Co(OH)_2$(蓝)	6.31×10^{-15}	14.2
	$Co(OH)_2$(粉红,新沉淀)	1.58×10^{-15}	14.8
	$Co(OH)_2$(粉红,陈化)	2.00×10^{-16}	15.7
65	$CoHPO_4$	2.0×10^{-7}	6.7
66	$Co_3(PO_4)_3$	2.0×10^{-35}	34.7
67	$CrAsO_4$	7.7×10^{-21}	20.11
68	$Cr(OH)_3$	6.3×10^{-31}	30.2
69	$CrPO_4\cdot4H_2O$(绿)	2.4×10^{-23}	22.62
	$CrPO_4\cdot4H_2O$(紫)	1.0×10^{-17}	17.0
70	CuBr	5.3×10^{-9}	8.28
71	CuCl	1.2×10^{-6}	5.92
72	CuCN	3.2×10^{-20}	19.49
73	$CuCO_3$	2.34×10^{-10}	9.63
74	CuI	1.1×10^{-12}	11.96
75	$Cu(OH)_2$	4.8×10^{-20}	19.32
76	$Cu_3(PO_4)_2$	1.3×10^{-37}	36.9
77	Cu_2S	2.5×10^{-48}	47.6
78	Cu_2Se	1.58×10^{-61}	60.8
79	CuS	6.3×10^{-36}	35.2
80	CuSe	7.94×10^{-49}	48.1
81	$Dy(OH)_3$	1.4×10^{-22}	21.85
82	$Er(OH)_3$	4.1×10^{-24}	23.39
83	$Eu(OH)_3$	8.9×10^{-24}	23.05
84	$FeAsO_4$	5.7×10^{-21}	20.24
85	$FeCO_3$	3.2×10^{-11}	10.50
86	$Fe(OH)_2$	8.0×10^{-16}	15.1
87	$Fe(OH)_3$	4.0×10^{-38}	37.4
88	$FePO_4$	1.3×10^{-22}	21.89
89	FeS	6.3×10^{-18}	17.2
90	$Ga(OH)_3$	7.0×10^{-36}	35.15
91	$GaPO_4$	1.0×10^{-21}	21.0

续表

序号	分子式	K_{sp}	pK_{sp} ($-\lg K_{sp}$)
92	$Gd(OH)_3$	1.8×10^{-23}	22.74
93	$Hf(OH)_4$	4.0×10^{-26}	25.4
94	Hg_2Br_2	5.6×10^{-23}	22.24
95	Hg_2Cl_2	1.3×10^{-18}	17.88
96	HgC_2O_4	1.0×10^{-7}	7.0
97	Hg_2CO_3	8.9×10^{-17}	16.05
98	$Hg_2(CN)_2$	5.0×10^{-40}	39.3
99	Hg_2CrO_4	2.0×10^{-9}	8.70
100	Hg_2I_2	4.5×10^{-29}	28.35
101	HgI_2	2.82×10^{-29}	28.55
102	$Hg_2(IO_3)_2$	2.0×10^{-14}	13.71
103	$Hg_2(OH)_2$	2.0×10^{-24}	23.7
104	HgSe	1.0×10^{-59}	59.0
105	HgS(红)	4.0×10^{-53}	52.4
106	HgS(黑)	1.6×10^{-52}	51.8
107	Hg_2WO_4	1.1×10^{-17}	16.96
108	$Ho(OH)_3$	5.0×10^{-23}	22.30
109	$In(OH)_3$	1.3×10^{-37}	36.9
110	$InPO_4$	2.3×10^{-22}	21.63
111	In_2S_3	5.7×10^{-74}	73.24
112	$La_2(CO_3)_3$	3.98×10^{-34}	33.4
113	$LaPO_4$	3.98×10^{-23}	22.43
114	$Lu(OH)_3$	1.9×10^{-24}	23.72
115	$Mg_3(AsO_4)_2$	2.1×10^{-20}	19.68
116	$MgCO_3$	3.5×10^{-8}	7.46
117	$MgCO_3\cdot3H_2O$	2.14×10^{-5}	4.67
118	$Mg(OH)_2$	1.8×10^{-11}	10.74
119	$Mg_3(PO_4)_2\cdot8H_2O$	6.31×10^{-26}	25.2
120	$Mn_3(AsO_4)_2$	1.9×10^{-29}	28.72
121	$MnCO_3$	1.8×10^{-11}	10.74
122	$Mn(IO_3)_2$	4.37×10^{-7}	6.36

续表

序号	分子式	K_{sp}	pK_{sp} $(-\lg K_{sp})$
123	$Mn(OH)_4$	1.9×10^{-13}	12.72
124	MnS(粉红)	2.5×10^{-10}	9.6
125	MnS(绿)	2.5×10^{-13}	12.6
126	$Ni_3(AsO_4)_2$	3.1×10^{-26}	25.51
127	$NiCO_3$	6.6×10^{-9}	8.18
128	NiC_2O_4	4.0×10^{-10}	9.4
129	$Ni(OH)_2$(新)	2.0×10^{-15}	14.7
130	$Ni_3(PO_4)_2$	5.0×10^{-31}	30.3
131	α-NiS	3.2×10^{-19}	18.5
132	β-NiS	1.0×10^{-24}	24.0
133	γ-NiS	2.0×10^{-26}	25.7
134	$Pb_3(AsO_4)_2$	4.0×10^{-36}	35.39
135	$PbBr_2$	4.0×10^{-5}	4.41
136	$PbCl_2$	1.6×10^{-5}	4.79
137	$PbCO_3$	7.4×10^{-14}	13.13
138	$PbCrO_4$	2.8×10^{-13}	12.55
139	PbF_2	2.7×10^{-8}	7.57
140	$PbMoO_4$	1.0×10^{-13}	13.0
141	$Pb(OH)_2$	1.2×10^{-15}	14.93
142	$Pb(OH)_4$	3.2×10^{-66}	65.49
143	$Pb_3(PO_4)_3$	8.0×10^{-43}	42.10
144	PbS	1.0×10^{-28}	28.00
145	$PbSO_4$	1.6×10^{-8}	7.79
146	PbSe	7.94×10^{-43}	42.1
147	$PbSeO_4$	1.4×10^{-7}	6.84
148	$Pd(OH)_2$	1.0×10^{-31}	31.0
149	$Pd(OH)_4$	6.3×10^{-71}	70.2
150	PdS	2.03×10^{-58}	57.69
151	$Pm(OH)_3$	1.0×10^{-21}	21.0
152	$Pr(OH)_3$	6.8×10^{-22}	21.17
153	$Pt(OH)_2$	1.0×10^{-35}	35.0

续表

序号	分子式	K_{sp}	pK_{sp} $(-\lg K_{sp})$
154	$Pu(OH)_3$	2.0×10^{-20}	19.7
155	$Pu(OH)_4$	1.0×10^{-55}	55.0
156	$RaSO_4$	4.2×10^{-11}	10.37
157	$Rh(OH)_3$	1.0×10^{-23}	23.0
158	$Ru(OH)_3$	1.0×10^{-36}	36.0
159	Sb_2S_3	1.5×10^{-93}	92.8
160	ScF_3	4.2×10^{-18}	17.37
161	$Sc(OH)_3$	8.0×10^{-31}	30.1
162	$Sm(OH)_3$	8.2×10^{-23}	22.08
163	$Sn(OH)_2$	1.4×10^{-28}	27.85
164	$Sn(OH)_4$	1.0×10^{-56}	56.0
165	SnO_2	3.98×10^{-65}	64.4
166	SnS	1.0×10^{-25}	25.0
167	$SnSe$	3.98×10^{-39}	38.4
168	$Sr_3(AsO_4)_2$	8.1×10^{-19}	18.09
169	$SrCO_3$	1.1×10^{-10}	9.96
170	$SrC_2O_4\cdot H_2O$	1.6×10^{-7}	6.80
171	SrF_2	2.5×10^{-9}	8.61
172	$Sr_3(PO_4)_2$	4.0×10^{-28}	27.39
173	$SrSO_4$	3.2×10^{-7}	6.49
174	$SrWO_4$	1.7×10^{-10}	9.77
175	$Tb(OH)_3$	2.0×10^{-22}	21.7
176	$Te(OH)_4$	3.0×10^{-54}	53.52
177	$Th(C_2O_4)_2$	1.0×10^{-22}	22.0
178	$Th(IO_3)_4$	2.5×10^{-15}	14.6
179	$Th(OH)_4$	4.0×10^{-45}	44.4
180	$Ti(OH)_3$	1.0×10^{-40}	40.0
181	$TlBr$	3.4×10^{-6}	5.47
182	$TlCl$	1.7×10^{-4}	3.76
183	Tl_2CrO_4	9.77×10^{-13}	12.01
184	TlI	6.5×10^{-8}	7.19

续表

序号	分子式	K_{sp}	pK_{sp} $(-\lg K_{sp})$
185	TlN_3	2.2×10^{-4}	3.66
186	Tl_2S	5.0×10^{-21}	20.3
187	$TlSeO_3$	2.0×10^{-39}	38.7
188	$UO_2(OH)_2$	1.1×10^{-22}	21.95
189	$VO(OH)_2$	5.9×10^{-23}	22.13
190	$Y(OH)_3$	8.0×10^{-23}	22.1
191	$Yb(OH)_3$	3.0×10^{-24}	23.52
192	$Zn_3(AsO_4)_2$	1.3×10^{-28}	27.89
193	$ZnCO_3$	1.4×10^{-11}	10.84
194	$Zn(OH)_2$③	2.09×10^{-16}	15.68
195	$Zn_3(PO_4)_2$	9.0×10^{-33}	32.04
196	α-ZnS	1.6×10^{-24}	23.8
197	β-ZnS	2.5×10^{-22}	21.6
198	$ZrO(OH)_2$	6.3×10^{-49}	48.2

附录四　一些化合物的摩尔质量

化学式	M(mol/L)	化学式	M(mol/L)
AgBr	187.78	$CaCO_3$	100.09
AgCl	143.32	CaC_2O_4	128.10
AgCN	133.89	$CaCl_2$	110.99
Ag_2CrO_4	331.73	$CaCl_2\cdot H_2O$	129.00
AgI	234.77	CaF_2	78.08
$AgNO_3$	169.87	$Ca(NO_3)_2$	164.09
AgSCN	165.95	CaO	56.08
Al_2O_3	101.96	$Ca(OH)_2$	74.09
$Al_2(SO_4)_3$	342.15	$CaSO_4$	136.14
As_2O_3	197.84	$Ca_3(PO_4)_2$	310.18
As_2O_5	229.84	$Ce(SO_4)_2$	332.24
$BaCO_3$	197.34	$Ce(SO_4)_2\cdot 2(NH_4)_2SO_4\cdot 2H_2O$	632.54
BaC_2O_4	225.35	CH_3COOH	60.04
$BaCl_2$	208.24	CH_3OH	32.04

续表

化学式	M(mol/L)	化学式	M(mol/L)
$BaCl_2 \cdot 2H_2O$	244.27	CH_3COCH_3	58.07
$BaCrO_4$	253.32	C_6H_5COOH	122.11
BaO	153.33	C_6H_5COONa	144.09
$Ba(OH)_2$	171.35	$C_6H_4COOHCOOK$（苯二甲酸氢钾）	204.20
$BaSO_4$	233.39	HCl	36.46
CH_3COONa	82.02	$HClO_4$	100.46
C_6H_5OH	94.11	HF	20.01
$(C_9H_7N)_3H_3(PO_4 \cdot 12MoO_3)$	2212.73	HI	127.91
（磷钼酸喹啉）		HNO_2	47.01
$COOHCH_2COOH$	104.06	HNO_3	63.01
$COOHCH_2COONa$	126.04	H_2O	18.02
CCl_4	153.82	H_2O_2	34.02
CO_2	44.01	H_3PO_4	98.00
Cr_2O_3	151.99	H_2S	34.08
$Cu(C_2H_3O_2)_2 \cdot 3Cu(AsO_2)_2$	1 013.79	H_2SO_3	82.08
CuO	79.54	H_2SO_4	98.08
Cu_2O	143.09	$HgCl_2$	271.50
$CuSCN$	121.62	Hg_2Cl_2	472.09
$CuSO_4$	159.61	$KAl(SO_4)_2 \cdot 12H_2O$	474.39
$CuSO_4 \cdot 5H_2O$	249.69	$KB(C_6H_5)_4$	358.32
$FeCl_3$	162.20	KBr	119.01
$FeCl_3 \cdot 6H_2O$	270.29	$KBrO_3$	167.01
FeO	71.84	KCN	65.12
Fe_2O_3	159.69	K_2CO_3	138.21
Fe_3O_4	231.53	KCl	74.56
$FeSO_4 \cdot H_2O$	169.92	$KClO_3$	122.55
$FeSO_4 \cdot 7H_2O$	278.02	$KClO_4$	138.55
$Fe_2(SO_4)_3$	399.88	K_2CrO_4	194.20
$FeSO_4 \cdot (NH_4)_2SO_4 \cdot 6H_2O$	392.15	$K_2Cr_2O_7$	294.19
H_3BO_3	61.83	$KHC_2O_4 \cdot H_2C_2O_4 \cdot 2H_2O$	254.19
HBr	80.91	$KHC_2O_4 \cdot H_2O$	146.14

续表

化学式	M(mol/L)	化学式	M(mol/L)
$H_2C_4H_4O_6$(酒石酸)	150.09	KI	166.01
HCN	27.03	KIO_3	214.00
H_2CO_3	62.02	$KIO_3 \cdot HIO_3$	389.92
$H_2C_2O_4$	90.03	$KMnO_4$	158.04
$H_2C_2O_4 \cdot 2H_2O$	126.07	KNO_2	85.10
HCOOH	46.03	K_2O	94.20
K_2SO_4	174.26	KOH	56.11
$MgCO_3$	84.31	KSCN	97.18
$MgCl_2$	95.21	NH_3	17.03
$MgNH_4PO_4$	137.33	NH_4Cl	53.49
MgO	40.31	$(NH_4)_2C_2O_4 \cdot H_2O$	142.11
$Mg_2P_2O_7$	222.60	$NH_3 \cdot H_2O$	35.05
MnO	70.94	$NH_4Fe(SO_4)_2 \cdot 12H_2O$	480.18
MnO_2	86.94	$(NH_4)_2HPO_4$	132.05
$Na_2B_4O_7$	201.22	$(NH_4)_3PO_4 \cdot 12MoO_3$	1 876.53
$Na_2B_4O_7 \cdot 10H_2O$	381.37	NH_4SCN	76.12
$NaBiO_3$	279.97	$(NH_4)_2SO_4$	132.14
NaBr	102.90	$NiC_8H_{14}O_4N_4$(丁二酮肟镍)	288.91
NaCN	49.01	P_2O_5	141.95
Na_2CO_3	105.99	$PbCrO_4$	323.18
$Na_2C_2O_4$	134.00	PbO	223.19
NaCl	58.44	PbO_2	239.19
NaF	41.99	Pb_3O_4	685.57
$NaHCO_3$	84.01	$PbSO_4$	303.26
NaH_2PO_4	119.98	SO_2	64.06
Na_2HPO_4	141.96	SO_3	80.06
$Na_2H_2Y \cdot 2H_2O$	372.24	Sb_2O_3	291.52
NaI	149.89	Sb_2S_3	339.72
$NaNO_2$	69.00	SiF_4	104.08
Na_2O	61.98	SiO_2	60.08
NaOH	40.01	$SnCO_3$	178.72
Na_3PO_4	163.94	$SnCl_2$	189.62

续表

化学式	M(mol/L)	化学式	M(mol/L)
Na_2S	78.05	SnO_2	150.71
$Na_2S \cdot 9H_2O$	240.18	TiO_2	79.87
Na_2SO_3	126.04	WO_3	231.84
Na_2SO_4	142.04	$ZnCl_2$	136.30
$Na_2SO_4 \cdot 10H_2O$	322.20	ZnO	81.39
$Na_2S_2O_3$	158.11	$Zn_2P_2O_7$	304.72
$Na_2S_2O_3 \cdot 5H_2O$	248.19	$ZnSO_4$	161.45
Na_2SiF_6	188.06		
$NH_2OH \cdot HCl$	69.49		

附录五　常用缓冲溶液的配制

(一)磷酸氢二钠－柠檬酸缓冲液

pH	0.2 mol/L Na_2HPO_4/mL	0.1 mol/L 柠檬酸/mL	pH	0.2 mol/L Na_2HPO_4/mL	0.1 mol/L 柠檬酸/mL
2.2	0.40	19.60	5.2	10.72	9.28
2.4	1.24	18.76	5.4	11.15	8.85
2.6	2.18	17.82	5.6	11.60	8.40
2.8	3.17	16.83	5.8	12.09	7.91
3.0	4.11	15.89	6.0	12.63	7.37
3.2	4.94	15.06	6.2	13.22	6.78
3.4	5.70	14.30	6.4	13.85	6.15
3.6	6.44	13.56	6.6	14.55	5.45
3.8	7.10	12.90	6.8	15.45	4.55
4.0	7.71	12.29	7.0	16.47	3.53
4.2	8.28	11.72	7.2	17.39	2.61
4.4	8.82	11.18	7.4	18.17	1.83
4.6	9.35	10.65	7.6	18.73	1.27
4.8	9.86	10.14	7.8	19.15	0.85
5.0	10.30	9.70	8.0	19.45	0.55

Na_2HPO_4 分子量＝141.98;0.2 mol/L 溶液为 28.40 g/L。

$Na_2HPO_4 \cdot 2H_2O$ 分子量＝178.05;0.2 mol/L 溶液为 35.61 g/L。

$Na_2HPO_4 \cdot 12H_2O$ 分子量＝358.22;0.2 mol/L 溶液为 71.64 g/L。

$C_6H_8O_7 \cdot H_2O$ 分子量＝210.14;0.1 mol/L 溶液为 21.01 g/L。

(二)柠檬酸－柠檬酸钠缓冲液(0.1 mol/L)

pH	0.1 mol/L 柠檬酸/mL	0.1 mol/L 柠檬酸钠/mL	pH	0.1 mol/L 柠檬酸/mL	0.1 mol/L 柠檬酸钠/mL
3.0	18.6	1.4	5.0	8.2	11.8
3.2	17.2	2.8	5.2	7.3	12.7
3.4	16.0	4.0	5.4	6.4	13.6
3.6	14.9	5.1	5.6	5.5	14.5
3.8	14.0	6.0	5.8	4.7	15.3
4.0	13.1	6.9	6.0	3.8	16.2
4.2	12.3	7.7	6.2	2.8	17.2
4.4	11.4	8.6	6.4	2.0	18.0
4.6	10.3	9.7	6.6	1.4	18.6
4.8	9.2	10.8			

$C_6H_8O_7 \cdot H_2O$ 分子量＝210.14；0.1 mol/L 溶液为 21.01 g/L。

柠檬酸钠：$Na_3C_6H_5O_7 \cdot 2H_2O$ 分子量＝294.12；0.1 mol/L 溶液为 29.41 g/L。

(三)醋酸－醋酸钠缓冲液(0.2 mol/L)

pH (18 ℃)	0.2 mol/L NaAc/mL	0.2 mol/L HAc/mL	pH (18 ℃)	0.2 mol/L NaAc/mL	0.2 mol/L HAc/mL
3.6	0.75	9.35	4.8	5.90	4.10
3.8	1.20	8.80	5.0	7.00	3.00
4.0	1.80	8.20	5.2	7.90	2.10
4.2	2.65	7.35	5.4	8.60	1.40
4.4	3.70	6.30	5.6	9.10	0.90
4.6	4.90	5.10	5.8	6.40	0.60

$NaAc \cdot 3H_2O$ 分子量＝136.09；0.2 mol/L 溶液为 27.22 g/L。

冰乙酸 11.8 mL 稀释至 1 L(需标定)。

(四)磷酸二氢钾－氢氧化钠缓冲液(0.05 mol/L)

X mL 0.2 mol/L KH_2PO_4 ＋Y mL 0.2 mol/L NaOH 加水稀释至 20 mL。

pH(20 ℃)	X/mL	Y/mL	pH(20 ℃)	X/mL	Y/mL
5.8	5	0.372	7.0	5	2.963
6.0	5	0.570	7.2	5	3.500
6.2	5	0.860	7.4	5	3.950
6.4	5	1.260	7.6	5	4.280
6.6	5	1.780	7.8	5	4.520
6.8	5	2.365	8.0	5	4.680

(五)磷酸氢二钠－磷酸二氢钠缓冲液(0.2 mol/L)

pH	0.2 mol/L Na_2HPO_4/mL	0.2 mol/L NaH_2PO_4/mL	pH	0.2 mol/L Na_2HPO_4/mL	0.2 mol/L NaH_2PO_4/mL
5.8	8.0	92.0	7.0	61.0	39.0
5.9	10.0	90.0	7.1	67.0	33.0
6.0	12.3	87.7	7.2	72.0	28.0
6.1	15.0	85.0	7.3	77.0	23.0
6.2	18.5	81.5	7.4	81.0	19.0
6.3	22.5	77.5	7.5	84.0	16.0
6.4	26.5	73.5	7.6	87.0	13.0
6.5	31.5	68.5	7.7	89.5	10.5
6.6	37.5	62.5	7.8	91.5	8.5
6.7	43.5	56.5	7.9	93.0	7.0
6.8	49.0	51.0	8.0	94.7	5.3
6.9	55.0	45.0			

$Na_2HPO_4 \cdot 2H_2O$ 分子量＝178.05;0.2 mol/L 溶液为 35.61 g/L。

$Na_2HPO_4 \cdot 12H_2O$ 分子量＝358.22;0.2 mol/L 溶液为 71.64 g/L。

$NaH_2PO_4 \cdot H_2O$ 分子量＝138.01;0.2 mol/L 溶液为 27.6 g/L。

$NaH_2PO_4 \cdot 2H_2O$ 分子量＝156.03;0.2 mol/L 溶液为 31.21 g/L。

(六)硼酸－硼砂缓冲液 (0.2 mol/L 硼酸根)

pH	0.05 mol/L 硼砂/mL	0.2 mol/L 硼酸/mL	pH	0.05 mol/L 硼砂/mL	0.2 mol/L 硼酸/mL
7.4	1.0	9.0	8.2	3.5	6.5
7.6	1.5	8.5	8.4	4.5	5.5
7.8	2.0	8.0	8.7	6.0	4.0
8.0	3.0	7.0	9.0	8.0	2.0

硼砂:0.05 mol/L 溶液(等于 0.2 mol/L 硼酸根)含 19.07 g/L。

硼酸:H_3BO_3 分子量＝61.84;0.2 mol/L 的溶液为 12.37 g/L。

硼砂易失去结晶水,必须在带塞的瓶中保存。

(七)硼砂－氢氧化钠缓冲液(0.05 mol/L 硼酸根)

X mL 0.05 mol/L 硼砂＋Y mL 0.2 mol/L NaOH 加水稀释至 200 mL。

pH	X/mL	Y/mL	pH	X/mL	Y/mL
9.3	50	6.0	9.8	50	34.0
9.4	50	11.0	10.0	50	43.0
9.6	50	23.0	10.1	50	46.0

0.05 mol/L 硼砂溶液(等于 0.2 mol/L 硼酸根)为 19.07 g/L。

（八）碳酸钠-碳酸氢钠缓冲液（0.1 mol/L）Ca^{2+}、Mg^{2+}存在时不得使用

pH		0.1 mol/L Na_2CO_3/mL	0.1 mol/L N_2HCO_3/mL
20 ℃	37 ℃		
9.16	8.77	1	9
9.40	9.12	2	8
9.51	9.40	3	7
9.78	9.50	4	6
9.90	9.72	5	5
10.14	9.90	6	4
10.28	10.08	7	3
10.53	10.28	8	2
10.83	10.57	9	1

$Na_2CO_2 \cdot 10H_2O$ 分子量＝286.2；0.1 mol/L 溶液为 28.62 g/L。

N_2HCO_3 分子量＝84.0；0.1 mol/L 溶液为 8.40 g/L。

附录六　化学药品等级的划分

一级	保证试剂	G.R.	绿色	纯度最高，适用于最精密的分析研究。
二级	分析纯	A.R.	红色	纯度较高，适用于精确的微量分析，为分析实验室广泛应用。
三级	化学纯	C.P.	蓝色	纯度略低，适用于一般的微量分析，要求不高的工业分析和快速分析。
四级	实验试剂	L.R.	棕黄色	纯度较低，但高于工业用试剂．适用于一般的定性检验。
	生物试剂	B.R.或C.R.		根据试剂说明使用
	色谱纯	GC或LC		气相色谱、液相色谱分析专用。质量指标注重干扰色谱峰的杂质。主成分含量高。
	光谱纯	SP		用于光谱分析。分别适用于分光光度计标准品、原子吸收光谱标准品、原子发射光谱标准品。